“十二五”国家重点图书出版规划项目

CHINA WETLANDS RESOURCES
Anhui Volume

# 中国湿地资源

## 安徽卷

◎ 国家林业局组织编写

中国林業出版社

图书在版编目（CIP）数据

中国湿地资源·安徽卷／国家林业局组织编写；程中才分册主编．－北京：中国林业出版社，2015.12

“十二五”国家重点图书出版规划项目

ISBN 978-7-5038-8305-7

Ⅰ.①中… Ⅱ.①国… ②程… Ⅲ.①湿地资源－研究－安徽省 Ⅳ.① P942.078

中国版本图书馆 CIP 数据核字（2015）第 296575 号

总 策 划：金　旻

策划编辑：徐小英

主要编辑：徐小英　刘香瑞　李　伟
　　　　　何　鹏　于界芬

美术编辑：赵　芳

出版发行　中国林业出版社（100009　北京西城区刘海胡同 7 号）
　　　　　http://lycb.forestry.gov.cn
　　　　　E-mail:forestbook@163.com　电话：(010)83143515、83143543

设计制作　北京天放自动化技术开发公司
　　　　　北京捷艺轩彩印制版有限公司

印刷装订　北京中科印刷有限公司

版　　次　2015 年 12 月第 1 版

印　　次　2015 年 12 月第 1 次

开　　本　787mm×1092mm　1/16

字　　数　319 千字

印　　张　12.5

定　　价　95.00 元

## 中国湿地资源系列图书
## 编撰工作领导小组

**顾　问：**陈宜瑜　李文华　刘兴土

**组　长：**张永利

**副组长：**马广仁

**成　员：**（按姓氏笔画排序）

王文宇　王忠武　王海洋　韦纯良　邓乃平　邓三龙
兰宏良　刘建武　刘艳玲　刘新池　李　兴　李三原
李永林　来景刚　吴　亚　张宗启　陆月星　陈则生
陈传进　陈俊光　林云举　呼　群　金　旻　金小麒
周光辉　降　初　孟　沙　侯新华　夏春胜　党晓勇
徐济德　奚克路　阎钢军　程中才　雷桂龙　蔡炳华
樊　辉

## 中国湿地资源系列图书
## 编撰工作领导小组办公室

**主　任：**马广仁

**副主任：**鲍达明　唐小平　熊智平　马洪兵

**成　员：**王福田　姬文元　刘　平　闫宏伟　李　忠　田亚玲
王志臣　张阳武　但新球　刘世好　王　侠　徐小英

## 《中国湿地资源·安徽卷》
## 编辑委员会

**主　　任**：程中才

**副 主 任**：汤　坚

**成　　员**：顾长明　崔　平　但新球　邱　辉　王道金　朱家龙　周立志　吴孝兵　周小春　宋金春

## 《中国湿地资源·安徽卷》
## 编写组

**主　　编**：程中才

**副 主 编**：顾长明　周立志　周小春　卢　萍　周守标

**编 著 者**：刘　坤　周忠泽　张　颖　杨光道　邓　勇　许　鹏　曹　蕾　张黎黎　陈明林　罗子君　唐成丰　陈锦云　于　超　洪　欣　李中林

**主　　审**：顾长明

**地图绘制**：卢　萍　王洪斌

# 总 序

湿地是地球表层系统的重要组成部分，是自然界最具生产力的生态系统和人类文明的发祥地之一。在联合国环境规划署（UNEP）委托世界自然保护联盟（IUCN）编制的《世界自然资源保护大纲》中，湿地与森林和海洋一起并称为全球三大生态系统。湿地具有类型多样、分布广泛的特点；湿地更重要的是还具有多种供给、调节、支持与文化服务功能，是人类重要的生存环境和资源资本。湿地与人类生产生活和社会经济发展息息相关。湿地的重要性受到世界各国和国际社会的普遍关注。早在1971年，国际社会就建立了全球第一个政府间多边环境公约，即《关于特别是作为水禽栖息地的国际重要湿地公约》（简称《湿地公约》）。同时，该公约也是全球最早针对单一生态系统保护的国际公约。1992年中国加入《湿地公约》，自此我国湿地保护事业进入了新的发展时期。

我国加入《湿地公约》后，在国家林业局设立了专门的湿地保护和履约机构，对内负责组织、协调、指导和监督全国湿地保护工作，对外负责《湿地公约》的履约工作。近年来，中国各级政府在湿地保护方面开展了大量卓有成效的工作，采取了一系列保护和合理利用湿地资源的措施，在湿地保护规划和重点工程建设、财政补贴政策制定实施、法规制度建设、保护体系建设、科研监测、宣传教育和国际合作等方面取得了长足进步。但我国湿地生态系统仍然面临着盲目围垦与改造、污染、水土流失、泥沙淤积、生物资源过度利用等多种因素的破坏和威胁，导致面积减少，生态功能下降，生物多样性丧失。因此，切实保护和合理利用湿地资源，既是保障生态安全和国土安全的当务之急，更是中国实施可持续发展战略势在必行的要务。

开展湿地资源调查，摸清湿地资源家底，把握湿地资源动态，是所有湿地保护工作的基础，也是履行《湿地公约》各项工作的根基。2009～2013年，在中央财政的支持下，国家林业局组织开展了第二次全国湿地资源调查工作。在此期间，我有幸作为第二次全国湿地资源调查专家技术委员会的主任委员，和其他专家一起全程参与了此次湿地资源调查的主要技术环节和成果鉴定。

我认为此次调查具有以下几个特点：一是，此次调查的湿地分类、界定标准、调查方法基本与《湿地公约》规定相接轨，使得调查数据符合《湿地公约》的要求，调查成果易于被国际认可，便于国际间的对比和交流。二是，制定了内容全面、方法科学、符合国际标准的统一技术规程《全国湿地资源调查技术规程（试行）》，进行了同标准、同口径的分期分批调查。三是，本次调查利用“3S”技术与现地验证相结合的技术方法，查清了全国范围内（未包括香港、澳门、台湾）8 公顷以上的湿地资源基本情况。四是，湿地调查分为一般调查和重点调查。重点调查包括，国际重要湿地、国家重要湿地、自然保护区（含自然保护小区）和湿地公园内的湿地以及其他特有、分布濒危物种和红树林等具有特殊保护价值的湿地。五是，组织保障有力。国家层面上，成立了第二次全国湿地资源调查领导小组、专家技术委员会、中央技术支撑单位和国家质量检查组；省级层面上，分别成立了湿地调查专职机构，组建了省级专业调查队伍。

需要指出的是，第二次全国湿地资源调查期间，我国湿地保护事业发展迅速。2009 年，中央启动了“湿地生态效益补偿试点”工作；2010 年开始，中央财政设立了湿地保护补助专项资金；2012 年，党的十八大将建设生态文明纳入中国特色社会主义事业“五位一体”总体布局，提出要“扩大森林、湖泊、湿地面积，保护生物多样性”。期间，国家林业局会同相关部门认真实施了《全国湿地保护工程实施规划 (2005 ～ 2010 年 )》和《全国湿地保护工程“十二五”实施规划》。2013 年，国家林业局出台的《推进生态文明建设规划纲要》划定了湿地保护红线，到 2020 年中国湿地面积不少于 8 亿亩。2013 年，国家林业局出台了第一部国家层面的湿地保护部门规章《湿地保护管理规定》。应该说，历时 5 年的湿地资源调查与同期湿地保护事业的发展，是休戚相关，相互促进的。

第二次全国湿地资源调查取得了丰硕成果。在全球范围内，我国率先完成了《湿地公约》倡导的国家湿地资源调查，首次科学、系统地查明了《湿地公约》所定义的我国湿地资源情况。建立了完整的全国湿地资源空间数据库和属性数据库，掌握了近 10 年来湿地资源动态变化情况，建立了稳定的湿地资源调查专业队伍和专家团队，形成了较为完整的湿地资源调查监测技术规范，完成了全国湿地资源总报告、分省报告和多个专题报告，编制了系列成果图。调查成果达到国际先进水平。

党的十八大对建设生态文明作出了全面部署，强调把生态文明建设放在突出地位，融入经济建设、政治建设、文化建设、社会建设各方面和全过程。在全国第二次湿地资源调查成果的基础上，系统编著形成了中国湿地资源系列图书，为新时期我国湿地保护事业奠定了坚实基础。希望本系列图书能够为我国湿地工作者在开展湿地研究、保护与合理利用工作时提供参考和借鉴。

中国科学院院士 [签名]

2015 年 9 月

# 前　言

湿地是地球上具有多种功能的独特的生态系统，是自然界最富生物多样性的生态景观和人类最重要的生存环境之一，被誉为“地球之肾”。科学保护和合理利用湿地资源已成为世界各国广泛关注的热点问题。

安徽省地跨南北，承东启西，沿江通海，湿地生态区位极其重要。境内河流纵横、湖泊密布、生境多样；全国七大水系中的长江、淮河横贯全境；新安江发源于皖南休宁；巢湖为全国第五大淡水湖；分布于阜阳、淮北、淮南、亳州等地的煤矿塌陷湿地在全国极为典型独特；安庆沿江大型湖泊集中成片，构筑了长江中下游区域享有盛名的华阳河湖群。安徽省现有湿地总面积 104.18 万公顷，占省国土面积的 7.47%。安徽湿地对维护全国湿地生态系统的稳定性和全球湿地生物多样性产生着深远的影响，在促进美好安徽和生态文明建设中发挥着独特、重要的作用。

建设“美好安徽”，离不开健康、生机蓬勃的湿地生态系统。安徽省委、省政府高度重视湿地保护工作，在《关于加强湿地保护管理的通知》（皖政办〔2004〕69 号）、《关于加快林业改革发展的若干意见》（皖发〔2009〕30 号）等文件中均将湿地保护提到重要的战略高度，并相继采取了一系列重大举措，扎实推进保护管理工作。一是逐步完善全省湿地保护网络体系。截至 2014 年年底，全省确认国家重要湿地 5 处、建立湿地类型自然保护区 23 处、湿地公园 30 处。二是稳步实施湿地保护工程建设。先后在升金湖、界首市、安庆沿江湿地自然保护区等地实施了湿地生态效益补偿、湿地保护政府奖励、湿地保护与恢复工程建设。三是构建全省湿地保护管理协调机制。《安徽省湿地保护条例》于 2015 年 11 月 19 日经第十二届安徽省人大常委会第二十四次会议审议通过，将于 2016 年 1 月 1 日正式实施。经省人民政府批准，建立了由省林业厅牵头，14 个省直部门组成的全省湿地保护管理部门联席会议制度；颁布了《安徽省湿地公园管理办法》；组织编制了《安徽省湿地保护规划（2016 ～ 2030 年）》。四是对外合作交流不断深化。安庆沿江水禽自然保护区成功实施了“中国 - 欧盟生物多样性安庆市示范项目”，使用欧盟赠款 115 万美元用于湿地恢复；升金湖国家级自然保护区实施“加强安徽省湿地保护体系管理有效性项目”——全球环境基金项目（GEF 项目），获外资无偿赠款 265 万美元。五是积极开展湿地保护宣传工作。各级地方政府及有关部门利用每年的“世界湿地日”“爱鸟周”和“保护野生动物宣传月”等时机，开展形式多样、内容丰富的宣传教育活动；省林业厅等组织编写了《安徽湿地》《安徽省自然保护区》《扬子鳄的故事》

等书籍以及《绿色瑰宝》DVD 宣传片，促进社会各方面了解湿地、关注湿地、支持和自觉参与湿地保护事业。但是，我们也应该清醒地认识到，全省湿地保护事业发展整体上仍处于起步阶段，与全省经济社会发展的要求还存在差距。全省湿地仍面临面积萎缩、生境破碎、功能退化、保护面积偏低、保护认识不足、保护能力薄弱等不容忽视的问题。下一步要进一步加大工作力度：一是严格湿地保护管理制度。坚守湿地生态保护红线，建立生态补偿制度，探索实行湿地资源有偿使用制度和湿地产权登记制度。二是实施湿地保护工程建设。把湿地已不堪的重负减下来，采取工程建设和生物治理相结合的修复措施，恢复湿地自身功能和生命活力。三是提高湿地保护管理能力。贯彻落实《安徽省湿地保护条例》，加强湿地资源保护管理队伍建设，强化湿地科学研究，拓宽湿地保护融资渠道，加大省、市、县政府预算投入。四是探索共管共建模式。正确处理好湿地资源保护与利用关系，协调处理好湿地公园与社区居民之间的关系，构建湿地公园社区共管共建机制。

《中国湿地资源 · 安徽卷》在总结分析全省第二次湿地资源调查成果的基础上，全面系统地介绍了安徽省湿地资源，数据翔实，内容丰富，实用性强，为全省湿地保护管理、规划编制、政策制定等提供了重要的科学依据。同时，该书也是一本宣传湿地功能、普及湿地知识、传播湿地文化的良好知识读本。

《中国湿地资源 · 安徽卷》编辑委员会

2015 年 12 月

# 目　录

# 第一章 基本情况

## 第一节 自然概况

### 1 地理位置

安徽省地处长江、淮河中下游，长江三角洲腹地，地理坐标为东经 114°54′～119°37′、北纬 29°41′～34°38′。安徽省东连江苏、浙江，西接湖北、河南，南邻江西，北靠山东。全省东西宽约 450 公里，南北长约 570 公里，土地面积 13.94 万平方公里，占全国土地总面积的 1.45%，居全国第 22 位，华东第 3 位。

图 **1-1** 湿地镶嵌大地(顾长明摄)

### 2 地质地貌

安徽省地势西南高、东北低，地形地貌南北迥异，复杂多样。长江、淮河横贯省境，将全省划分为淮北平原、江淮丘陵和皖南山区三大自然区域。淮河以北，地势坦荡辽阔，为华北平原的一部分；江淮之间西耸崇山，东绵丘陵，山地岗丘逶迤曲折；长江两岸地势低平，河湖交错(图 1-1)，平畴沃野，属于长江中下游平原；皖南山区层峦叠嶂，峰奇岭峻，以山地丘陵为主。

#### 2.1 地 质

安徽省地跨华北陆块、秦岭—大别造山带和扬子陆块 3 个大地构造单元，是古中国大陆重要结合地带，地质构造复杂。在安徽境内，华北陆块东以郯庐断裂带、南以六安深断裂为界与大别造山带相接；扬子陆块西以郯庐断裂带为界与大别造山带相接；而秦岭—大别造山带则夹持于华北陆块、扬子陆块之间，经历了多期离合形成了复杂的复合型大陆造山带。华北地台的基底出露在蚌埠、霍邱等地；扬子地台的基底沿安徽省南部与浙江、江西省交界处广泛出露。

安徽境内的秦岭—大别造山带侏罗纪以前的地层已全部变质，其中分布最广的大别山群麻粒岩和高角闪岩相深变质杂岩按同位素年龄及与上覆宿松群的接触关系，其时代从新太古代到古元古代。所含柯石英和微粒金刚石提示大陆岩石圈可俯冲到地幔深度，大别地块也成为全球出露范围最大的超高压变质带。元古宙宿松群含磷岩系和以变质火山岩为主的庐镇关群分布在大别山群南、北两侧。向上的绿片岩相佛子岭群时代可能从新元古代到古生代。中、上侏罗统分布于与向上变粗层序的长条状陆相红色盆地相平行的造山带北侧山麓，代表同造山磨拉石。金寨地区可以看到佛子岭群组成的飞来峰构造叠置其上。全省岩浆活动以燕山期最强烈，晚侏罗世—早白垩世的火山活动以安山岩、粗面岩为主，伴有相应成分的复式岩株侵入，反映了环太平洋构造带的影响。

## 2.2　地　貌

安徽省地处黄淮海平原、秦岭余脉、长江中下游平原、江南丘陵交汇处，地貌类型复杂多样，地层岩性复杂，断裂构造发育。长江、淮河横贯境内，天然地将全省分为淮北、江淮、江南3个部分。全省大致自北而南为平原、丘陵、山地，地势呈西南高，东北低态势，依次可分为淮北平原、江淮丘陵、皖西山区、沿江平原和皖南山区5个地貌区。平原、丘陵、山地和水面面积之比约为3:3:3:1。

### 2.2.1　淮北平原区

淮北平原又称淮河中游平原，位于安徽省北部，该区包括淮河以北和淮河南岸的平原地区，属黄淮海平原的一部分，涉及阜阳、宿州、淮北、淮南、蚌埠5个市的全部和六安等市的部分地区。

淮北平原是安徽平原的主体、华北平原的一部分，主要由淮河及其支流的沉积和黄河泛滥形成，一般海拔20~40米，在大地构造上为淮河台向斜，是一个长期下沉的地区，地面由西北向东南略有倾斜，大部分为冲积平原和堆积平原。按照地貌类型组合特征，淮北平原又可分为黄泛平原、河间平原、沿淮湖泊洼地平原和淮北丘陵4个部分。淮北平原是安徽省重要的小麦、大豆、烤烟、水果、棉花、煤炭产地和商品粮基地。

该区天然湖泊主要有焦岗湖、沱湖、八里河、天井湖等，皆为黄河南泛后形成的河道淤塞类型。同时安徽省面积最大、类型极为特殊的人工湖泊——淮北煤矿塌陷湖泊，以及少量的内陆盐沼湿地仅分布于该区。

### 2.2.2　江淮丘陵区

江淮丘陵台地位于安徽省中部，北部连接淮北平原，南部以大白畈—施桥—岗集—黄集—烟陈一线与皖西丘陵山地和沿江平原为邻，包括六安、合肥、滁州等市部分地区，地表主要由丘陵、台地和镶嵌其间的河谷平原3种地貌类型组成。

该区在大地构造上为郯庐深大断裂地带的范畴，地处安徽南北构造带之间的过渡区，由于多次升降(以升为主)运动的结果，地面主要由丘陵、台地和镶嵌于其间的河谷平原组成。主要山岭呈东北—西南走向。东部为江、淮水系的分水岭，海拔100~300米；西北部略低，河谷平原宽阔。

该区水系错综复杂，湖泊较多，水库分布密集，如巢湖(图1-2)、瓦埠湖、女山湖、七里湖、高邮湖、高塘湖、花园湖、董铺水库、黄栗树水库、沙河集水库等。此外，库塘和水稻田湿地广泛分布于此。

图 **1-2**　全国第五大淡水湖——巢湖（束从余摄）

### 2.2.3　皖西山区

皖西山区指安徽六安市西南部，大别山北坡、江淮分水岭以南的广大区域，包括金寨县、霍山县的全部和舒城县、六安市的部分地区。大别山位于鄂、豫、皖三省交界处，海拔 1000 米以上的山峰有 90% 以上分布在安徽境内，山体主要由花岗岩和片麻岩等组成，由于地壳运动以断裂、隆起为主，故地势险峻，山峰挺拔，重峦叠嶂，沟壑陡深。

该区在大地构造上为大别山台背斜，从吕梁运动以后，一直是上升的地区，经过多次较剧烈的上升运动，具有很大差异性，到中生代差异性增大，地貌上形成了隆起的断块山、地堑和断陷盆地，第三纪至第四纪时期仍是比较强烈的上升地区。

皖西山区是史河、淠河、杭埠河、潜水、皖河、华阳河等河流的发源地；是安徽省大型水库集中分布区，如梅山水库、响洪甸水库、佛子岭水库、磨子潭水库等均分布于此；天然湖泊较少；分布有少量的山地草甸和森林沼泽。

### 2.2.4　沿江平原区

该区属长江中下游平原的一部分，包括巢湖流域的湖积平原和长江沿岸的冲积平原。在大地构造上，该区属下扬子古生代褶皱带（南京凹陷），是一个长期以下降运动为主的地区，海拔大多在 20 米左右，土地肥沃。

该区河网密集，湖泊星罗棋布，是安徽省大中型湖泊集中分布区，包括武昌湖、龙感湖、菜子湖、黄湖、大官湖、升金湖、石臼湖等。此外，草本沼泽和水稻田湿地广泛分布于此。

### 2.2.5　皖南山区

该区位于沿江平原以南，是安徽省最南的地区，在大地构造上，为江南台背斜，是重要的刚性隆起区，自震旦纪以来，不断上升，但也断续地被海水淹没。印支运动时期，该区发生强烈褶皱断块运动，全部隆起成陆地，从而结束了海浸历史。以后又经燕山运动、喜马拉雅运动和新构造运动的影响，在强烈上升区，如黄山、九华山等成为海拔1000米以上的山地，而断陷带则构成盆地。全区大部分海拔200~400米，山形圆浑、秀气。

皖南山区有3条明显并列的山系，呈西南—东北走向，自北向南，依次为九华山系、黄山山系和天目山—白际山系。这些山系海拔一般都在400~1000米，有少数山峰海拔较高，如九华山的十王峰，海拔1341米；黄山的莲花峰，海拔1873米(为安徽省最高峰)。

该区主要属新安江水系，大面积水域主要为山岳型水库，如陈村水库(太平湖)、芦村水库等，天然湖泊较少(图1-3)。此外，还分布有少量的泥炭藓沼泽和山地草甸。

图**1-3**　风光如画新安江(方传波摄)

## 3　气　候

安徽省由于所处地理位置的特殊性，在气候上也有明显的特点。首先，由于位于欧亚大陆东部和太平洋西岸，虽属内陆省份，但距海较近，受季风气候影响非常明显；其次，由于地处中纬度由亚热带向暖温带的过渡区域，气候表现出明显的过渡性。安徽气候的主要特征是：季风明显、四季分明、气候温和、雨量适中、春温多变、秋高气爽、梅雨显著、夏雨集中。全省大致以淮河为界，北部为暖温带半湿润季风气候，南部为亚热带湿润季风气候。

### 3.1　气　温

安徽省年平均气温14~17℃。1月为最冷月份，平均气温-1~4℃，极端最低气温-24.3℃(1969年2月6日，固镇)；7月为最热月份，平均气温27~29℃，极端最高气温43.3℃(1966年8月9日，霍山)。≥0℃年平均积温5100~6100℃，≥10℃年平均积温4600~5300℃。年平均无霜期200~250天，南部长，北部短。淮北地区在200~220天；沿江一带在240~250天。沿江西部的安庆、宿松等地是无霜期最长的地区，也是热量资源最丰富的地区。四季分配大致是：淮北冬季长于夏季；江南夏季长于冬季。季节开始日期，春夏先南后北，秋冬先北后南，南北约差5~15天。

### 3.2　降水量

2012年，安徽省平均降水量1173.8毫米(表1-1)，比2011年多10.3%，与常年值基本持平。

年内降水时空分布不均匀，淮河流域较常年值少12%；江北地区基本持平；江南地区、新安江流域分别多12%、16%。全省年降水量最高区位于黄山市黄山区光明顶一带，年降水量达2961毫米；次高值区位于黄山市最南端阳台站一段，年降水量达2799毫米；最低区位于砀山县西北边境曹庄站一带，年降水量约570毫米；次低值位于亳州市最北端的张集站一带，年降水量约595毫米。

**表1-1　2012年流域分区年降水量**

| 流域分区 | 对应水资源分区 | 计算面积（公顷） | 年降水量 | |
|---|---|---|---|---|
| | | | （毫米） | （亿立方米） |
| 全　省 | | 13947600 | 1173.8 | 1637.14 |
| 淮河流域 | | 6662600 | 831.1 | 553.71 |
| 淮北流域 | 王家坝以上北岸、王蚌区间北岸、蚌洪区间北岸、湖西区 | 3742100 | 756.3 | 283.03 |
| 淮南地区 | 王蚌区间南岸、蚌洪区间南岸、高天区 | 2920500 | 926.8 | 270.68 |
| 长江流域 | | 6641000 | 1430.2 | 949.81 |
| 江北地区 | 巢滁皖及沿江诸河 | 3613900 | 1217.2 | 439.90 |
| 江南地区 | 青弋江水阳江及沿江诸河、饶河、鄱阳湖，环湖区、湖西及湖区 | 3027100 | 1684.5 | 509.91 |
| 新安江流域 | 富春江水库以上 | 644000 | 2074.8 | 133.62 |

## 3.3　干燥度

安徽省年干燥度指数南小北大，K=1的等值线基本上平行于淮河而略偏南。淮河以北K≥1；阜阳地区北部，K值接近1.2；淮河以南的部分丘陵地区，如合肥、巢湖、全椒等，K≤1；皖南和皖西大别山区K值在0.6~0.7之间。

## 3.4　相对湿度

安徽省相对湿度的年变化与温度的年变化相一致，年平均相对湿度全省大部分地区都在70%~80%之间，75%的线位于淮河附近，大致与亚热带北界相接近。淮北在70%~75%；淮南在75%以上；江南在80%左右。一年中以夏季最大，冬季最小，秋季略大于春季。

## 3.5　蒸发量

安徽省年平均蒸发量为1100~2000毫米，具有北大南小，平原大、山区小的特点。淮北地区年蒸发量为1700~2000毫米；江淮之间为1400~1700毫米；沿江为1600~1700毫米；江南为1100~1600毫米。一年中，夏季最大，冬季最小，一般春季大于秋季。

## 3.6　风

安徽省属季风气候区，风向有明显的季节性变化。冬季以偏北风为主，夏季以偏南风为主，春秋两季是风向的转换季节。全省年平均风速在1.3~3.3米/秒之间。

### 3.7　光能资源

安徽省全年太阳辐射总量在438.9～543.4千焦耳/平方厘米。有北大南小，平原、丘陵大，山区小的特点。淮北北部全年太阳辐射可达522.5～543.4千焦耳/平方厘米，是全省太阳辐射最优越地区。全省年平均日照时数在1800～2500小时之间，2200小时等值线横穿江淮丘陵地区中部，此线以北日照丰富，以南日照减少。影响全省的灾害性气候主要是旱涝灾害，其次是寒潮、连阴雨和干热风等。

## 4　水　文

### 4.1　水资源量

2012年，安徽省水资源总量700.98亿立方米，比2011年多16.4%，较常年值少2.1%。其中，地表水资源量640.64亿立方米，浅层地下水资源量159.22亿立方米，地下水资源量与地表水资源量不重复量60.34亿立方米。全省人均水资源量1170.60立方米，全省入境水量9965.47亿立方米，出境水量10480.20亿立方米。

全省大中型水库年末蓄水量63.11亿立方米，较年初减少1.77亿立方米。其中大型水库年平均蓄水量53.02亿立方米。

### 4.2　水　系

安徽省主要河流分属淮河、长江、新安江三大水系。淮河安徽段处于淮河中游，河道长度430公里，流域面积6.69万平方公里。长江安徽段处于长江中下游，长416公里，流域面积6.60万平方公里。新安江位于安徽最南端，属钱塘江水系，居流域的上游，在安徽境内长240公里，流域面积0.65万平方公里。

北部宿州境内，有一小部分属废黄河，一小部分属沂沭泗流域的复兴河水系。

#### 4.2.1　淮河水系

淮河流域位于黄河、长江两大流域之间。古代淮河与黄河、长江、济水齐名，并称为“四渎”，独流入海。金明昌五年(1194年)至清咸丰五年(1855年)黄河夺淮期间，河水挟带大量泥沙，淤塞了淮河入海口。清咸丰元年(1851年)大水，淮河冲破了洪泽湖蒋坝的三河，向东南于江苏省三江营注入长江，淮河从此结束了独流入海的历史。遗留下来的废黄河，已高于沿线地面7～10米。黄河夺淮的660多年间，经常决口南泛，皖境淮北、沿淮深受其害。淮北平原河流淤塞，沟洫、陂塘夷平；洪流所及，河道两岸挂淤，大都形成较宽的自然堤，阻碍面上排水；淮河干流普遍受淤，下受洪泽湖水位顶托，泄流不畅，两岸低洼地区形成众多的湖泊，有的常年积水，有的则汛期漫淹。

淮河发源于河南省桐柏县的桐柏山，大体自西向东流，经过河南省南部、安徽省北部、江苏省北部，至江苏省江都县三江营注入长江，河道全长1000公里。流域西以河南省西部的伏牛山脉与黄河的支流伊洛河流域及长江的支流汉水流域分界；北以从河南省郑州至兰考的黄河南堤和从兰考到废黄河口的废黄河南堤与沂沭泗流域分界；南以桐柏山脉、大别山脉及通扬运河、东串场河与长江中下游北岸的汉水、皖河、巢湖、滁河等水系分界；东濒黄海。流域总面积 18.70 万平方公里，其中安徽省 6.69 万平方公里，占 35.77%。由于里下河以东、废黄河以南、通扬运河及东串场河以北的苏北平原，共计有 2.24 万平方公里，水流向东直接入海，淮河干流实际汇水面积为 16.45 万平方公里。

安徽境内淮河两岸支流众多。左岸主要由洪河、谷河、润河、颍河、西淝河、芡河、涡河、濉河等，一般都源远流长，具有平原河道特征：还有新汴河、茨淮新河和怀洪新河等大型人工河道。右岸主要有史河、沣河、汲河、淠河、东淝河、窑河、小溪河、池河、白塔河等，均源于江淮分水岭北侧，流程较短，具山丘区河道特征。沿淮多湖泊，多分布在支流汇入干流的河口附近，湖面大，多不深，左岸主要有八里湖、焦岗湖、四方湖、香涧湖、沱湖、天井湖等；右岸主要有城西湖、城东湖、瓦埠湖、高塘湖、花园湖、女山湖、七里湖、高邮湖、沂湖、洋湖等。

### 4.2.2 长江水系

长江发源于青藏高原唐古拉山脉主峰各拉丹冬雪山西南侧，沱河为其正源，流经通天河、金沙江，至四川省宜宾市汇入干流。宜宾以下至入海口通称长江，从源头流经青海、西藏、云南、四川、湖北、湖南、江西、安徽、江苏、上海等 12 个省份，全长 6300 公里，总流域面积 180 余万平方公里。宜昌以上为上游，河长 4500 公里，控制面积 100 万平方公里；宜昌站多年平均水量 4500 多亿立方米，占长江总水量的一半，宜昌下泄的洪水，威胁长江中、下游平原的安全。宜昌至江西省的湖口为中游，区间来水面积 67 万平方公里，河长 1000 公里，支流集中，湖泊众多；南面有洞庭湖水系的湘、资、沅、澧四水和鄱阳湖水系的赣、抚、信、饶、修五水，洞庭湖和鄱阳湖是全国最大的淡水湖泊，有吐纳长江洪水、调节洪水水量的作用，但也是长江水系的两处重要洪水源，都直接威胁安徽境内江段的安全；北面主要有汉江，1973 年建成丹江口水库以后，其洪水对安徽境内江段的威胁已大为消减。鄱阳湖湖口以下至入海口为下游，河长 800 公里，沿江两岸大都为平原圩区，土地平展富庶。江苏省江阴以下，江面逐渐开阔，呈喇叭状向东海展开，入海口宽达 80～90 公里。淮河水系和钱塘江水系，都与长江沟通，域内巢湖、太湖也是国内有名的淡水湖泊。

长江安徽段处于长江下游，干流河道自湖北、安徽交界处段窑起，向东流经安庆、池州、铜陵、芜湖、马鞍山等主要城市，至安徽江苏交界的驻马河口止，长 416 公里，流域面积 6.6 万平方公里。安徽境内长江左岸区域西起大别山区，逶迤东延，高程一般为 500～1000 米；大别山以东，地势显著降低，岗丘连绵，丘陵带分两列分布，北列从霍山向东北至洪泽湖以南，形成江淮分水岭；南列从舒城、桐城之间向东北延伸，经巢湖南侧和东侧，转向东北，丘陵断断续续，高程最高的有近 600 米，低的仅约 20 米。左岸区区域面积 3.59 平方公里，地形总趋势是西北高、东南低，主要支流有华阳河、皖河、枞阳河、裕溪河和得胜河等。

安徽沿江地区是北面淮阳古陆和南面的江南古陆之间的凹陷地带，由于地壳升降运动，火山、岩浆活动和地面沉降、泥沙淤积而形成狭长的沿江冲积平原和一连串的大小湖泊；并断续分布着一些残存的低山丘陵，高程一般在 100～200 米，最高如大龙山达 697 米，临江兀立的有采石矶，东西梁山隔江对峙，小孤山遥望两岸，高程均在几十米至上百米之间，形势险要，风光秀丽；平原区水网交织，港汊纵横，田畴相望，是著名的鱼米之乡，高程一般在 50 米以下，沿江滨湖一带，分布有低湿的沼泽区，高程多在 140 米以下。沿江左岸主要湖泊有龙感湖、大官湖、泊湖、武昌湖、菜子湖、白荡湖、黄陂湖和巢湖等。巢湖是安徽省最大的湖泊，是中国五大淡水湖之一，主要入湖河流有南淝河、派河、丰乐河和杭埠河等；右岸有七里湖、升金湖、丹阳湖、南漪湖、石臼湖和固城湖等。平原以南为低山丘陵，通称皖南山区，呈三条西南到东北带，即北部的九华山带、南部的天目山带，高程一般为400~1000米，少数高峰如九华山的十王峰为1342米，黄山的光明顶为1841米、莲花峰为1873米，天目山的清凉峰为1787米，南部祁门县以西与鄱阳湖水系相邻，祁门县以东与钱塘江水系为界。三条山岳带之间，散布着连贯宽广的山间盆地和谷地，高程大都200米，也有100米以下的，如九华山、黄山间的石台、太平、泾县盆地，黄山、天目山间的祁门、宁国盆地。右岸区域面积3.01万平方公里，主要支流有属鄱阳湖水系的南宁河、龙泉河；直接入江的有尧渡河、黄湓河、秋浦河、九华河、青通河、顺安河、黄浒河、荻港河、漳河、青弋江、水阳江等。

安徽省境内的长江江面宽阔，一般在2000米左右，流量充沛，终年不冻，堪称中国的黄金水道；江中分布有大小沙洲44个，总面积250多平方公里，随着长江流态的变化而不断消长。

#### 4.2.3　新安江水系

新安江位于安徽最南端，属钱塘江水系，居流域的上游。西、北以黄山山脉与长江水系为邻，东南以天目山脉和白际山脉与浙江、江西两省接壤，白际山以啸天龙高程最高，海拔1395米。该区域面积6500平方公里，纯属山区，山脉之间诸峰对峙，形成许多大小不一的山间盆地和谷地，如黟县、休宁、屯溪、歙县、绩溪盆地，以休宁、屯溪、歙县盆地为最大，一般在50~70平方公里范围。新安江以率水为正源，从源头起流经祁门、屯溪、歙县，至皖、浙省界街口，注入新安江水库，出库后汇入钱塘江(图1-4、图1-5)。

安徽省境内新安江长242公里，两岸支流众多，具有山区河流特征，源短、坡陡、流急，各河集水面积除横江、练江大于1000平方公里以外，其余均在500平方公里以下。左岸有横江、练江、棉溪、昌源、大洲源等，右岸有小源河、新岭水、兰水、汊河水、佩琅河、桂溪、贤源河、街源河等。

图1-4　千岛湖的发源地——新安江(方传波摄)

图1-5　新安江晨曦(张恣宽摄)

## 5　土　壤

安徽省地处暖温带和亚热带的过渡地区，具有地形复杂、成土母质多样、水热条件变化大的特点，加上农耕历史悠久，导致了土壤类型多种多样。根据1979年开始的第二次土壤普查资料，安徽省共有5个土纲，8个亚纲，13个土类，34个亚类，111个土属，218个土种。5个土纲分别是铁铝土纲、淋溶土纲、潴育土纲、半水成土纲和人为土纲。13个土类分别是红壤、黄壤、黄棕壤、黄褐土、棕壤、石灰(岩)土、紫色土、石质土、粗骨土、山地草甸土、砂姜(礓)黑土、潮土和水稻土。

安徽省土壤分布，过渡特征非常明显。在水平分布上，淮北平原为棕壤带，江淮丘陵和大别山为黄棕壤和黄褐土带，皖南山区为红壤和黄壤带。在垂直分布上，大别山北坡基带土壤是黄棕壤，海拔350~800米为暗黄棕壤，800米以上为酸性棕壤和山地草甸土；大别山南坡的东面和东北面，基带土壤为黄棕壤，海拔400~800米为暗黄棕壤，800米以上为酸性棕壤和山地草甸土；大别山南坡南面，基带土壤是红壤，海拔450~1000米为暗黄棕壤，1000米以上为酸性棕壤和山地草甸土；皖南山区基带土壤是红壤，海拔600~1000米为黄壤，1000~1600米为暗黄棕壤，在山顶平台和鞍部有山地草甸土。在水平和垂直分布规律，以及地貌组合等共同作用下，安徽省土壤组合为：淮北平原以潮土、砂姜(礓)黑土为主；江淮丘陵和大别山区以黄棕壤、黄褐土、水稻土和石灰(岩)土为主；沿江和江南平原以灰潮土和水稻土为主；皖南山区以黄壤、红壤、紫色土和石灰(岩)土为主。

安徽湿地土壤的地带性分布规律不明显，主要的湿地土壤类型有6大类。

### 5.1 砂姜(礓)黑土

砂姜黑土也叫“青黑土”，是一种古老的耕作土壤，为非地带性土壤，分布面积最大，约占淮北耕地面积的一半以上。在淮北地区中，除萧县、砀山两县外，其余各县均有砂姜黑土分布；多分布于地形比较平坦、低洼之处，成土母质是黄土性古河流冲积物。

### 5.2 潮　土

潮土过去曾称为“冲积土”，后来改称“浅色草甸土”，为非地带性土壤。凡河流泛滥带、冲积扇或三角洲上都有潮土。主要分布于淮北平原北部地区和淮河、长江及其主要支流的沿岸。潮土是河流沉积物或湖泊沉积物母质经地下水参与成土过程和旱耕熟化而发育的土壤。

### 5.3 草甸土

主要是山地草甸土，分布面积小，多分布于中山山顶的平台上。它是在山地草甸植被下发育而成的一种土壤。此外，在安徽省河流、湖泊沿岸未开垦的潮湿地带，也有狭长的草甸土分布，生长有草甸植物，但面积有限。

### 5.4 沼泽土

沼泽土主要分布于长江流域的洼地、湖滨等处。分布区地表常年积水，生长着茂密的湿生草本植物，潜育作用强，由于大量的植物茎叶不能充分分解，因而积聚了许多粗腐殖质，甚至形成泥炭层，母质多为近代冲积、湖积物。在局部山间或中山顶部排水不良的凹地，由于积水，常发育着小片草本沼泽，或泥炭藓沼泽，因此也发育形成小面积的草甸沼泽土，甚至泥炭沼泽土。

## 5.5 盐碱土

安徽省淮北北部的砀山、埇桥、灵璧、萧县一带有部分土壤含盐碱较多，土壤类型分属于碱化砂姜黑土和盐化或碱化潮土，统称为盐碱土。它们的形成主要是受黄河泛滥影响。黄河曾多次夺淮入海，带来了西北半干旱地区含较多可溶性盐类的泥沙；其次，由于黄河多次南泛，使淮北地区河道淤塞，排水不畅，以致地下水位升高，盐碱积聚；第三，淮北地区的蒸发量大于降水量一倍以上，且降水分配不均，春、冬两季相当干旱，可溶性盐类因水分蒸发而积聚地表。

## 5.6 水稻土

水稻土就是稻田土壤。它是我国劳动人民栽培水稻、进行水耕熟化形成的重要耕作土壤。在安徽主要分布于淮河两岸及其以南的广大地区，而以长江干、支流沿岸地区最为集中。水稻土的质地和酸碱度，因自然条件的不同和耕作时间的长短及耕作措施的不同而有差异。

# 6 动植物概况

安徽省优越的气候条件和复杂多样的自然地理环境，为野生动植物栖息和繁衍创造了极为有利的条件。

## 6.1 植物资源

安徽省北部地区的森林植被处于暖温带落叶阔叶林带南端，而南部地区的森林植被位于中亚热带常绿阔叶林带北缘，这使得暖温带与亚热带之间的区系成分在安徽互相渗透、过渡和交汇。因此，在很大程度上，安徽为我国南北植物区系的交汇过渡地。

### 6.1.1 安徽省野生植物资源

安徽省野生植物资源具有以下基本特点。

#### 6.1.1.1 种类较丰富

据统计，安徽省维管束植物有3645种(包括种下单位)，占全国维管束植物的13.1%，分隶于225科1232属(图1-6至图1-9)。其中，蕨类植物41科88属253种；裸子植物9科27属72种；被子植物175科1117属3320种。属国家重点保护的有31种 。其中，国家I级保护的有银杏、

图1-6 水蕨(周小春摄)

图1-7 南方红豆杉(周小春摄)

中华水韭、红豆杉、银缕梅、莼菜等6种；国家Ⅱ级保护的有水蕨、金钱松、大别山五针松、香榧、野菱等25种；省级保护的有南方铁杉、三尖杉、都支杜鹃等36种。

此外，本次湿地资源调查又新发现国家Ⅱ级保护野生植物粗梗水蕨在安徽的新纪录。

图 **1-8** 都支杜鹃(周小春摄)

图 **1-9** 野大豆(周小春摄)

6.1.1.2 起源古老、孑遗植物多

由于安徽省具有悠久的地质历史和有利的自然条件，同时，在第四纪冰期漫长年代中，安徽及邻近地区虽然也遭受到全球性严寒气候的影响，但这里的山区并未受到冰川的严重袭击和摧残，多处于较稳定而湿润的气候条件，所以，在现代植物区系中尚保存着许多古老的科、属和孑遗植物，如石松、里白、银杏、金钱松、华东黄杉、领春木、鹅掌楸等。这些古老而原始的孑遗植物多为单种特有属或少种特有属。

6.1.1.3 特有属、种较多

安徽省及邻近地区的特有种有黄山五叶参、永瓣藤、大别山五针松等。此外，安徽还有不少我国的特有属，它们绝大部分为单种属或少种属，如金钱松属、蝟实属、永瓣藤属、香果树属、银鹊树属、明党参属等。

### 6.1.2 安徽省湿地植物概况

安徽省湿地维管束植物共有676种，隶属于96科302属。其中，种子植物86科291属660种；蕨类植物10科11属16种。种子植物中裸子植物2科5属7种；被子植物84科286属653种(图1-10至图1-13)，其中双子叶植物63科207属448种、单子叶植物21科79属205种。

图 **1-10** 金银莲花(周忠泽摄)

图 **1-11** 芡实的花(周忠泽摄)

图 **1-12** 莲(张颖摄)

图 **1-13** 菱(张颖摄)

## 6.2 野生动物资源

安徽省地跨古北界与东洋界，为南北动物过渡地带，自北向南古北界物种渐少，东洋界物种增加。

### 6.2.1 种类现状

目前，安徽省已知有脊椎动物44目129科763种。其中，鱼纲12目26科189种；两栖纲2目9科40种；爬行纲3目11科70种；鸟纲18目66科366种；哺乳纲9目25科98种。安徽省脊椎动物中，属国家重点保护的有91种，属省重点保护的有107种(图1-14至图1-17)。其中，属国家Ⅰ级保护的有云豹、黑麂、白头鹤、大鸨、扬子鳄、中华鲟等21种；属国家Ⅱ级保护的有短尾猴、穿山甲、豺、斑嘴鹈鹕、白琵鹭、白额雁、大天鹅、小天鹅、鸳鸯等70种；属省Ⅰ级保护的有豹猫、大杜鹃、黄鹂、金头闭壳龟、金腰燕、鲥鱼等33种；属省Ⅱ级保护的有黄鼬、狗獾、豆雁、小白额雁、中国水蛇、中华蟾蜍、刺鲃、长吻鮠等74种。

图 **1-14** 小天鹅(顾长明摄)

图 **1-15** 豆雁(顾长明摄)

### 6.2.2 区系特征

安徽省的动物区系为古北界和东洋界的交汇地带。交汇线大致在西起金寨，向东经六安、寿县、长丰、定远至来安一线。此线以北为古北界，以南为东洋界。因此，安徽省的野生动物物种两区系兼有，并以东洋界种类为主。两界物种相互渗透明显，如古北界的北方狭口蛙分布南限为江淮丘陵区合肥一带。动物的分布明显受地形地貌、植被、气候等自然环境的影响，物种种类和数量以沿江、皖南和皖西山区最丰富；保存有多种珍稀野生动物，如扬子鳄、黑麂、梅花鹿、原麝等；沿江和沿淮滩涂湿地是东方白鹳、黑鹳、白头鹤等多种鹤类和雁鸭类的越冬地。

图 **1-16** 扬子鳄与小白鹭(洪小卫摄)

图 **1-17** 白头鹤(孙永新摄)

#### 6.2.3 地理分布

由于自然地理、气候、水热等因素的影响，动物分布受一定的区域限制。安徽省淮北平原、江淮丘陵野生动物资源相对较为贫乏；动物资源分布的主要区域为皖南山区、大别山区和沿江平原湿地；许多物种仅分布在特定的地区。淮北平原区野生陆栖野生脊椎动物种类贫乏，共有 124 种，其中两栖类 7 种，爬行类 13 种，鸟类 83 种，兽类 21 种，区系成分属古北界华北区。江淮丘陵区陆栖野生脊椎动物种类明显增多，有 244 种，其中两栖类 9 种，爬行类 22 种，鸟类 190 种，兽类 23 种，区系成分以东洋界种类为主。大别山区陆栖野生脊椎动物资源较为丰富，有 276 种，其中两栖类 21 种，爬行类 31 种，鸟类 185 种，兽类 39 种。沿江平原区陆栖野生脊椎动物共有 195 种，其中两栖类 8 种，爬行类 23 种，鸟类 140 种，兽类 24 种，区系成分为东洋界华中区；其爬行类的扬子鳄为我国特有；该区湿地面积大，为候鸟迁徙越冬的理想场所，候鸟资源丰富。皖南山区为安徽生物多样性最丰富的地区，共有陆栖脊椎野生动物 382 种，其中两栖类 29 种，爬行类 60 种，鸟类 220 种，兽类 73 种。

#### 6.2.4 湿地动物概况

根据第二次湿地资源调查数据，安徽省现有湿地野生脊椎动物 520 种，隶属于 5 纲 41 目 111 科。其中，鱼纲 12 目 26 科 93 属 189 种；两栖纲 2 目 9 科 25 属 38 种；爬行纲 4 目 10 科 25 属 33 种；鸟纲 17 目 53 科 125 属 234 种；哺乳纲 7 目 13 科 24 属 26 种。安徽省湿地野生脊椎动物中各纲物种数所占的比例最高的是鸟纲，所占比例为 45%；其次是鱼纲，所占比例为 36.3%；再者为两栖纲，所占比例为 7.3%；爬行纲仅占 6.3%；哺乳纲占 5.0%。

# 第二节 社会经济状况

## 1 行政区划、人口、民族

截至2010年年底，安徽省共辖有16个地级市(安庆市、蚌埠市、池州市、滁州市、阜阳市、亳州市、合肥市、淮北市、淮南市、黄山市、六安市、马鞍山市、宿州市、铜陵市、芜湖市、宣城市)、62个县(市)、43个县级区和1509个乡镇、街道办事处(表1-2)。

根据《安徽统计年鉴2013》，全省普查登记的户籍人口为6902万人，非农业人口比重22.89%，全省常住人口5988万人，其中城镇人口比重46.50%(表1-3)。

表1-2 安徽省行政区划

| 序号 | 地级市 | 县级行政单位个数 | 县级行政单位 |
|---|---|---|---|
| 1 | 合肥市 | 9 | 包河区、庐阳区、蜀山区、瑶海区、巢湖市、长丰县、肥东县、肥西县、庐江县 |
| 2 | 淮北市 | 4 | 杜集区、烈山区、濉溪县、相山区 |
| 3 | 亳州市 | 4 | 谯城区、利辛县、蒙城县、涡阳县 |
| 4 | 宿州市 | 5 | 埇桥区、砀山县、灵璧县、泗县、萧县 |
| 5 | 蚌埠市 | 7 | 蚌山区、淮上区、龙子湖区、固镇县、怀远县、五河县、禹会区 |
| 6 | 阜阳市 | 8 | 颍泉区、颍东区、颍州区、阜南县、界首市、临泉县、太和县、颍上县 |
| 7 | 淮南市 | 6 | 八公山区、谢家集区、大通区、潘集区、田家庵区、凤台县 |
| 8 | 滁州市 | 8 | 南谯区、定远县、凤阳县、来安县、琅琊区、明光市、全椒县、天长市 |
| 9 | 六安市 | 7 | 霍邱县、霍山县、金安区、金寨县、寿县、舒城县、裕安区 |
| 10 | 马鞍山市 | 6 | 花山区、博望区、雨花区、当涂县、含山县、和县 |
| 11 | 芜湖市 | 8 | 鸠江区、弋江区、三山区、繁昌县、镜湖区、南陵县、无为县、芜湖县 |
| 12 | 宣城市 | 7 | 宣州区、广德县、绩溪县、泾县、旌德县、郎溪县、宁国市 |
| 13 | 铜陵市 | 4 | 狮子山区、铜官山区、铜陵市郊区、铜陵县 |
| 14 | 池州市 | 4 | 东至县、贵池区、青阳县、石台县 |
| 15 | 安庆市 | 11 | 枞阳县、大观区、迎江区、宜秀区、怀宁县、潜山县、宿松县、太湖县、桐城市、望江县、岳西县 |
| 16 | 黄山市 | 7 | 黄山区、徽州区、祁门县、屯溪区、歙县、休宁县、黟县 |

表 1-3 2012 年安徽省各市主要人口指标人口统计

| 单 位 | 户籍人口(万人) | 非农业人口比重(%) | 常住人口(万人) | 城镇人口比重(%) |
|---|---|---|---|---|
| 全 省 | 6901.97 | 22.89 | 5988 | 46.5 |
| 合肥市 | 710.53 | 37.19 | 757.2 | 66.4 |
| 淮北市 | 218.28 | 43.47 | 212.3 | 57.2 |
| 亳州市 | 612.55 | 10.96 | 489.5 | 33.0 |
| 宿州市 | 651.66 | 13.54 | 537.8 | 34.8 |
| 蚌埠市 | 367.81 | 28.20 | 318.3 | 48.3 |
| 阜阳市 | 1039.82 | 12.92 | 763.9 | 34.9 |
| 淮南市 | 243.78 | 46.02 | 233.9 | 65.3 |
| 滁州市 | 452.06 | 22.09 | 394.5 | 45.1 |
| 六安市 | 710.29 | 13.75 | 565.1 | 38.9 |
| 马鞍山市 | 228.37 | 35.69 | 219.5 | 61.2 |
| 芜湖市 | 383.43 | 42.44 | 357.8 | 58.0 |
| 宣城市 | 279.57 | 18.21 | 255.6 | 46.7 |
| 铜陵市 | 74.21 | 58.13 | 73.4 | 76.3 |
| 池州市 | 161.91 | 18.21 | 141.9 | 47.5 |
| 安庆市 | 620.43 | 18.24 | 532 | 39.6 |
| 黄山市 | 147.27 | 24.79 | 135.3 | 44.4 |

注：本表常住人口总数及城镇人口比重为 2012 年人口抽样调查推算数。

## 2 社会经济发展及工、农业生产情况

根据《安徽省统计年鉴 2013》，安徽 2012 年实现生产总值(GDP)17212.05 亿元，其中第一产业增加值 2178.73 亿元，第二产业增加值 9404.84 亿元，第三产业增加值 5628.48 亿元。全省工业增加值 8025.84 亿元。人均生产总值 28792.32 元/人。农业、农村经济运行态势总体良好。2012 年，全省农林牧渔总产值达 37282954.00 万元，其中农业产值 18676407.00 万元，林业产值 2094974.00 万元，牧业产值 11197278.00 万元，渔业产值 3844341.00 万元。

2012 年，全省农作物播种面积 896.96 万公顷。粮食总产量 3289.10 万吨，其中谷物产量 3123.25 万吨，豆类 120.50 万吨，薯类 45.35 万吨。

林牧渔业稳步发展，全省植树造林总面积 100907 公顷；全省肉类产量 397.74 万吨；奶类总产量 24.09 万吨；禽蛋类产量 122.65 万吨。水产品总产量为 207.49 万吨，其中养殖产量为 175.14 万吨；淡水捕捞产量为 32.35 万吨。

总体而言，安徽在华东地区经济实力仍不够强，经济发展不均衡，地区差异较大。

# 第二章
# 湿地类型、面积和分布

## 第一节 湿地类型与面积

### 1　湿地概况

安徽省地跨长江、淮河、新安江三大流域。其中，长江、淮河位居全国七大水系之列。境内河流纵横交错，湖泊星罗棋布，湿地资源极其丰富，湿地类型多样(图 2-1)。

图 **2-1**　平天一色(方再能摄)

据第二次湿地资源调查，安徽省湿地包括 4 类 8 型，即河流湿地、湖泊湿地、沼泽湿地、人工湿地 4 类和永久性河流、洪泛平原湿地、永久性淡水湖、草本沼泽、灌丛沼泽、库塘、运河/输水河、水产养殖场 8 型，全省面积达 8 公顷(含 8 公顷)以上的湿地斑块(不含稻田/冬水田)，以及宽度 10 米以上、长度 5 公里以上的河流湿地斑块，共 13156 个，总面积 104.18 万公顷，占省国土总面积的 7.47%。同时，根据安徽省农业部门 2010 年统计数据，安徽省还有水稻田湿地 190.47 万公顷。

安徽省湿地资源分布，如图 2-2。

安徽省重点调查湿地分布，如图 2-3。

#### 1.1　按湿地类型划分

根据湿地形成方式不同，安徽省的湿地可分为自然湿地和人工湿地(表 2-1)。其中，自然湿地包括河流湿地、湖泊湿地、沼泽湿地 3 类 5 型，面积 71.36 万公顷，占湿地总面积的 68.49%；人工湿地包括库塘、运河/输水河、水产养殖场 1 类 3 型，面积 32.82 万公顷，占湿地总面积的 31.51%。

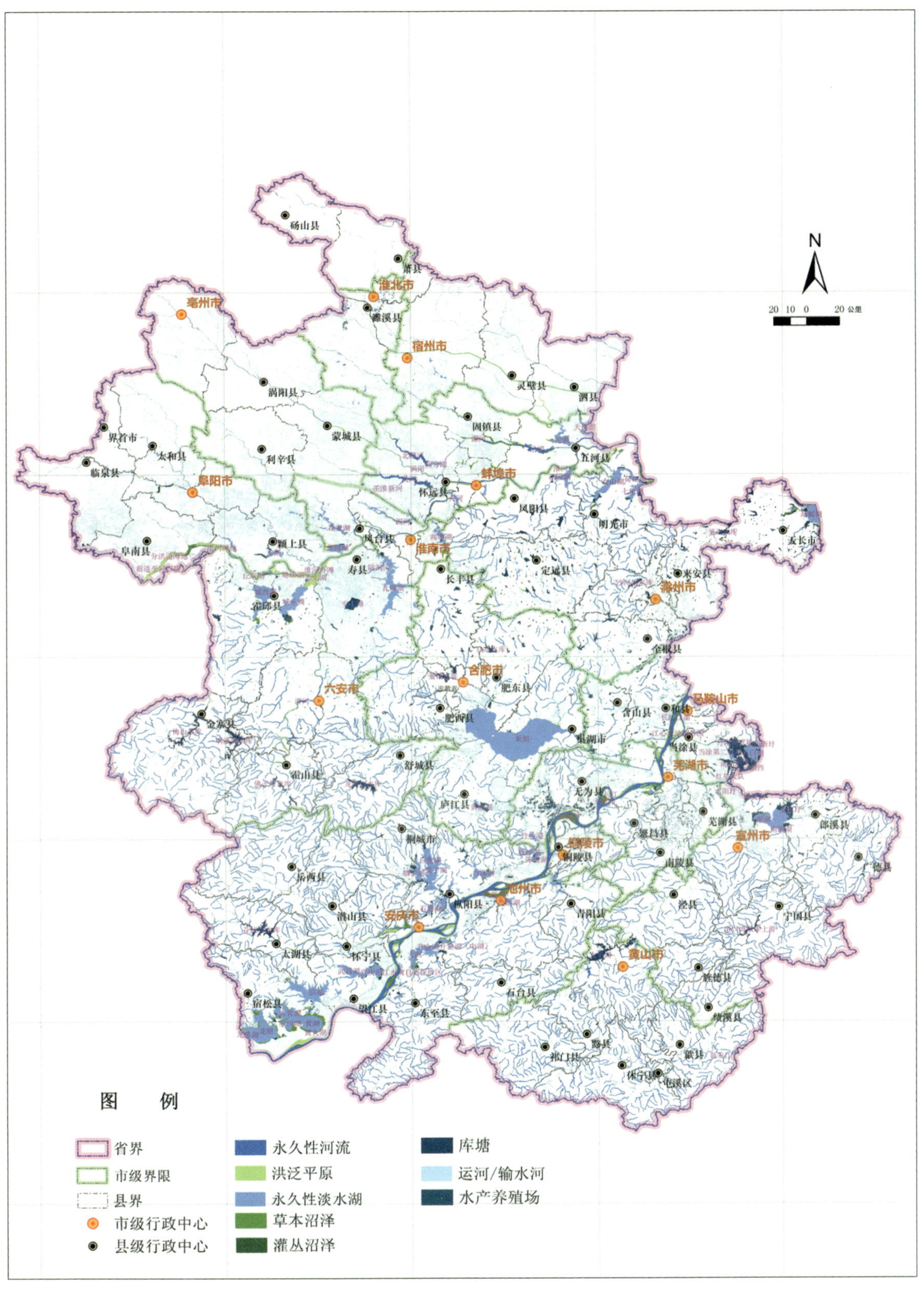


**图 2-2　安徽省湿地资源分布**

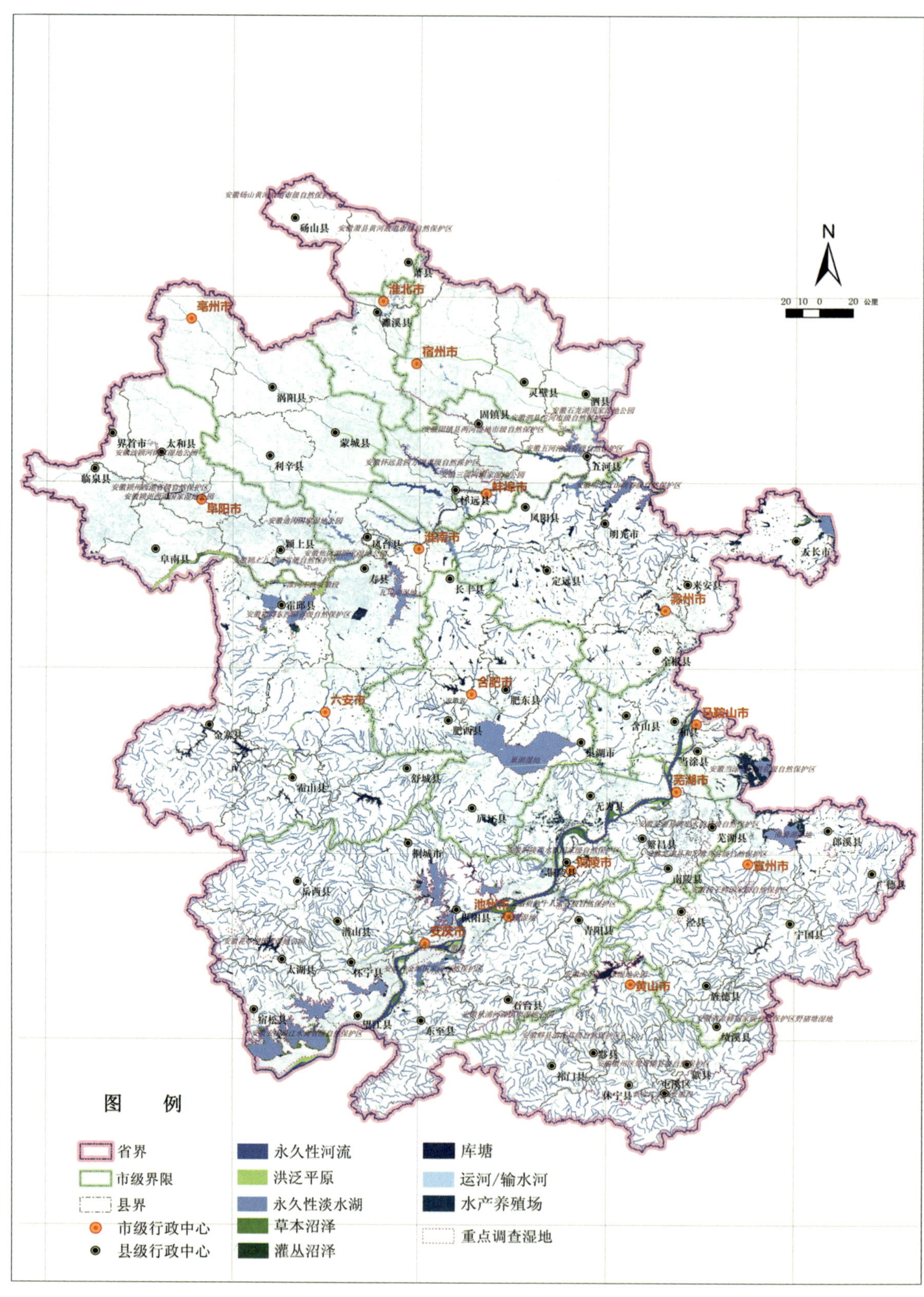


图 2-3 安徽省重点调查湿地分布

从湿地类来看，安徽省有河流湿地 30.96 万公顷，占湿地总面积的 29.72%；湖泊湿地 36.11 万公顷，占湿地总面积的 34.66%；沼泽湿地 4.29 万公顷，占湿地总面积的 4.11%；人工湿地 32.82 万公顷，占湿地总面积的 31.51%。安徽省各湿地类面积及所占比例构成如图 2-4。

从湿地型来看，安徽省有永久性河流湿地 23.85 万公顷，占湿地总面积的 22.89%；洪泛平原湿地 7.11 万公顷，占湿地总面积的 6.83%；永久性淡水湖 36.11 万公顷，占湿地总面积的 34.66%；草本沼泽 4.29 万公顷，占湿地总面积的 4.11%；灌丛沼泽不足 0.01 万公顷；库塘湿地 9.98 万公顷，占湿地总面积的 9.58%；运河/输水河 14.05 万公顷，占湿地总面积的 13.49%；水产养殖场 8.79 万公顷，占湿地总面积的 8.44%。

**表 2-1　安徽省湿地概况**

<table>
<tr><th>湿地类</th><th>湿地型</th><th>湿地型面积（公顷）</th><th>湿地型比例（%）</th><th>湿地类面积（公顷）</th><th>湿地类比例（%）</th></tr>
<tr><td rowspan="2">河流湿地</td><td>永久性河流</td><td>238434.06</td><td>22.89</td><td rowspan="2">309559.38</td><td rowspan="2">29.72</td></tr>
<tr><td>洪泛平原湿地</td><td>71125.32</td><td>6.83</td></tr>
<tr><td>湖泊湿地</td><td>永久性淡水湖</td><td>361134.72</td><td>34.66</td><td>361134.72</td><td>34.66</td></tr>
<tr><td rowspan="2">沼泽湿地</td><td>草本沼泽</td><td>42845.50</td><td>4.11</td><td rowspan="2">42854.59</td><td rowspan="2">4.11</td></tr>
<tr><td>灌丛沼泽</td><td>9.09</td><td>0</td></tr>
<tr><td rowspan="3">人工湿地</td><td>库塘</td><td>99807.01</td><td>9.58</td><td rowspan="3">328252.96</td><td rowspan="3">31.51</td></tr>
<tr><td>运河/输水河</td><td>140561.60</td><td>13.49</td></tr>
<tr><td>水产养殖场</td><td>87884.35</td><td>8.44</td></tr>
<tr><td colspan="2">总　计</td><td>1041801.65</td><td>100</td><td>1041801.65</td><td>100</td></tr>
</table>

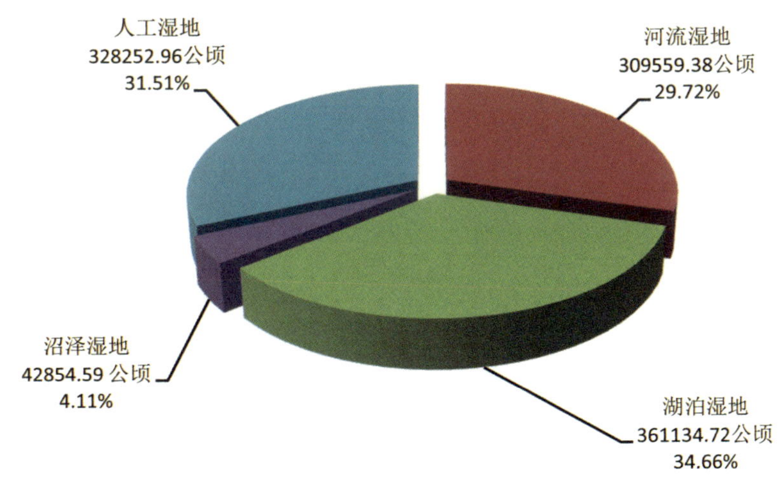


图 **2-4**　安徽省各湿地类面积及所占比例构成

## 1.2　按流域划分

根据水利部全国一、二、三级流域分类规定，安徽省涉及 3 个一级流域，8 个二级流域，13 个三级流域。各流域湿地类型及面积见表 2-2。

**表 2-2 安徽省各流域**

| 一级流域 | 二级流域 | 三级流域 | 河流湿地 | | | 湖泊湿地 |
|---|---|---|---|---|---|---|
| | | | 永久性河流 | 洪泛平原湿地 | 小 计 | 永久性淡水湖 |
| 长江区 | 鄱阳湖水系 | 饶河 | 2286.82 | 22.26 | 2309.08 | 0 |
| | | 鄱阳湖环湖区 | 705.47 | 0 | 705.47 | 0 |
| | 湖口以下干流 | 巢滁皖及沿江诸河 | 48662.34 | 7063.66 | 55726.00 | 197399.48 |
| | | 青弋江和水阳江及沿江诸河 | 101207.53 | 19618.04 | 120825.57 | 54504.80 |
| | 太湖水系 | 湖西及湖区 | 80.81 | 0 | 80.81 | 8.52 |
| | 共 计 | | 152942.97 | 26703.96 | 179646.93 | 251912.80 |
| 淮河区 | 淮河上游（王家坝以上） | 王家坝以上北岸 | 711.69 | 583 | 1294.69 | 101.71 |
| | 淮河中游（王家坝至洪泽湖出口） | 王蚌区间北岸 | 23483.55 | 16232.70 | 39716.25 | 18723.50 |
| | | 蚌洪区间北岸 | 29533.88 | 10546.54 | 40080.42 | 14624.04 |
| | | 蚌洪区间南岸 | 2487.52 | 1944.79 | 4432.31 | 23233.45 |
| | | 王蚌区间南岸 | 18786.96 | 14840.88 | 33627.84 | 45939.54 |
| | 淮河下游（洪泽湖出口以下） | 高天区 | 865.41 | 0 | 865.41 | 6573.84 |
| | 沂沭泗河 | 湖西区 | 1092.07 | 36.75 | 1128.82 | 25.84 |
| | 共 计 | | 76961.08 | 44184.66 | 121145.74 | 109221.92 |
| 东南诸河 | 钱塘江 | 富春江水库以上 | 8530.01 | 236.70 | 8766.71 | 0 |
| 总 计 | | | 238434.06 | 71125.32 | 309559.38 | 361134.72 |

**湿地资源概况**(公顷)

| 沼泽湿地 | | | 人工湿地 | | | | 合　计 |
|---|---|---|---|---|---|---|---|
| 草本沼泽 | 灌丛沼泽 | 小　计 | 库　塘 | 运河/输水河 | 水产养殖场 | 小　计 | |
| 0 | 0 | 0 | 49.51 | 287.57 | 0 | 337.08 | 2646.16 |
| 27.88 | 0 | 27.88 | 303.74 | 17.12 | 0 | 320.86 | 1054.21 |
| 11670.18 | 9.09 | 11679.27 | 34979.18 | 23730.73 | 32161.90 | 90871.81 | 355676.56 |
| 17787.16 | 0 | 17787.16 | 16143.91 | 23509.77 | 37145.40 | 76799.08 | 269916.61 |
| 0 | 0 | 0 | 108.02 | 0 | 0 | 108.02 | 197.35 |
| 29485.22 | 9.09 | 29494.31 | 51584.36 | 47545.19 | 69307.30 | 168436.85 | 629490.89 |
| 0 | 0 | 0 | 0 | 362.00 | 249.47 | 611.47 | 2007.87 |
| 2722.70 | 0 | 2722.70 | 432.52 | 45921.11 | 3334.88 | 49688.51 | 110850.96 |
| 4236.20 | 0 | 4236.20 | 551.49 | 30095.31 | 1738.70 | 32385.50 | 91326.16 |
| 2116.76 | 0 | 2116.76 | 13174.19 | 1415.6 | 3199.93 | 17789.72 | 47572.24 |
| 3140.63 | 0 | 3140.63 | 26819.44 | 13379.41 | 5696.66 | 45895.51 | 128603.52 |
| 1135.75 | 0 | 1135.75 | 6647.09 | 1477.18 | 4277.2 | 12401.47 | 20976.47 |
| 0 | 0 | 0 | 20.08 | 304.75 | 13.31 | 338.14 | 1492.80 |
| 13352.04 | 0 | 13352.04 | 47644.81 | 92955.36 | 18510.15 | 159110.32 | 402830.02 |
| 8.24 | 0 | 8.24 | 577.84 | 61.05 | 66.90 | 705.79 | 9480.74 |
| 42845.5 | 9.09 | 42854.59 | 99807.01 | 140561.6 | 87884.35 | 328252.96 | 1041801.65 |

### 1.2.1　一级流域

一级流域主要包括长江区、淮河区和东南诸河(表 2-3)。

#### 1.2.1.1　长江区

长江区在安徽省涉及 3 个二级流域 5 个三级流域，涉及安徽的 10 个市的 62 个县(区)。该区是安徽省湿地的集中分布区，湿地面积为 62.95 万公顷，占安徽省湿地总面积的 60.42%。该区拥有大面积的河流、湖泊、沼泽及人工湿地。其中，河流湿地 17.96 万公顷，湖泊湿地 25.19 万公顷，沼泽湿地 2.95 万公顷，人工湿地 16.84 万公顷。

#### 1.2.1.2　淮河区

淮河区在安徽省涉及 4 个二级流域 7 个三级流域，涉及 10 个市共 50 个县(区)。该区位于安徽省北部，也是安徽省主要的湿地分布区，湿地面积为 40.28 万公顷，占安徽省湿地总面积的 38.67%。该区以人工湿地居多，面积为 15.91 万公顷；其次为河流湿地 12.11 万公顷，湖泊湿地 10.92 万公顷，沼泽湿地 1.34 万公顷。

**表 2-3　安徽省各流域所涉行政区**

| 一级流域 | 二级流域 | 三级流域 | 所涉及地级市 | 所涉及县、区 |
|---|---|---|---|---|
| 长江区 | 鄱阳湖水系 | 饶河 | 池州市 | 东至县、石台县 |
| | | | 黄山市 | 祁门县、休宁县 |
| | | 鄱阳湖环湖区 | 池州市 | 东至县 |
| | 湖口以下干流 | 巢滁皖及沿江诸河 | 安庆市 | 枞阳县、大观区 、怀宁县、潜山县、太湖县、桐城市、望江县、宿松县、宜秀区、迎江区、岳西县 |
| | | | 滁州市 | 来安县、琅琊区、明光市、南谯区、全椒县、天长市 |
| | | | 合肥市 | 包河区、庐阳区、蜀山区、瑶海区、肥东县、肥西县、长丰县、巢湖市、庐江县 |
| | | | 六安市 | 霍山县、金安区、舒城县 |
| | | | 马鞍山市 | 含山县、和县 |
| | | | 芜湖市 | 无为县 |
| | | | 宣城市 | 绩溪县 |
| | | 青弋江和水阳江及沿江诸河 | 安庆市 | 枞阳县、大观区、怀宁县、望江县、宿松县、迎江区 |
| | | | 池州市 | 东至县、贵池区、青阳县、石台县 |
| | | | 黄山市 | 黄山区、祁门县、黟县 |
| | | | 马鞍山市 | 当涂县、和县、花山区 、金家庄区、雨山区 |
| | | | 铜陵市 | 狮子山区、铜官山区、铜陵市郊区、铜陵县 |
| | | | 芜湖市 | 繁昌县、镜湖区、鸠江区、南陵县、三山区、无为县、芜湖县、弋江区 |
| | | | 宣城市 | 广德县、绩溪县、泾县、旌德县、郎溪县、宁国市、宣州区 |
| | 太湖水系 | 湖西及湖区 | 宣城市 | 广德县、郎溪县 |

（续）

| 一级流域 | 二级流域 | 三级流域 | 所涉及地级市 | 所涉及县、区 |
|---|---|---|---|---|
| 淮河区 | 淮河上游（王家坝以上） | 王家坝以上北岸 | 阜阳市 | 阜南县、临泉县 |
| | 淮河中游（王家坝至洪泽湖出口） | 蚌洪区间北岸 | 蚌埠市 | 固镇县、怀远县、淮上区、龙子湖区、五河县 |
| | | | 滁州市 | 凤阳县、明光市 |
| | | | 亳州市 | 蒙城县、谯城区、涡阳县 |
| | | | 淮北市 | 杜集区、烈山区、濉溪县、相山区 |
| | | | 宿州市 | 砀山县、灵璧县、泗县、萧县、埇桥区 |
| | | 蚌洪区间南岸 | 蚌埠市 | 蚌山区、淮上区、龙子湖区、五河县、禹会区 |
| | | | 滁州市 | 定远县、凤阳县、明光市、南谯区 |
| | | | 合肥市 | 肥东县、长丰县 |
| | | 王蚌区间北岸 | 蚌埠市 | 怀远县、禹会区 |
| | | | 阜阳市 | 阜南县、界首市、临泉县、太和县、颍东区、颍泉区、颍上县、颍州区 |
| | | | 亳州市 | 利辛县、蒙城县、谯城区、涡阳县 |
| | | | 淮南市 | 八公山区、大通区、凤台县、潘集区、田家庵区、谢家集区 |
| | | | 六安市 | 霍邱县 |
| | | 王蚌区间南岸 | 安庆市 | 岳西县 |
| | | | 蚌埠市 | 蚌山区、怀远县、禹会区 |
| | | | 滁州市 | 定远县、凤阳县 |
| | | | 阜阳市 | 阜南县 |
| | | | 合肥市 | 肥西县、长丰县 |
| | | | 淮南市 | 八公山区、大通区、凤台县、田家庵区、谢家集区 |
| | | | 六安市 | 霍邱县、霍山县、金安区、金寨县、寿县、裕安区 |
| | 淮河下游（洪泽湖出口以下） | 高天区 | 滁州市 | 来安县、天长市 |
| | 沂沭泗河 | 湖西区 | 宿州市 | 砀山县、萧县 |
| 东南诸河 | 钱塘江 | 富春江水库以上 | 黄山市 | 黄山区、徽州区、祁门县、屯溪区、歙县、休宁县、黟县 |
| | | | 宣城市 | 绩溪县 |

#### 1.2.1.3　东南诸河

东南诸河在安徽省涉及 1 个二级流域 1 个三级流域，涉及 2 个市共 8 个县(区)。该区位于安徽省最南部，湿地较少，湿地面积为 0.95 万公顷，占安徽省湿地总面积的 0.91%。该区主要以河流湿地为主，面积为 0.88 万公顷，此外，还有部分人工湿地和少量的沼泽湿地。

### 1.2.2　二级流域

二级流域包括长江区的鄱阳湖水系、湖口以下干流、太湖水系；淮河区的淮河上游(王家坝以上)、淮河中游(王家坝至洪泽湖出口)、淮河下游(洪泽湖出口以下)、沂沭泗河，以及东南渚河区的钱塘江。

### 1.2.3 三级流域

三级流域包括长江区的饶河、鄱阳湖环湖区、巢滁皖及沿江诸河、青弋江和水阳江及沿江诸河、湖西及湖区；淮河区的王家坝以上北岸、蚌洪区间北岸、蚌洪区间南岸、王蚌区间北岸、王蚌区间南岸、高天区、湖西区；东南诸河区的富春江水库以上等。

## 1.3 按湿地区划分

湿地斑块是湿地资源调查、统计的最小基本单位。湿地斑块的划分是根据区划因子的差异性，包括：三级流域、湿地型、县级行政区域、土地所有权、保护状况、湿地受威胁等级、湿地主导利用方式不同等。湿地区是指由多块湿地斑块组成的、具有一定的水文联系和生态功能的湿地复合体。根据《全国湿地资源调查技术规程(试行)》要求，结合安徽实际，安徽省共区划为133个湿地区。其中，以县域为单位区划的零星湿地区105个，单独区划湿地区28个。

安徽省单独区划的湿地区面积总和为51.09万公顷。其中，湿地面积最大的是长江湿地区，面积为11.08万公顷；安庆沿江湿地区次之，面积为11.03万公顷；第三为巢湖湿地区，面积为7.88万公顷。河流湿地面积最大的湿地区为长江湿地区，河流湿地面积为9.34万公顷。湖泊湿地主要集中于安庆沿江湿地区和巢湖湿地区，面积分别为9.58万公顷和7.82万公顷。沼泽湿地以长江湿地区分布面积最大，面积为1.50万公顷。人工湿地以太平湖湿地区分布居多，面积为0.74万公顷。

零星湿地区总面积为53.09万公顷。其中，以安庆市的湿地面积最大，湿地面积为5.34万公顷；六安市次之，湿地面积为4.78万公顷；合肥市第三，湿地面积为3.69万公顷。

安徽省各湿地区湿地类型及面积见表2-4。

**表2-4 安徽省各湿地区湿地类型及面积(公顷)**

| 序号 | 湿地区＼湿地类型 | 河流湿地 | 湖泊湿地 | 沼泽湿地 | 人工湿地 | 合 计 |
|---|---|---|---|---|---|---|
| 1 | 安丰塘湿地区 | 0 | 0 | 0 | 3550.90 | 3550.90 |
| 2 | 安庆沿江湿地区 | 1532.58 | 95761.13 | 7194.81 | 5765.11 | 110253.63 |
| 3 | 八里河湿地区 | 3524.91 | 2006.45 | 0 | 1531.03 | 7062.39 |
| 4 | 长江湿地区 | 93432.36 | 1293.09 | 14997.14 | 1115.9 | 110838.49 |
| 5 | 巢湖湿地区 | 0 | 78186.17 | 311.84 | 297.52 | 78795.53 |
| 6 | 城东西湖湿地区 | 472.77 | 18462.45 | 1315.24 | 1658.37 | 21908.83 |
| 7 | 佛子岭水库湿地区 | 30.03 | 0 | 0 | 1565.22 | 1595.25 |
| 8 | 港口湾水库湿地区 | 0 | 0 | 0 | 2282.53 | 2282.53 |
| 9 | 高塘湖湿地区 | 107.6 | 4255.94 | 969.26 | 119.51 | 5452.31 |
| 10 | 花亭湖湿地区 | 830.38 | 0 | 14.73 | 4515.98 | 5361.09 |
| 11 | 淮河湿地区 | 40496.49 | 1590.79 | 2393.42 | 1611.03 | 46091.73 |
| 12 | 黄陂湖湿地区 | 132.52 | 435.81 | 0 | 1918.69 | 2487.02 |

（续）

| 序号 | 湿地类型<br>湿地区 | 河流湿地 | 湖泊湿地 | 沼泽湿地 | 人工湿地 | 合　计 |
|---|---|---|---|---|---|---|
| 13 | 焦岗湖湿地区 | 0 | 2590.64 | 325.12 | 148.54 | 3064.30 |
| 14 | 固镇两河湿地区 | 2450.06 | 128.66 | 772.29 | 0 | 3351.01 |
| 15 | 龙河口水库湿地区 | 203.21 | 47.62 | 0 | 4200.02 | 4450.85 |
| 16 | 梅山水库湿地区 | 0 | 14.05 | 0 | 4619.58 | 4633.63 |
| 17 | 磨子潭水库湿地区 | 97.13 | 0 | 0 | 595.8 | 692.93 |
| 18 | 南漪湖湿地区 | 37.58 | 13862.55 | 220.59 | 4141.44 | 18262.16 |
| 19 | 女山湖、七里湖湿地区 | 0 | 12534.46 | 367.25 | 1807.9 | 14709.61 |
| 20 | 泉河湿地区 | 728.08 | 8.17 | 0 | 218.63 | 954.88 |
| 21 | 升金湖湿地区 | 288.72 | 11520.43 | 885.84 | 1543.58 | 14238.57 |
| 22 | 石臼湖湿地区 | 0 | 5687.22 | 154.25 | 5514.33 | 11355.8 |
| 23 | 太平湖湿地区 | 1600.71 | 0 | 0 | 7381.94 | 8982.65 |
| 24 | 沱湖湿地区 | 44.43 | 5353.13 | 406.51 | 0 | 5804.07 |
| 25 | 瓦埠湖湿地区 | 0 | 15707.07 | 167.30 | 0 | 15874.37 |
| 26 | 响洪甸水库湿地区 | 18.71 | 0 | 0 | 5509.97 | 5528.68 |
| 27 | 新安江湿地区 | 2616.97 | 0 | 0 | 0 | 2616.97 |
| 28 | 扬子鳄湿地区 | 99.58 | 26.23 | 0 | 556.2 | 682.01 |
|  | **单独区划湿地区面积总计** | **148744.82** | **269472.06** | **30495.59** | **62169.72** | **510882.19** |
|  | **安庆市** | **20491.41** | **15359.27** | **2763.45** | **14835.36** | **53449.49** |
| 1 | 枞阳县零星湿地区 | 1140.09 | 4905.50 | 420.70 | 3263.82 | 9730.11 |
| 2 | 大观区零星湿地区 | 2048.57 | 1213.22 | 1324.01 | 180.51 | 4766.31 |
| 3 | 怀宁县零星湿地区 | 2774.74 | 3075.96 | 167.72 | 1562.52 | 7580.94 |
| 4 | 潜山县零星湿地区 | 3810.07 | 78.3 | 0 | 790.81 | 4679.18 |
| 5 | 太湖县零星湿地区 | 2591.75 | 282.10 | 0 | 956.27 | 3830.12 |
| 6 | 桐城市零星湿地区 | 2093.84 | 155.17 | 0 | 1269.1 | 3518.11 |
| 7 | 望江县零星湿地区 | 1258.31 | 2045.4 | 43.49 | 2041.05 | 5388.25 |
| 8 | 宿松县零星湿地区 | 1285.43 | 2907.78 | 687.71 | 2793.06 | 7673.98 |
| 9 | 宜秀区零星湿地区 | 290.70 | 186.04 | 110.73 | 1170.14 | 1757.61 |
| 10 | 迎江区零星湿地区 | 19.85 | 509.8 | 0 | 572.86 | 1102.51 |
| 11 | 岳西县零星湿地区 | 3178.06 | 0 | 9.09 | 235.22 | 3422.37 |
|  | **蚌埠市** | **17883.54** | **7500.46** | **3339.16** | **13187.07** | **41910.23** |
| 12 | 蚌山区零星湿地区 | 0 | 297.07 | 0 | 25.68 | 322.75 |
| 13 | 固镇县零星湿地区 | 2212.75 | 263.27 | 371.07 | 3157.3 | 6004.39 |
| 14 | 怀远县零星湿地区 | 11265.09 | 1768.27 | 380.59 | 6615.98 | 20029.93 |
| 15 | 淮上区零星湿地区 | 129.04 | 9.59 | 484.54 | 698.3 | 1321.47 |
| 16 | 龙子湖区零星湿地区 | 0 | 593.85 | 0 | 31.62 | 625.47 |

（续）

| 序号 | 湿地区 \ 湿地类型 | 河流湿地 | 湖泊湿地 | 沼泽湿地 | 人工湿地 | 合　计 |
|---|---|---|---|---|---|---|
| 17 | 五河县零星湿地区 | 4276.66 | 2905.46 | 1552.73 | 2601.86 | 11336.71 |
| 18 | 禹会区零星湿地区 | 0 | 1662.95 | 550.23 | 56.33 | 2269.51 |
|  | **池州市** | **9129.66** | **7780.62** | **672.44** | **6145.6** | **23728.32** |
| 19 | 东至县零星湿地区 | 2546.72 | 2053.00 | 36.68 | 2051.40 | 6687.80 |
| 20 | 贵池区零星湿地区 | 3159.53 | 5323.76 | 442.79 | 3104.02 | 12030.10 |
| 21 | 青阳县零星湿地区 | 1582.25 | 403.86 | 192.97 | 898.89 | 3077.97 |
| 22 | 石台县零星湿地区 | 1841.16 | 0 | 0 | 91.29 | 1932.45 |
|  | **滁州市** | **7056.29** | **16923.59** | **2469.79** | **43900.59** | **70350.26** |
| 23 | 定远县零星湿地区 | 1837.15 | 3775.06 | 139.16 | 8775.96 | 14527.33 |
| 24 | 凤阳县零星湿地区 | 643.48 | 3377.43 | 68.57 | 3771.51 | 7860.99 |
| 25 | 来安县零星湿地区 | 1054.37 | 87.61 | 12.50 | 5893.22 | 7047.70 |
| 26 | 琅琊区零星湿地区 | 174.37 | 36.46 | 0 | 1098.74 | 1309.57 |
| 27 | 明光市零星湿地区 | 736.52 | 2465.40 | 934.97 | 3396.70 | 7533.59 |
| 28 | 南谯区零星湿地区 | 687.86 | 118.05 | 0 | 4520.42 | 5326.33 |
| 29 | 全椒县零星湿地区 | 1408.56 | 489.74 | 191.34 | 5699.33 | 7788.97 |
| 30 | 天长市零星湿地区 | 513.98 | 6573.84 | 1123.25 | 10744.71 | 18955.78 |
|  | **阜阳市** | **6512.16** | **3256.07** | **236.28** | **21931.75** | **31936.26** |
| 31 | 阜南县零星湿地区 | 1323.84 | 456.77 | 0 | 3070.44 | 4851.05 |
| 32 | 界首市零星湿地区 | 341.71 | 101.81 | 0 | 1397.07 | 1840.59 |
| 33 | 临泉县零星湿地区 | 857.75 | 92.75 | 0 | 4433.65 | 5384.15 |
| 34 | 太和县零星湿地区 | 1378.74 | 23.21 | 0 | 3124.34 | 4526.29 |
| 35 | 颍东区零星湿地区 | 450.59 | 42.64 | 0 | 2088.40 | 2581.63 |
| 36 | 颍泉区零星湿地区 | 853.79 | 52.05 | 0 | 1525.48 | 2431.32 |
| 37 | 颍上县零星湿地区 | 1121.06 | 2403.22 | 0 | 4611.37 | 8135.65 |
| 38 | 颍州区零星湿地区 | 184.68 | 83.62 | 236.28 | 1681.00 | 2185.58 |
|  | **亳州市** | **7886.65** | **482.58** | **166.22** | **20138.81** | **28674.26** |
| 39 | 利辛县零星湿地区 | 1039.93 | 62.35 | 126.03 | 5008.49 | 6236.80 |
| 40 | 蒙城县零星湿地区 | 3190.75 | 254.35 | 40.19 | 6093.09 | 9578.38 |
| 41 | 谯城区零星湿地区 | 2181.34 | 143.89 | 0 | 4853.40 | 7178.63 |
| 42 | 涡阳县零星湿地区 | 1474.63 | 21.99 | 0 | 4183.83 | 5680.45 |
|  | **合肥市** | **8597.14** | **3355.83** | **885.42** | **24079.47** | **36917.86** |
| 43 | 包河区零星湿地区 | 295.91 | 199.56 | 0 | 623.09 | 1118.56 |
| 44 | 巢湖市零星湿地区 | 1553.84 | 265.25 | 94.58 | 2179.45 | 4093.12 |
| 45 | 肥东县零星湿地区 | 1345.35 | 1370.54 | 453.60 | 5030.57 | 8200.06 |
| 46 | 肥西县零星湿地区 | 1299.21 | 0 | 159.55 | 4675.2 | 6133.96 |

（续）

| 序号 | 湿地类型<br>湿地区 | 河流湿地 | 湖泊湿地 | 沼泽湿地 | 人工湿地 | 合 计 |
|---|---|---|---|---|---|---|
| 47 | 庐江县零星湿地区 | 3203.18 | 83.15 | 30.91 | 3921.96 | 7239.20 |
| 48 | 庐阳区零星湿地区 | 71.90 | 26.88 | 0 | 2122.83 | 2221.61 |
| 49 | 蜀山区零星湿地区 | 135.89 | 154.87 | 0 | 249.14 | 539.90 |
| 50 | 瑶海区零星湿地区 | 139.78 | 55.93 | 0 | 82.40 | 278.11 |
| 51 | 长丰县零星湿地区 | 552.08 | 1199.65 | 146.78 | 5194.83 | 7093.34 |
| | **淮北市** | **2177.37** | **3301.18** | **68.27** | **6116.54** | **11663.36** |
| 52 | 杜集区零星湿地区 | 145.42 | 1248.21 | 68.27 | 829.99 | 2291.89 |
| 53 | 烈山区零星湿地区 | 360.76 | 349.15 | 0 | 334.29 | 1044.20 |
| 54 | 濉溪县零星湿地区 | 1426.42 | 1101.18 | 0 | 4706.14 | 7233.74 |
| 55 | 相山区零星湿地区 | 244.77 | 602.64 | 0 | 246.12 | 1093.53 |
| | **淮南市** | **1288.32** | **10017.29** | **255.67** | **6604.87** | **18166.15** |
| 56 | 八公山区零星湿地区 | 25.42 | 279.74 | 0 | 21.01 | 326.17 |
| 57 | 大通区零星湿地区 | 27.28 | 133.44 | 12.98 | 880.43 | 1054.13 |
| 58 | 凤台县零星湿地区 | 645.48 | 5048.26 | 43.38 | 3084.66 | 8821.78 |
| 59 | 潘集区零星湿地区 | 145.47 | 3842.16 | 199.31 | 1749.92 | 5936.86 |
| 60 | 田家庵区零星湿地区 | 327.76 | 384.21 | 0 | 296.80 | 1008.77 |
| 61 | 谢家集区零星湿地区 | 116.91 | 329.48 | 0 | 572.05 | 1018.44 |
| | **黄山市** | **10176.39** | **0** | **0** | **897.44** | **11073.83** |
| 62 | 黄山区零星湿地区 | 1714.21 | 0 | 0 | 165.42 | 1879.63 |
| 63 | 徽州区零星湿地区 | 586.96 | 0 | 0 | 271.42 | 858.38 |
| 64 | 祁门县零星湿地区 | 2583.39 | 0 | 0 | 49.51 | 2632.90 |
| 65 | 屯溪区零星湿地区 | 304.60 | 0 | 0 | 39.76 | 344.36 |
| 66 | 歙县零星湿地区 | 1956.10 | 0 | 0 | 65.25 | 2021.35 |
| 67 | 休宁县零星湿地区 | 2273.71 | 0 | 0 | 107.22 | 2380.93 |
| 68 | 黟县零星湿地区 | 757.42 | 0 | 0 | 198.86 | 956.28 |
| | **六安市** | **22086.02** | **3225.96** | **52.38** | **22403.8** | **47768.16** |
| 69 | 霍邱县零星湿地区 | 2632.29 | 844.79 | 40.88 | 8119.88 | 11637.84 |
| 70 | 霍山县零星湿地区 | 3165.79 | 8.16 | 0 | 330.08 | 3504.03 |
| 71 | 金安区零星湿地区 | 2050.21 | 0 | 0 | 2510.86 | 4561.07 |
| 72 | 金寨县零星湿地区 | 3935.21 | 0 | 0 | 278.83 | 4214.04 |
| 73 | 寿县零星湿地区 | 1705.57 | 2049.91 | 11.50 | 7773.66 | 11540.64 |
| 74 | 舒城县零星湿地区 | 2569.08 | 323.10 | 0 | 1467.78 | 4359.96 |
| 75 | 裕安区零星湿地区 | 6027.87 | 0 | 0 | 1922.71 | 7950.58 |
| | **马鞍山市** | **7227.14** | **2985.54** | **253.34** | **28724.09** | **39190.11** |
| 76 | 当涂县零星湿地区 | 2480.53 | 1000.02 | 24.63 | 20220.83 | 23726.01 |

（续）

| 序号 | 湿地区＼湿地类型 | 河流湿地 | 湖泊湿地 | 沼泽湿地 | 人工湿地 | 合计 |
|---|---|---|---|---|---|---|
| 77 | 含山县零星湿地区 | 1938.63 | 295.45 | 41.88 | 2775.38 | 5051.34 |
| 78 | 和县零星湿地区 | 2497.21 | 1434.38 | 186.83 | 5337.30 | 9455.72 |
| 79 | 花山区零星湿地区 | 57.93 | 73.99 | 0 | 13.33 | 145.25 |
| 80 | 博望区零星湿地区 | 54.97 | 47.94 | 0 | 91.29 | 194.20 |
| 81 | 雨山区零星湿地区 | 197.87 | 133.76 | 0 | 285.96 | 617.59 |
|  | **宿州市** | **13454.19** | **1535.30** | **120.17** | **14201.45** | **29311.11** |
| 82 | 砀山县零星湿地区 | 1154.27 | 149.15 | 0 | 650.05 | 1953.47 |
| 83 | 灵璧县零星湿地区 | 3148.41 | 45.44 | 0 | 3734.75 | 6928.60 |
| 84 | 泗县零星湿地区 | 4062.64 | 193.95 | 120.17 | 3542.17 | 7918.93 |
| 85 | 萧县零星湿地区 | 1182.42 | 23.10 | 0 | 1592.13 | 2797.65 |
| 86 | 埇桥区零星湿地区 | 3906.45 | 1123.66 | 0 | 4682.35 | 9712.46 |
|  | **铜陵市** | **1396.58** | **1617.55** | **319.95** | **2507.67** | **5841.75** |
| 87 | 狮子山区零星湿地区 | 68.47 | 0 | 0 | 825.07 | 893.54 |
| 88 | 铜官山区零星湿地区 | 47.40 | 312.09 | 35.25 | 108.04 | 502.78 |
| 89 | 铜陵市郊区零星湿地区 | 14.78 | 432.93 | 9.43 | 221.66 | 678.80 |
| 90 | 铜陵县零星湿地区 | 1265.93 | 872.53 | 275.27 | 1352.90 | 3766.63 |
|  | **芜湖市** | **12940.53** | **12330.14** | **733.43** | **23963.04** | **49967.14** |
| 91 | 繁昌县零星湿地区 | 931.47 | 770.24 | 0 | 741.34 | 2443.05 |
| 92 | 镜湖区零星湿地区 | 504.09 | 360.84 | 0 | 844.09 | 1709.02 |
| 93 | 鸠江区零星湿地区 | 203.26 | 1188.16 | 37.17 | 1074.63 | 2503.22 |
| 94 | 南陵县零星湿地区 | 2033.08 | 2790.57 | 114.01 | 899.98 | 5837.64 |
| 95 | 三山区零星湿地区 | 808.96 | 955.19 | 204.16 | 1108.68 | 3076.99 |
| 96 | 无为县零星湿地区 | 5447.54 | 2497.54 | 19.67 | 14644.33 | 22609.08 |
| 97 | 芜湖县零星湿地区 | 2588.25 | 1585.93 | 182.98 | 4504.17 | 8861.33 |
| 98 | 弋江区零星湿地区 | 423.88 | 2181.67 | 175.44 | 145.82 | 2926.81 |
|  | **宣城市** | **12511.17** | **1991.28** | **23.03** | **16445.69** | **30971.17** |
| 99 | 广德县零星湿地区 | 1415.96 | 384.50 | 0 | 1104.52 | 2904.98 |
| 100 | 绩溪县零星湿地区 | 703.77 | 0 | 8.24 | 23.28 | 735.29 |
| 101 | 泾县零星湿地区 | 3068.66 | 18.73 | 0 | 256.81 | 3344.20 |
| 102 | 旌德县零星湿地区 | 936.42 | 0 | 0 | 25.47 | 961.89 |
| 103 | 郎溪县零星湿地区 | 952.33 | 984.39 | 0 | 3208.95 | 5145.67 |
| 104 | 宁国市零星湿地区 | 2211.43 | 0 | 0 | 139.81 | 2351.24 |
| 105 | 宣州区零星湿地区 | 3222.60 | 603.66 | 14.79 | 11686.85 | 15527.90 |
|  | **零星湿地区面积总计** | **160814.56** | **91662.66** | **12359** | **266083.24** | **530919.46** |
|  | **安徽省各湿地区面积总计** | **309559.38** | **361134.72** | **42854.59** | **328252.96** | **1041801.65** |

## 1.4 按行政区划分

安徽省各市、县(市、区)湿地资源概况见表2-5。各地级市中，湿地总面积排在前三位的分别是安庆市、合肥市、六安市。安庆市属于长江湿地区，合肥市和六安市在长江湿地区和淮河湿地区均有涉及(图2-5)。

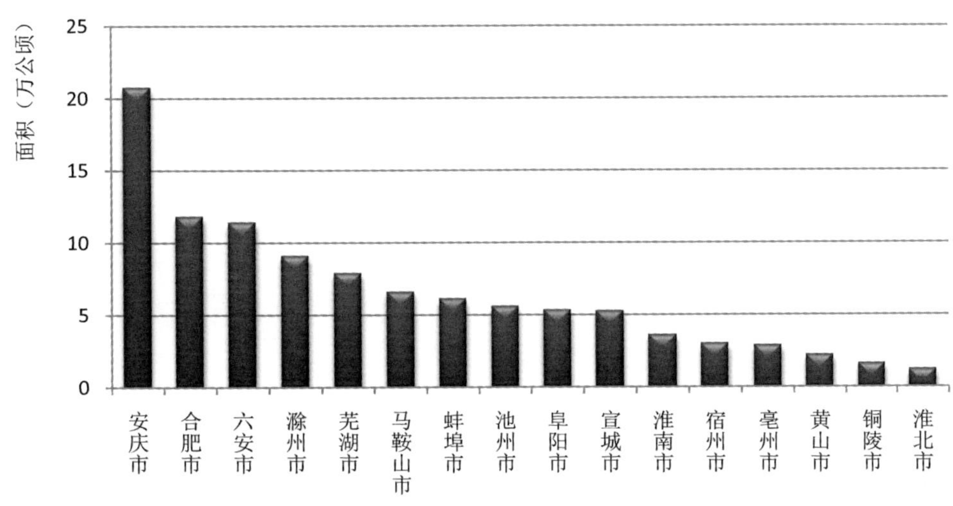


图**2-5** 安徽省各地级市湿地面积分布

### 1.4.1 安庆市

安庆市位于安徽省西南部，长江下游北岸，长江流经境内237公里，湿地面积为20.75万公顷，占全省湿地总面积的19.92%。其中，湖泊湿地面积11.15万公顷，河流湿地面积5.69万公顷，沼泽湿地面积1.39万公顷，均为安徽省各地级市中同类湿地面积最大的。安庆市湿地生态系统复杂多样，是众多野生动植物的物种宝库。境内安庆沿江水禽省级自然保护区包括黄湖、大官湖、龙感湖、泊湖、菜子湖、武昌湖、白荡湖等9个湖泊，其湿地沼泽滩涂广阔，是水鸟的重要越冬、繁殖和迁徙停歇地。同时，安庆市也是中国—欧盟生物多样性项目实施地。

### 1.4.2 合肥市

合肥市湿地面积为11.82万公顷，以湖泊湿地和人工湿地为多。湖泊湿地面积为8.20万公顷，位居全省各地级市中同类湿地第二；人工湿地面积2.63万公顷。境内的巢湖为全国第五大淡水湖和国家重要湿地，地处长江与淮河两大河流之间，属长江下游左岸水系，面积为7.88万公顷。

### 1.4.3 六安市

六安市湿地面积为11.38万公顷，湖泊湿地、河流湿地和人工湿地分布较为均衡。长江流域和淮河流域的分界线由此经过。境内湿地资源丰富，有响洪甸水库、梅山水库、佛子岭水库、磨子潭水库、龙河口水库等皖西五大水库；还有瓦埠湖、城东湖、城西湖等几个大型湖泊。

**表 2-5 安徽省各市、县(市、区)湿地资源概况表(公顷、个)**

| 市县名称 \ 湿地类型 | 河流湿地 | | | | 湖泊湿地 | | 沼泽湿地 | | | | 人工湿地 | | | | | 合计 | |
|---|---|---|---|---|---|---|---|---|---|---|---|---|---|---|---|---|---|
| | 永久性河流面积 | 洪泛平原湿地面积 | 小计 | | 永久性淡水湖 | | 草本沼泽面积 | 灌丛沼泽面积 | 小计 | | 库塘面积 | 水产养殖场面积 | 运河/输水河面积 | 小计 | | 面积 | 斑块 |
| | | | 面积 | 斑块 | 面积 | 斑块 | | | 面积 | 斑块 | | | | 面积 | 斑块 | | |
| **安庆市** | **45035.77** | **11864.72** | **56900.49** | **725** | **111474.36** | **258** | **13869.01** | **9.09** | **13878.10** | **77** | **7656.32** | **6370.41** | **11258.60** | **25285.33** | **625** | **207538.28** | **1685** |
| 枞阳县 | 11631.21 | 1363.61 | 12994.82 | 78 | 17750.44 | 17 | 3243.49 | 0 | 3243.49 | 11 | 288.84 | 1331.80 | 3184.67 | 4805.31 | 135 | 38794.06 | 241 |
| 大观区 | 1975.60 | 1729.17 | 3704.77 | 13 | 1497.19 | 18 | 1324.01 | 0 | 1324.01 | 14 | 0 | 30.72 | 149.79 | 180.51 | 9 | 6706.48 | 54 |
| 怀宁县 | 2946.23 | 805.72 | 3751.95 | 81 | 3075.96 | 30 | 167.72 | 0 | 167.72 | 3 | 576.44 | 596.46 | 389.62 | 1562.52 | 87 | 8558.15 | 201 |
| 潜山县 | 3273.26 | 536.81 | 3810.07 | 120 | 78.30 | 7 | 0 | 0 | 0 | 0 | 442.60 | 295.57 | 52.64 | 790.81 | 42 | 4679.18 | 169 |
| 太湖县 | 2894.71 | 527.42 | 3422.13 | 98 | 3230.14 | 18 | 75.26 | 0 | 75.26 | 2 | 4819.76 | 605.64 | 64.56 | 5489.96 | 55 | 12217.49 | 173 |
| 桐城市 | 2238.81 | 0 | 2238.81 | 71 | 8586.68 | 26 | 269.17 | 0 | 269.17 | 2 | 702.23 | 239.26 | 2150.88 | 3092.37 | 73 | 14187.03 | 172 |
| 望江县 | 5796.43 | 1302.56 | 7098.99 | 38 | 17821.27 | 33 | 968.25 | 0 | 968.25 | 3 | 65.64 | 1533.99 | 1606.46 | 3206.09 | 83 | 29094.60 | 157 |
| 宿松县 | 6435.17 | 3521.07 | 9956.24 | 62 | 50241.43 | 74 | 7710.38 | 0 | 7710.38 | 39 | 501.89 | 1546.98 | 1102.27 | 3151.14 | 75 | 71059.19 | 250 |
| 宜秀区 | 308.98 | 0 | 308.98 | 16 | 6779.94 | 18 | 110.73 | 0 | 110.73 | 2 | 23.70 | 0 | 1865.94 | 1889.64 | 37 | 9089.29 | 73 |
| 迎江区 | 4367.37 | 2068.30 | 6435.67 | 11 | 2413.01 | 17 | 0 | 0 | 0 | 0 | 0 | 189.99 | 691.77 | 881.76 | 23 | 9730.44 | 51 |
| 岳西县 | 3168 | 10.06 | 3178.06 | 137 | 0 | 0 | 0 | 9.09 | 9.09 | 1 | 235.22 | 0 | 0 | 235.22 | 6 | 3422.37 | 144 |
| **蚌埠市** | **22468.35** | **6881.72** | **29350.07** | **89** | **13179.41** | **65** | **5041.46** | **0** | **5041.46** | **61** | **558.43** | **12117.35** | **543.33** | **13219.11** | **297** | **60790.05** | **512** |
| 蚌山区 | 0 | 0 | 0 | 0 | 297.07 | 4 | 0 | 0 | 0 | 0 | 0 | 25.68 | 0 | 25.68 | 2 | 322.75 | 6 |
| 固镇县 | 2660.33 | 1713.60 | 4373.93 | 14 | 391.93 | 7 | 1143.36 | 0 | 1143.36 | 15 | 137.08 | 3020.22 | 0 | 3157.30 | 73 | 9066.52 | 109 |
| 怀远县 | 11750.98 | 1892.92 | 13643.90 | 39 | 1940.81 | 23 | 855.95 | 0 | 855.95 | 9 | 18.07 | 6140 | 489.95 | 6648.02 | 124 | 23088.68 | 195 |
| 淮上区 | 1019.71 | 802.91 | 1822.62 | 9 | 34.21 | 2 | 484.54 | 0 | 484.54 | 4 | 10.73 | 687.57 | 0 | 698.30 | 21 | 3039.67 | 36 |
| 龙子湖区 | 151.50 | 64.55 | 216.05 | 3 | 593.85 | 7 | 0 | 0 | 0 | 0 | 0 | 31.62 | 0 | 31.62 | 2 | 841.52 | 12 |
| 五河县 | 6809.23 | 2264.52 | 9073.75 | 21 | 8258.59 | 18 | 1959.24 | 0 | 1959.24 | 29 | 392.55 | 2155.93 | 53.38 | 2601.86 | 71 | 21893.44 | 139 |
| 禹会区 | 76.60 | 143.22 | 219.82 | 3 | 1662.95 | 4 | 598.37 | 0 | 598.37 | 4 | 0 | 56.33 | 0 | 56.33 | 4 | 2537.47 | 15 |
| **池洲市** | **21879.97** | **3199.30** | **25079.27** | **408** | **19301.05** | **69** | **3560.08** | **0** | **3560.08** | **36** | **2212.17** | **1518.11** | **4026.97** | **7757.25** | **253** | **55697.65** | **766** |
| 东至县 | 10782.11 | 2744.46 | 13526.57 | 166 | 11121.30 | 21 | 1659.14 | 0 | 1659.14 | 14 | 1091.70 | 384.44 | 1406.82 | 2882.96 | 104 | 29189.97 | 305 |
| 贵池区 | 7911.90 | 217.39 | 8129.29 | 98 | 7775.89 | 39 | 1707.97 | 0 | 1707.97 | 21 | 572.98 | 1060.71 | 2250.42 | 3884.11 | 103 | 21497.26 | 261 |
| 青阳县 | 1354.52 | 227.73 | 1582.25 | 66 | 403.86 | 9 | 192.97 | 0 | 192.97 | 1 | 456.20 | 72.96 | 369.73 | 898.89 | 39 | 3077.97 | 115 |
| 石台县 | 1831.44 | 9.72 | 1841.16 | 78 | 0 | 0 | 0 | 0 | 0 | 0 | 91.29 | 0 | 0 | 91.29 | 7 | 1932.45 | 85 |

（续）

| 湿地类型 / 市县名称 | 河流湿地 | | | | 湖泊湿地 | | 沼泽湿地 | | | | 人工湿地 | | | | | 合计 | |
|---|---|---|---|---|---|---|---|---|---|---|---|---|---|---|---|---|---|
| | 永久性河流面积 | 洪泛平原湿地面积 | 小计 | | 永久性淡水湖 | | 草本沼泽面积 | 灌丛沼泽面积 | 小计 | | 库塘面积 | 水产养殖场面积 | 运河/输水河面积 | 小计 | | 面积 | 斑块 |
| | | | 面积 | 斑块 | 面积 | 斑块 | | | 面积 | 斑块 | | | | 面积 | 斑块 | | |
| **滁州市** | **8856.11** | **1635.69** | **10491.80** | **313** | **31117.31** | **274** | **3604.21** | **0** | **3604.21** | **26** | **29670.18** | **6036.15** | **10002.16** | **45708.49** | **1003** | **90921.81** | **1616** |
| 定远县 | 1452.35 | 384.80 | 1837.15 | 73 | 4504.10 | 160 | 139.16 | 0 | 139.16 | 3 | 7247.28 | 1296.54 | 232.14 | 8775.96 | 234 | 15256.37 | 470 |
| 凤阳县 | 1424.94 | 1032.32 | 2457.26 | 47 | 4307.65 | 32 | 331.68 | 0 | 331.68 | 2 | 3089.38 | 226.96 | 455.17 | 3771.51 | 55 | 10868.10 | 136 |
| 来安县 | 1046.18 | 8.19 | 1054.37 | 35 | 87.61 | 8 | 12.50 | 0 | 12.50 | 1 | 4179.46 | 1331.85 | 381.91 | 5893.22 | 139 | 7047.70 | 183 |
| 琅琊区 | 174.37 | 0 | 174.37 | 9 | 36.46 | 3 | 0 | 0 | 0 | 0 | 1001.72 | 26.30 | 70.72 | 1098.74 | 21 | 1309.57 | 33 |
| 明光市 | 2147.87 | 210.38 | 2358.25 | 69 | 14999.86 | 27 | 1806.28 | 0 | 1806.28 | 8 | 2333.26 | 268.60 | 2602.74 | 5204.60 | 103 | 24368.99 | 207 |
| 南谯区 | 687.86 | 0 | 687.86 | 29 | 118.05 | 10 | 0 | 0 | 0 | 0 | 3086.59 | 569.14 | 864.69 | 4520.42 | 124 | 5326.33 | 163 |
| 全椒县 | 1408.56 | 0 | 1408.56 | 34 | 489.74 | 23 | 191.34 | 0 | 191.34 | 4 | 3670.65 | 859.97 | 1168.71 | 5699.33 | 134 | 7788.97 | 195 |
| 天长市 | 513.98 | 0 | 513.98 | 17 | 6573.84 | 11 | 1123.25 | 0 | 1123.25 | 8 | 5061.84 | 1456.79 | 4226.08 | 10744.71 | 193 | 18955.78 | 229 |
| **阜阳市** | **10116.44** | **11145.90** | **21262.34** | **111** | **6047.14** | **102** | **1339.03** | **0** | **1339.03** | **10** | **285.61** | **21263.52** | **2912.34** | **24461.47** | **568** | **53109.98** | **791** |
| 阜南县 | 2414.87 | 6630.45 | 9045.32 | 35 | 1066.87 | 37 | 1102.75 | 0 | 1102.75 | 5 | 0 | 3207.44 | 643.06 | 3850.50 | 69 | 15065.44 | 146 |
| 界首市 | 341.71 | 0 | 341.71 | 5 | 101.81 | 5 | 0 | 0 | 0 | 0 | 35.62 | 1352.34 | 9.11 | 1397.07 | 51 | 1840.59 | 61 |
| 临泉县 | 847.58 | 10.17 | 857.75 | 12 | 92.75 | 6 | 0 | 0 | 0 | 0 | 0 | 4184.18 | 249.47 | 4433.65 | 93 | 5384.15 | 111 |
| 太和县 | 1352.14 | 26.60 | 1378.74 | 13 | 23.21 | 2 | 0 | 0 | 0 | 0 | 8.44 | 3096.87 | 19.03 | 3124.34 | 107 | 4526.29 | 122 |
| 颍东区 | 450.59 | 0 | 450.59 | 3 | 42.64 | 4 | 0 | 0 | 0 | 0 | 0 | 2067.53 | 20.87 | 2088.40 | 41 | 2581.63 | 48 |
| 颍泉区 | 1113.21 | 130.05 | 1243.26 | 14 | 52.05 | 4 | 0 | 0 | 0 | 0 | 46.10 | 1520.47 | 119.84 | 1686.41 | 51 | 2981.72 | 69 |
| 颍上县 | 3180.75 | 4240.93 | 7421.68 | 19 | 4576.02 | 39 | 0 | 0 | 0 | 0 | 0 | 4485.27 | 1657.13 | 6142.40 | 111 | 18140.10 | 169 |
| 颍州区 | 415.59 | 107.70 | 523.29 | 10 | 91.79 | 5 | 236.28 | 0 | 236.28 | 5 | 195.45 | 1349.42 | 193.83 | 1738.70 | 45 | 2590.06 | 65 |
| **亳州市** | **6279.09** | **1607.56** | **7886.65** | **75** | **482.58** | **25** | **166.22** | **0** | **166.22** | **9** | **0** | **20138.81** | **0** | **20138.81** | **517** | **28674.26** | **626** |
| 利辛县 | 1039.93 | 0 | 1039.93 | 4 | 62.35 | 5 | 126.03 | 0 | 126.03 | 6 | 0 | 5008.49 | 0 | 5008.49 | 104 | 6236.80 | 119 |
| 蒙城县 | 1583.19 | 1607.56 | 3190.75 | 27 | 254.35 | 8 | 40.19 | 0 | 40.19 | 3 | 0 | 6093.09 | 0 | 6093.09 | 149 | 9578.38 | 187 |
| 谯城区 | 2181.34 | 0 | 2181.34 | 29 | 143.89 | 11 | 0 | 0 | 0 | 0 | 0 | 4853.40 | 0 | 4853.40 | 152 | 7178.63 | 192 |
| 涡阳县 | 1474.63 | 0 | 1474.63 | 15 | 21.99 | 1 | 0 | 0 | 0 | 0 | 0 | 4183.83 | 0 | 4183.83 | 112 | 5680.45 | 128 |
| **合肥市** | **8729.66** | **0** | **8729.66** | **289** | **81977.81** | **257** | **1197.26** | **0** | **1197.26** | **32** | **14608.28** | **6841.16** | **4846.24** | **26295.68** | **736** | **118200.41** | **1314** |
| 包河区 | 295.91 | 0 | 295.91 | 7 | 6891.94 | 19 | 38.24 | 0 | 38.24 | 1 | 0 | 297.79 | 325.30 | 623.09 | 13 | 7849.18 | 40 |

（续）

| 市县名称 \ 湿地类型 | 河流湿地 | | | | 湖泊湿地 | | 沼泽湿地 | | | | 人工湿地 | | | | | 合计 | |
|---|---|---|---|---|---|---|---|---|---|---|---|---|---|---|---|---|---|
| | 永久性河流面积 | 洪泛平原湿地面积 | 小计 | | 永久性淡水湖 | | 草本沼泽面积 | 灌丛沼泽面积 | 小计 | | 库塘面积 | 水产养殖场面积 | 运河/输水河面积 | 小计 | | 面积 | 斑块 |
| | | | 面积 | 斑块 | 面积 | 斑块 | | | 面积 | 斑块 | | | | 面积 | 斑块 | | |
| 巢湖市 | 1553.84 | 0 | 1553.84 | 50 | 46587.52 | 25 | 267.01 | 0 | 267.01 | 5 | 698.75 | 717.56 | 1037.63 | 2453.94 | 93 | 50862.31 | 173 |
| 肥东县 | 1345.35 | 0 | 1345.35 | 49 | 7493.46 | 110 | 453.60 | 0 | 453.60 | 14 | 3561.28 | 781.67 | 687.62 | 5030.57 | 132 | 14322.98 | 305 |
| 肥西县 | 1299.21 | 0 | 1299.21 | 61 | 10685.74 | 1 | 219.92 | 0 | 219.92 | 5 | 2885.76 | 1546.21 | 243.23 | 4675.20 | 215 | 16880.07 | 282 |
| 庐江县 | 3335.70 | 0 | 3335.70 | 80 | 8881.82 | 8 | 71.71 | 0 | 71.71 | 3 | 1015.61 | 2313.17 | 2534.90 | 5863.68 | 149 | 18152.91 | 240 |
| 庐阳区 | 71.90 | 0 | 71.90 | 3 | 26.88 | 1 | 0 | 0 | 0 | 0 | 2049.50 | 65.16 | 8.17 | 2122.83 | 14 | 2221.61 | 18 |
| 蜀山区 | 135.89 | 0 | 135.89 | 9 | 154.87 | 11 | 0 | 0 | 0 | 0 | 225.02 | 24.12 | 0 | 249.14 | 8 | 539.90 | 28 |
| 瑶海区 | 139.78 | 0 | 139.78 | 5 | 55.93 | 5 | 0 | 0 | 0 | 0 | 60.85 | 21.55 | 0 | 82.40 | 4 | 278.11 | 14 |
| 长丰县 | 552.08 | 0 | 552.08 | 25 | 1199.65 | 77 | 146.78 | 0 | 146.78 | 4 | 4111.51 | 1073.93 | 0 | 5194.83 | 108 | 7093.34 | 214 |
| **淮北市** | **2188.81** | **15.22** | **2204.03** | **33** | **3301.18** | **63** | **68.27** | **0** | **68.27** | **1** | **38.08** | **4649.36** | **1429.10** | **6116.54** | **193** | **11690.02** | **290** |
| 杜集区 | 145.42 | 0 | 145.42 | 3 | 1248.21 | 24 | 68.27 | 0 | 68.27 | 1 | 0 | 190.87 | 639.12 | 829.99 | 37 | 2291.89 | 65 |
| 烈山区 | 360.76 | 0 | 360.76 | 8 | 349.15 | 6 | 0 | 0 | 0 | 0 | 0 | 334.29 | 0 | 334.29 | 10 | 1044.20 | 24 |
| 濉溪县 | 1437.86 | 15.22 | 1453.08 | 13 | 1101.18 | 20 | 0 | 0 | 0 | 0 | 38.08 | 3973.65 | 694.41 | 4706.14 | 133 | 7260.40 | 166 |
| 相山区 | 244.77 | 0 | 244.77 | 9 | 602.64 | 13 | 0 | 0 | 0 | 0 | 0 | 150.55 | 95.57 | 246.12 | 13 | 1093.53 | 35 |
| **淮南市** | **3845.59** | **3623.86** | **7469.45** | **54** | **19881** | **145** | **1660.11** | **0** | **1660.11** | **11** | **589.83** | **5245.04** | **1080.07** | **6914.94** | **202** | **35925.50** | **412** |
| 八公山区 | 256.85 | 149.82 | 406.67 | 7 | 379.11 | 9 | 0 | 0 | 0 | 0 | 8.03 | 12.98 | 0 | 21.01 | 2 | 806.79 | 18 |
| 大通区 | 359.16 | 988.48 | 1347.64 | 5 | 2730.12 | 6 | 982.24 | 0 | 982.24 | 2 | 327.39 | 273.85 | 398.70 | 999.94 | 14 | 6059.94 | 27 |
| 凤台县 | 1554.05 | 883.32 | 2437.37 | 16 | 7638.90 | 74 | 368.50 | 0 | 368.50 | 3 | 0 | 3048.84 | 226.38 | 3275.22 | 100 | 13719.99 | 193 |
| 潘集区 | 1081.72 | 937.55 | 2019.27 | 13 | 3967.35 | 36 | 199.31 | 0 | 199.31 | 5 | 128.84 | 1621.08 | 0 | 1749.92 | 66 | 7935.85 | 120 |
| 田家庵区 | 292.37 | 491.13 | 783.50 | 5 | 559.37 | 11 | 110.06 | 0 | 110.06 | 1 | 49.90 | 246.90 | 0 | 296.80 | 12 | 1749.73 | 29 |
| 谢家集区 | 301.44 | 173.56 | 475 | 8 | 4606.15 | 9 | 0 | 0 | 0 | 0 | 75.67 | 41.39 | 454.99 | 572.05 | 8 | 5653.20 | 25 |
| **黄山市** | **14007.56** | **258.96** | **14266.52** | **486** | **0** | **0** | **0** | **0** | **0** | **0** | **7701.10** | **85.15** | **66.90** | **7853.15** | **40** | **22119.67** | **526** |
| 黄山区 | 3187.37 | 0 | 3187.37 | 77 | 0 | 0 | 0 | 0 | 0 | 0 | 7097.03 | 24.10 | 0 | 7121.13 | 10 | 10308.50 | 87 |
| 徽州区 | 586.96 | 0 | 586.96 | 29 | 0 | 0 | 0 | 0 | 0 | 0 | 185.93 | 28.86 | 56.63 | 271.42 | 6 | 858.38 | 35 |
| 祁门县 | 2561.13 | 22.26 | 2583.39 | 107 | 0 | 0 | 0 | 0 | 0 | 0 | 49.51 | 0 | 0 | 49.51 | 3 | 2632.90 | 110 |
| 屯溪区 | 557.98 | 100.09 | 658.07 | 13 | 0 | 0 | 0 | 0 | 0 | 0 | 39.76 | 0 | 0 | 39.76 | 4 | 697.83 | 17 |

（续）

| 市县名称 \ 湿地类型 | 河流湿地 | | | | 湖泊湿地 | | 沼泽湿地 | | | | 人工湿地 | | | | | 合计 | |
|---|---|---|---|---|---|---|---|---|---|---|---|---|---|---|---|---|---|
| | 永久性河流面积 | 洪泛平原湿地面积 | 小计 | | 永久性淡水湖 | | 草本沼泽面积 | 灌丛沼泽面积 | 小计 | | 库塘面积 | 水产养殖场面积 | 运河/输水河面积 | 小计 | | 面积 | 斑块 |
| | | | 面积 | 斑块 | 面积 | 斑块 | | | 面积 | 斑块 | | | | 面积 | 斑块 | | |
| 歙县 | 3534.33 | 71.80 | 3606.13 | 103 | 0 | 0 | 0 | 0 | 0 | 0 | 65.25 | 0 | 0 | 65.25 | 5 | 3671.38 | 108 |
| 休宁县 | 2822.37 | 64.81 | 2887.18 | 110 | 0 | 0 | 0 | 0 | 0 | 0 | 96.95 | 0 | 10.27 | 107.22 | 10 | 2994.40 | 120 |
| 黟县 | 757.42 | 0 | 757.42 | 47 | 0 | 0 | 0 | 0 | 0 | 0 | 166.67 | 32.19 | 0 | 198.86 | 2 | 956.28 | 49 |
| **六安市** | **20466.82** | **13670.39** | **34137.21** | **625** | **33397.94** | **135** | **1424.86** | **0** | **1424.86** | **20** | **26974.35** | **12857.62** | **5028.60** | **44860.57** | **763** | **113820.58** | **1543** |
| 霍邱县 | 4086.42 | 6758.64 | 10845.06 | 102 | 19502.45 | 52 | 1356.12 | 0 | 1356.12 | 17 | 3854.93 | 3570.46 | 3027.89 | 10453.28 | 304 | 42156.91 | 475 |
| 霍山县 | 2648.34 | 644.61 | 3292.95 | 111 | 8.16 | 1 | 0 | 0 | 0 | 0 | 2282.76 | 156.98 | 51.36 | 2491.10 | 15 | 5792.21 | 127 |
| 金安区 | 1562.62 | 487.59 | 2050.21 | 55 | 0 | 0 | 0 | 0 | 0 | 0 | 835.31 | 1416.06 | 259.49 | 2510.86 | 114 | 4561.07 | 169 |
| 金寨县 | 3769.12 | 184.80 | 3953.92 | 174 | 14.05 | 1 | 0 | 0 | 0 | 0 | 10296.40 | 96.8 | 15.18 | 10408.38 | 13 | 14376.35 | 188 |
| 寿县 | 1858.85 | 3336.06 | 5194.91 | 32 | 13502.56 | 61 | 68.74 | 0 | 68.74 | 3 | 4736.69 | 5476.86 | 1192.89 | 11406.44 | 156 | 30172.65 | 252 |
| 舒城县 | 2772.29 | 0 | 2772.29 | 79 | 370.72 | 20 | 0 | 0 | 0 | 0 | 4288.04 | 1110.58 | 269.18 | 5667.80 | 64 | 8810.81 | 163 |
| 裕安区 | 3769.18 | 2258.69 | 6027.87 | 72 | 0 | 0 | 0 | 0 | 0 | 0 | 680.22 | 1029.88 | 212.61 | 1922.71 | 97 | 7950.58 | 169 |
| **马鞍山市** | **16569.59** | **4512.42** | **21082.01** | **129** | **8672.76** | **63** | **1733.52** | **0** | **1733.52** | **15** | **2072.58** | **11300.77** | **21093.31** | **34466.66** | **306** | **65954.95** | **513** |
| 当涂县 | 5756.22 | 1369.69 | 7125.91 | 29 | 6687.24 | 13 | 1243.30 | 0 | 1243.30 | 8 | 163.42 | 7394.61 | 18177.13 | 25735.16 | 69 | 40791.61 | 119 |
| 含山县 | 1938.63 | 0 | 1938.63 | 36 | 295.45 | 13 | 41.88 | 0 | 41.88 | 2 | 893.37 | 1017.46 | 864.55 | 2775.38 | 75 | 5051.34 | 126 |
| 和县 | 6607.45 | 2557.03 | 9164.48 | 47 | 1434.38 | 28 | 448.34 | 0 | 448.34 | 5 | 778.42 | 2759.59 | 1991.62 | 5529.63 | 149 | 16576.83 | 229 |
| 花山区 | 57.93 | 0 | 57.93 | 4 | 73.99 | 1 | 0 | 0 | 0 | 0 | 13.33 | 0 | 0 | 13.33 | 1 | 145.25 | 6 |
| 博望区 | 1668.04 | 462.22 | 2130.26 | 4 | 47.94 | 3 | 0 | 0 | 0 | 0 | 29.76 | 61.53 | 35.91 | 127.20 | 4 | 2305.40 | 11 |
| 雨山区 | 541.32 | 123.48 | 664.80 | 9 | 133.76 | 5 | 0 | 0 | 0 | 0 | 194.28 | 67.58 | 24.10 | 285.96 | 8 | 1084.52 | 22 |
| **铜陵市** | **7485.18** | **1485.41** | **8970.59** | **48** | **1643.85** | **15** | **3014.57** | **0** | **3014.57** | **18** | **292.68** | **377.82** | **1924.40** | **2594.90** | **65** | **16223.91** | **146** |
| 狮子山区 | 68.47 | 0 | 68.47 | 2 | 0 | 0 | 0 | 0 | 0 | 0 | 78.05 | 8.74 | 738.28 | 825.07 | 11 | 893.54 | 13 |
| 铜官山区 | 980.44 | 0 | 980.44 | 3 | 312.09 | 3 | 35.25 | 0 | 35.25 | 2 | 0 | 0 | 108.04 | 108.04 | 3 | 1435.82 | 11 |
| 铜陵市郊区 | 479.41 | 0 | 479.41 | 3 | 432.93 | 3 | 288.49 | 0 | 288.49 | 3 | 32.84 | 64.14 | 151.34 | 248.32 | 10 | 1449.15 | 19 |
| 铜陵县 | 5956.86 | 1485.41 | 7442.27 | 40 | 898.83 | 9 | 2690.83 | 0 | 2690.83 | 13 | 181.79 | 304.94 | 926.74 | 1413.47 | 41 | 12445.40 | 103 |
| **芜湖市** | **30794.83** | **4541.75** | **35336.58** | **259** | **13269.20** | **260** | **5803.11** | **0** | **5803.11** | **38** | **613.80** | **9571.18** | **14354.09** | **24539.07** | **431** | **78947.96** | **988** |
| 繁昌县 | 2078.07 | 9.01 | 2087.08 | 31 | 770.24 | 11 | 0 | 0 | 0 | 0 | 80.45 | 222.67 | 438.22 | 741.34 | 53 | 3598.66 | 95 |

（续）

| 市县名称＼湿地类型 | 河流湿地 | | | | 湖泊湿地 | | 沼泽湿地 | | | | 人工湿地 | | | | | 合计 | |
|---|---|---|---|---|---|---|---|---|---|---|---|---|---|---|---|---|---|
| | 永久性河流面积 | 洪泛平原湿地面积 | 小计 | | 永久性淡水湖 | | 草本沼泽面积 | 灌丛沼泽面积 | 小计 | | 库塘面积 | 水产养殖场面积 | 运河/输水河面积 | 小计 | | 面积 | 斑块 |
| | | | 面积 | 斑块 | 面积 | 斑块 | | | 面积 | 斑块 | | | | 面积 | 斑块 | | |
| 镜湖区 | 887.71 | 94.17 | 981.88 | 12 | 360.84 | 12 | 0 | 0 | 0 | 0 | 0 | 743.36 | 100.73 | 844.09 | 5 | 2186.81 | 29 |
| 鸠江区 | 2112.53 | 320.50 | 2433.03 | 10 | 1198.40 | 31 | 217.71 | 0 | 217.71 | 3 | 0 | 879.26 | 195.37 | 1074.63 | 9 | 4923.77 | 53 |
| 南陵县 | 2114.63 | 18.03 | 2132.66 | 52 | 2816.80 | 90 | 114.01 | 0 | 114.01 | 6 | 218.12 | 551.20 | 143.21 | 912.53 | 40 | 5976 | 188 |
| 三山区 | 2737.23 | 1185.12 | 3922.35 | 19 | 1846.04 | 16 | 1450.53 | 0 | 1450.53 | 10 | 0 | 586.28 | 935.41 | 1521.69 | 53 | 8740.61 | 98 |
| 无为县 | 17710.95 | 2568.88 | 20279.83 | 97 | 2497.54 | 34 | 3515.11 | 0 | 3515.11 | 10 | 259.17 | 3800.83 | 10734.80 | 14794.80 | 188 | 41087.28 | 329 |
| 芜湖县 | 2427.93 | 160.32 | 2588.25 | 32 | 1585.93 | 28 | 182.98 | 0 | 182.98 | 3 | 56.06 | 2760.45 | 1687.66 | 4504.17 | 78 | 8861.33 | 141 |
| 弋江区 | 725.78 | 185.72 | 911.50 | 6 | 2193.41 | 38 | 322.77 | 0 | 322.77 | 6 | 0 | 27.13 | 118.69 | 145.82 | 5 | 3573.50 | 55 |
| **宿州市** | **8103.90** | **5612.51** | **13716.41** | **107** | **1535.30** | **33** | **120.17** | **0** | **120.17** | **2** | **311.95** | **13662.61** | **226.89** | **14201.45** | **428** | **29573.33** | **570** |
| 砀山县 | 1117.52 | 36.75 | 1154.27 | 17 | 149.15 | 7 | 0 | 0 | 0 | 0 | 10.64 | 639.41 | 0 | 650.05 | 32 | 1953.47 | 56 |
| 灵璧县 | 1837.50 | 1310.91 | 3148.41 | 16 | 45.44 | 4 | 0 | 0 | 0 | 0 | 11.25 | 3723.50 | 0 | 3734.75 | 125 | 6928.60 | 145 |
| 泗县 | 1624.43 | 2438.21 | 4062.64 | 25 | 193.95 | 2 | 120.17 | 0 | 120.17 | 2 | 179.63 | 3308.32 | 54.22 | 3542.17 | 84 | 7918.93 | 113 |
| 萧县 | 1182.42 | 0 | 1182.42 | 18 | 23.10 | 2 | 0 | 0 | 0 | 0 | 64.67 | 1386.99 | 140.47 | 1592.13 | 46 | 2797.65 | 66 |
| 埇桥区 | 2342.03 | 1826.64 | 4168.67 | 31 | 1123.66 | 18 | 0 | 0 | 0 | 0 | 45.76 | 4604.39 | 32.2 | 4682.35 | 141 | 9974.68 | 190 |
| **宣城市** | **11606.39** | **1069.91** | **12676.30** | **494** | **15853.83** | **85** | **243.62** | **0** | **243.62** | **6** | **6221.65** | **8526.54** | **9091.35** | **23839.54** | **273** | **52613.29** | **858** |
| 广德县 | 1415.96 | 0 | 1415.96 | 88 | 384.50 | 23 | 0 | 0 | 0 | 0 | 1264.9 | 134.79 | 0 | 1399.69 | 49 | 3200.15 | 160 |
| 绩溪县 | 703.77 | 0 | 703.77 | 44 | 0 | 0 | 8.24 | 0 | 8.24 | 1 | 23.28 | 0 | 0 | 23.28 | 2 | 735.29 | 47 |
| 泾县 | 2504.50 | 691.71 | 3196.21 | 96 | 18.73 | 2 | 0 | 0 | 0 | 0 | 524.43 | 346.22 | 0 | 870.65 | 17 | 4085.59 | 115 |
| 旌德县 | 936.42 | 0 | 936.42 | 49 | 0 | 0 | 0 | 0 | 0 | 0 | 25.47 | 0 | 0 | 25.47 | 2 | 961.89 | 51 |
| 郎溪县 | 989.91 | 0 | 989.91 | 21 | 4204.09 | 46 | 0 | 0 | 0 | 0 | 1516.14 | 1080.30 | 3804.46 | 6400.90 | 86 | 11594.90 | 153 |
| 宁国市 | 2089.75 | 121.68 | 2211.43 | 115 | 0 | 0 | 0 | 0 | 0 | 0 | 2422.34 | 0 | 0 | 2422.34 | 11 | 4633.77 | 126 |
| 宣州区 | 2966.08 | 256.52 | 3222.60 | 81 | 11246.51 | 14 | 235.38 | 0 | 235.38 | 5 | 445.09 | 6965.23 | 5286.89 | 12697.21 | 106 | 27401.70 | 206 |
| 总计 | 238434.06 | 71125.32 | 309559.38 | 4245 | 361134.72 | 1849 | 42845.50 | 9.09 | 42854.59 | 362 | 99807.01 | 140561.60 | 87884.35 | 328252.96 | 6700 | 1041801.65 | 13156 |

# 2　河流湿地

## 2.1　河流湿地主要类型

河流湿地根据是否有堤坝保护可分为有堤河和无堤河两类。无堤的河流湿地按调查期内的多年平均最高水位所淹没的区域进行边界界定；有堤的河流湿地以河流两侧的堤坝中心线位置进行边界界定。

河床至河流在调查期内年平均最高水位所淹没的区域为洪泛平原湿地，包括河滩、河心洲、河谷、季节性泛滥的草地，以及保持了常年或季节性被水浸润的内陆三角洲。如果洪泛平原湿地中的沼泽湿地面积不小于8公顷，就单独列出其沼泽湿地型，统计为沼泽湿地。如沼泽湿地面积小于8公顷，则统计到洪泛平原湿地中。

干旱区的断流河段全部统计为河流湿地。干旱区以外的常年断流的河段连续10年或以上断流则断流部分河段不计算其湿地面积；否则为季节性和间歇性河流湿地。

安徽省河流湿地共30.96万公顷，包括永久性河流和洪泛平原湿地2个湿地型(图2-6)。其中，永久性河流湿地有3750条。

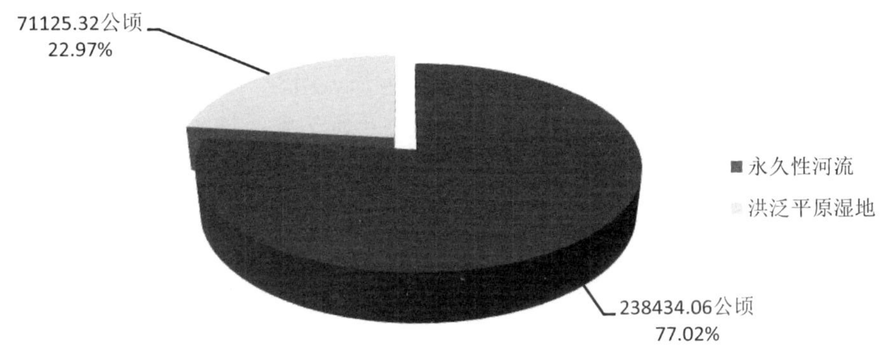


图**2-6**　安徽省河流湿地面积与比例构成

### 2.1.1　永久性河流湿地

永久性河流湿地指常年有河水径流的河流，仅包括河床部分。安徽省永久性河流湿地面积23.84万公顷，占河流湿地总面积的77.02%。

### 2.1.2　洪泛平原湿地

安徽省洪泛平原湿地面积7.11万公顷，占河流湿地总面积的22.98%。

## 2.2　河流湿地分布

### 2.2.1　按流域划分

全省河流湿地涉及3个一级流域、8个二级流域、13个三级流域，主要集中在长江区和淮河区两个一级流域。其中，长江区河流湿地面积17.97万公顷，淮河区河流湿地面积12.11万公顷，东南诸河河流湿地面积 0.88 万公顷。长江区和淮河区流域涉及的河流面积占全省河流面积的 97.17%。长江区流域面积大，区内有大量河流分布，其中河网密度最高的为长江区的青弋江和水阳江及沿江诸河流域、巢滁皖及沿江诸河流域、淮河区的蚌洪区间北岸流域，主要涉及安庆、池州、芜湖、马鞍山、宣城、合肥、六安、阜阳、淮南等市。各个流域中，永久性河流湿地面积和洪泛平原湿地面积最大的均是青弋江和水阳江及沿江诸河流域，主要集中分布在安庆市、池州市、芜湖市、马鞍山、铜陵市等沿江城市一带。

2.2.1.1 长江流域

长江自湖北省黄梅县段窑下进入安徽，流经安庆、池州、铜陵、芜湖、合肥、马鞍山六市，在和县乌江口进入江苏省。长江干流在安徽省境内长 416 公里。长江安徽段较大的一级支流水系有 19 个。皖西南长江北岸有华阳河、皖河、菜子湖(长河)、白荡湖(罗昌河)、陈瑶湖(横埠河)水系，南岸有尧渡河、黄湓河、秋浦河、白洋河、九华河、大通河、荻港河及鄱阳湖上游的龙泉河、南宁河(大洪水)等 14 个水系。其中，以华阳河、皖河水系较大，其次为菜子湖(长河)、秋浦河水系。皖中有巢湖(裕溪河)及滁河 2 个水系，是安徽省长江流域水系最少、径流量较小的一个区。皖东南有青弋江、水阳江、漳河等 3 个相串通的水系。

2.2.1.2 淮河流域

淮河发源于河南省桐柏山，流经河南、安徽、江苏，经洪泽湖由三江营入长江，为我国东部南北方的天然分界线。淮河安徽段长约 430 公里，流经阜阳、六安、淮南、蚌埠、滁州等市。淮河流域北岸自西向东有谷河、润河、颍河、西淝河、茨河、涡河等支流汇入淮河干流。涡河以东的北淝河中游、澥河、浍河、沱河等 1953 年峰山切岭后，内外水分流，直接流入洪泽湖。20 世纪 60 年代至 70 年代期间截濉河、沱河上游来水，另开新汴河，与原濉河下游平行流入洪泽湖。淮河南岸有史河、汲河、淠河、东淝河、窑河、池河诸水依次汇入淮河；天长县的白塔河、铜龙河直接流入高邮湖。

2.2.1.3 东南诸河流域

新安江为钱塘江上游，其来源于两大支流，北支为横江，源于黟县五溪山主峰白顶山；南支称率水，为新安江正源，发源于休宁县五龙山脉的六股尖。两支在屯溪区黎阳汇合后，注入新安江，经歙县流入浙江省新安江水库。新安江安徽省境内长度 240 公里。新安江北岸上游有丰乐水、富资水、布射水、杨支水等较大支流，呈扇状分布，在歙县太平桥上游汇合后称为练江，注入新安江；南岸上游主要有珮琅溪、桂溪、小洲源、濂溪、街源等。歙县至街口之间还有棉溪、昌溪、大洲源、太平源诸水直入新安江。新安江流域地处皖南山区，河网密度位居全省之首，河流多源短流急，坡度大，落差大，其流域面积仅占省国土面积的 4.6%，但径流量却占全省的 10.3%，蕴藏着丰富的水力资源。

### 2.2.2 按湿地区划分

全省河流湿地(图 2-7 至图 2-10)共涉及的湿地区为 122 个，其中单独区划的湿地区有 20 个，零星湿地区有 102 个。安徽省地处长江中游，湿地区中河流湿地面积最大的为长江湿地区，面积为 9.34 万公顷，占河流湿地总面积的 30.18%。河流湿地区中河流湿地面积第二大的是淮河湿地区，面积为 4.05 万公顷，占河流湿地总面积的 13.08%。第三是怀远县零星湿地区，河流湿地面积为 1.13 万公顷，占河流湿地总面积的 3.64%。永久性河流面积最大的湿地区为长江湿地区，面积 7.16 万公顷，占河流湿地总面积的 23.12%；洪泛平原湿地面积最大的湿地区为淮河湿地区，面积 2.58 万公顷，占河流湿地总面积的 8.32%。

图 **2-7**　河流湿地（陈义周摄）

图 **2-8**　安徽省淠史杭灌区滁河干渠（袁兵摄）

图 **2-9**　鸟瞰黄河故道湿地（李玉林摄）

图 **2-10**　颍河之春（李洪伟摄）

### 2.2.3　按行政区划分

芜湖市和安庆市分跨长江南北两岸，河网密集，河流众多。安庆市河流湿地面积 5.69 万公顷、芜湖市河流湿地面积 3.53 万公顷，分别名列安徽省河流湿地面积的前两位。淮河流经六安市，六安市境内支流纵横，河流湿地面积 3.41 万公顷，居全省第三。

## 3　湖泊湿地

### 3.1　湖泊湿地主要类型

湖泊是湖盆、湖水、水中所含物质（矿物质、溶解质、有机质以及水生生物等）组成的自然综合体。湖泊湿地主要包括永久性淡水湖、季节性淡水湖、永久性咸水湖、季节性咸水湖等。根据第二次湿地资源调查界定标准，安徽省境内湖泊均为永久性淡水湖（图 2-11）。

安徽省现有湖泊湿地 1849 处，总面积 361134.72 公顷，占全省湿地总面积的 34.66%。其中，面积达 100 公顷以上的湖泊有 287 处，面积合计 324362.20 公顷，占全省湖泊湿地总面积的 89.82%。

图 **2-11** 巢湖芦溪湿地(刘天骄摄)

## 3.2 湖泊湿地分布

### 3.2.1 按流域划分

全省湖泊湿地涉及有2个一级流域6个二级流域10个三级流域。其中，长江区湖泊湿地面积为25.19万公顷，占安徽省湖泊湿地总面积的69.76%；淮河区湖泊湿地面积为10.92万公顷，占安徽省湖泊湿地总面积的30.24%。三级流域分布主要集中在长江区的巢滁皖及沿江诸河、青弋江和水阳江及沿江诸河流域，以及淮河区的王蚌区间南岸，此3个三级流域的湖泊面积约占全省湖泊总面积的82.47%。

安徽省湖泊绝大多数集中于沿江和沿淮或其支流上，尤其是长江沿岸和支流。长江水系北有巢湖、黄湖、大官湖、龙感湖、泊湖、菜子湖、武昌湖、破罡湖、白荡湖、枫沙湖、陈瑶湖、三雅寺湖、黄陂湖、竹丝湖；南有升金湖、石臼湖、南漪湖、大河塘、龙窝湖、固城湖。淮河水系北有焦岗湖、四方湖、沱湖、天井湖、香涧湖、八里河；南有城东湖、城西湖、瓦埠湖、女山七里湖、高邮湖、安丰塘、高塘湖、天河、花园湖。其中城东湖、城西湖、瓦埠湖为淮河中游的重要蓄洪区。

### 3.2.2 按湿地区划分

全省湖泊湿地所涉及的湿地区为108个，其中单独区划的湿地区为20个，零星湿地区为88个。

单独区划的湿地区中湖泊湿地总面积26.95万公顷。湖泊湿地面积最大的湿地区为安庆市沿江湿地区，湿地面积9.58万公顷；巢湖湿地区次之，湿地面积7.82万公顷；六安市城东西湖湿地区位于第三位，湿地面积1.85万公顷。

零星湿地区中湖泊湿地总面积9.16万公顷。湖泊湿地面积最大的是天长市零星湿地区，面积0.66万公顷，境内主要有高邮湖等大型湖泊；其次是贵池区零星湿地区，湖泊湿地面积为0.53万公顷，境内有平天湖、十八索、乌头湖、西岔湖和双丰圩等湖泊；凤台县零星湿地区第三，湖泊面积为0.50万公顷，主要有永久性淡水湖花家湖、城北湖和因采煤沉陷形成的众多人工湖泊。

#### 3.2.3 按行政区划分

安庆、合肥和六安三市湖泊湿地面积位居全省前三位，分别为 11.15 万公顷、8.20 万公顷、3.34 万公顷。安庆市分布有沿江湖泊群，湖泊众多，集中连片，如黄湖、大官湖、龙感湖、泊湖、武昌湖、菜子湖、枫沙湖等；合肥市分布有巢湖；六安市分布有瓦埠湖和城东湖、城西湖等湖泊。黄山市无湖泊湿地。

## 4 沼泽湿地

### 4.1 沼泽湿地主要类型

#### 4.1.1 沼泽湿地的概念

沼泽湿地是一种特殊的自然综合体，凡同时具有以下 3 个特征的均属沼泽湿地(图 2-12)。

(1)受淡水或咸水、盐水的影响，地表经常过湿或有薄层积水；

(2)生长有沼生和部分湿生、水生或盐生植物；

(3)有泥炭积累，或虽无泥炭积累，但土壤层中具有明显的潜育层。

图 **2-12** 草本沼泽(朱敏摄)

#### 4.1.2 沼泽湿地的界定

沼泽湿地边界的界定方法为：

(1)根据其湿地植物的分布初步确定其边界；

(2)根据水分条件和土壤条件确定沼泽湿地的最终边界；

(3)不全部具有沼泽湿地 3 个特征的沼泽化草甸、地热湿地、淡水泉或绿洲湿地也属沼泽湿地。

#### 4.1.3 安徽省沼泽湿地主要类型

根据界定标准和要求，安徽省沼泽湿地型有草本沼泽和灌丛沼泽。其界定标准是：

(1)草本沼泽：由水生和沼生的草本植物组成优势群落的淡水沼泽。

(2)灌丛沼泽：以灌丛植物为优势群落的淡水沼泽。

全省沼泽湿地有 4.29 万公顷，除了岳西县的古井庵有一处灌丛沼泽 9.09 公顷外，其余均为草本沼泽。

### 4.2 沼泽湿地分布

#### 4.2.1 按流域划分

从一级流域来看，长江区沼泽湿地面积最多，为 2.95 万公顷，占安徽省沼泽总面积的 68.82%；淮河区沼泽湿地面积次之，为 1.34 万公顷，占安徽省沼泽总面积的 31.16%；东南诸河流域沼泽湿地面积最少，仅为 8.24 公顷，占安徽省沼泽总面积的 0.02%。

安徽省沼泽湿地多分布在长江流域内的巢滁皖及沿江诸河、青弋江和水阳江及沿江诸河，以及淮河流域的中游一带。由于人为活动的干扰，沿江的有些湖泊功能退化，逐步萎缩渐变成沼泽。如安庆的武昌湖，经过20多年，大面积的湖泊湿地演变成了草本沼泽。

#### 4.2.2 按湿地区划分

全省沼泽湿地涉及的湿地区共有66个，其中单独区划的湿地区有15个，零星湿地区有50个。

安徽省沼泽湿地多分布于长江湿地区内，湿地面积1.50万公顷，占全省沼泽湿地面积的35.00%；其次为安庆沿江水禽湿地区，湿地面积0.72万公顷，占全省沼泽湿地面积的16.79%；淮河湿地区为第三，面积为0.24万公顷，占全省沼泽湿地面积的5.59%。

#### 4.2.3 按行政区划分

全省16个地级市的沼泽湿地面积分布见表2-5。安徽省沼泽湿地分布较多的是安庆市、芜湖市和蚌埠市，面积分别为1.39万公顷、0.58万公顷、0.50万公顷，分别占全省沼泽湿地总面积的32.38%、13.54%、11.76%。灌丛沼泽仅分布在安庆市岳西县境内。

## 5 人工湿地

### 5.1 人工各湿地型及面积

根据第二次湿地资源调查数据，安徽省有人工湿地(图2-13、图2-14)32.82万公顷，主要有库塘、水产养殖场和运河/输水河3种类型，面积分别为9.98万公顷、14.05万公顷、8.79万公顷，分别占人工湿地总面积的30.41%、42.82%和26.77%(图2-15)。

图**2-13** 缥缈葱茏、水天一色的明光市分水岭水库(王献昌、祁勇摄)

图**2-14** 新汴河和沱河交汇处经人工开挖形成的人工湖(陈义周摄)

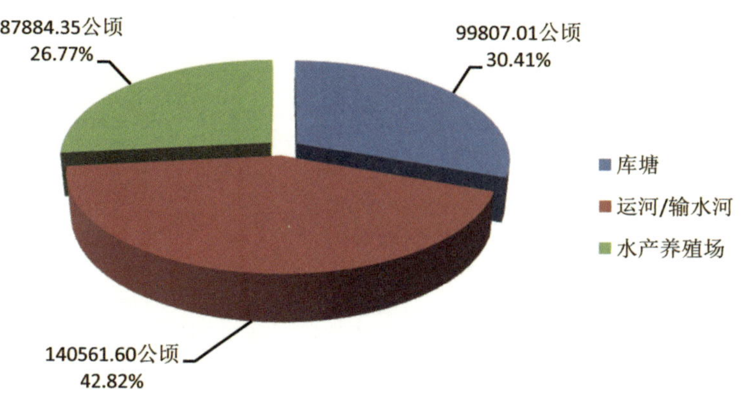


图**2-15** 安徽省人工湿地面积与比例构成

#### 5.1.1 库 塘

库塘主要是为灌溉、水电、防洪等目的而建造的，面积不小于8公顷的人工蓄水区。全省有库塘湿地共1915处，面积9.98万公顷。其中，水库有1255座，面积100公顷以上的有115座。

#### 5.1.2 运河/输水河

运河/输水河包括全省为水运、输水而建造的人工河流湿地，以及以灌溉、疏浚等为主要目的的沟、渠。安徽省运河/输水河面积为14.05万公顷，人工河流湿地极为丰富。人工河流在安徽省各地均有分布，很多历史久远的人工河流已经具有自然河流的属性。

#### 5.1.3 水产养殖场

水产养殖场指以水产养殖为主要目的而建造的人工湿地。全省水产养殖场面积达8.79万公顷。安徽省淡水资源丰富，水产养殖业较发达。特别是近几十年来，大量湖泊、河流开阔水域被围垦用于养殖，甚至大量农田也经改造为水产养殖场。

### 5.2 人工湿地分布

#### 5.2.1 按流域划分

从一级流域来看，长江区人工湿地面积为16.84万公顷，面积最大。其中，库塘5.16万公顷，运河/输水河4.75万公顷，水产养殖场6.93万公顷。淮河区人工湿地面积为15.91万公顷，面积第二。其中，库塘4.76万公顷，运河/输水河9.30万公顷，水产养殖场1.85万公顷。东南诸河人工湿地面积为0.07万公顷。

在人工湿地中，长江区内人工湿地面积以水产养殖场居多，水产养殖业发达，占全省水产养殖场面积的78.86%。淮河区内的人工河流众多，面积较大，占全省运河/输水河面积的66.13%。

全省各级流域人工湿地分布，详见表2-2。

#### 5.2.2 按湿地区划分

安徽省人工湿地所涉及的湿地区为129个，其中单独区划的湿地区为24个，零星湿地区为105个，详见表2-4。

从单独区划湿地区内人工湿地的分布看，人工湿地面积最大的湿地区是太平湖湿地区，面积0.74万公顷，全部为库塘湿地。第二位是安庆沿江水禽湿地区，面积0.58万公顷，以水产养殖场为主，另有少量的运河/输水河；位居第三位的是石臼湖湿地区，面积0.55万公顷，全部为水产养殖场。

在零星湿地区分布的人工湿地中，当涂县零星湿地区面积最大，为2.02万公顷，以水产养殖场为主，约占该区人工湿地的60%，其余主要是运河/输水河。其次为无为县零星湿地区，面积为1.46万公顷，以水产养殖场为主，约占该区人工湿地的70%。第三为宣州区零星湿地区，面积为1.17万公顷，以运河/输水河为主，约占该区人工湿地的60%。

#### 5.2.3 按行政区划分

安徽省16个地级市的人工湿地分布，详见表2-5。从16个地级市人工湿地的分布看，人工湿地面积最大的是滁州市，面积4.57万公顷，以库塘居多。六安市居第二，面积为4.49万公顷，以库塘和运河/输水河为主。马鞍山市第三，面积为3.45万公顷，以水产养殖场为主，境内大量自然湿地经围垦之后变为水产养殖场等人工湿地。如当涂县的石臼湖，原湖泊湿地已经有48.56%水面变成了水产养殖场。

# 第二节 湿地特点及分布规律

## 1 湿地特点

安徽省多样的地貌类型，孕育出特点鲜明、类型丰富的湿地资源。

### 1.1 湿地资源丰富，自然湿地面积大

安徽省湿地资源丰富，湿地总面积104.18万公顷，占全省国土总面积的7.47%。湿地面积位居全国第14位，湿地率位居全国第13位。安徽省湿地有4大湿地类，湖泊湿地面积最大，为36.11万公顷；河流湿地面积30.96万公顷；沼泽湿地面积最小，为4.29万公顷。其中，自然湿地面积71.36万公顷，占湿地总面积68.49%；人工湿地面积32.82万公顷，占湿地总面积31.51%。安徽省的自然湿地所占比重较大，且分布广泛，因此也面临较为严重的威胁。

### 1.2 水系非常发达，水资源蕴藏丰富

安徽省地跨长江、淮河、新安江三大流域，其中，长江、淮河位居全国七大水系之列。长江在省境内呈西南—东北流向，长约416公里，两侧有皖河、秋浦河、青弋江、水阳江、滁河等较大的一级水系19个。淮河横贯安徽省北部，长约430公里，两岸支流众多，成不对称的羽毛状水系，有史河、淠河、西淝河、浍河、涡河等一级支流。新安江发源于皖南休宁县，为钱塘江的正源，主要支流有率水和横江，境内干流长240公里。由长江、淮河和新安江的一级支流再派生出众多支流，组成遍及全省的水系网。据统计，全省长度大于5公里，宽度大于或等于10米的四级以上支流达391条。

2009年，全省水资源总量733.10亿立方米，全省人均水资源量1195.7立方米，全省大中型水库年末蓄水量59.67亿立方米。其中，大型水库年平均蓄水量51.47亿立方米，年内调蓄水量54.08亿立方米。安徽省河流众多，部分河流水流湍急，落差较大，水力资源的蕴藏量相当丰富。为开发利用水资源，安徽省在历史上兴建了部分水利工程设施，其中以寿县境内的安丰塘最为有名。新中国成立后，除整治了淮河外，还建设了淠史杭水利灌溉工程、驷马山引江灌溉工程等多项水利工程设施，对全省工农业生产起到重要的保障作用。

### 1.3 行蓄洪区湿地功能特殊，维护流域生态安全至关重要

淮河流域行蓄洪区为洪泛平原湿地，位于沿淮两岸，由淮河中游4个蓄洪区、17个行洪区，共21个湖洼组成。这些湖洼与淮河干流进行水量交换，大水年份调节淮河干流洪水，并通过淮河干流贯通连片成一个有边界的完整的生态功能区。淮河行蓄洪区是淮河防洪工程体系的重要组成部分，在历次洪水中，为削减淮河干流洪峰，扩大泄量都起到了重要作用。自1950~2000年的51年中，共有27个年份运用了行蓄洪区。淮河干流中游的蒙洼、城东湖、城西湖、瓦埠湖4个蓄洪区蓄洪库容63.0亿立方米，可滞蓄的洪量约占正阳关30天洪水总量的20%，对削减淮河干流洪峰的作用十分明显。行洪区的运用，可扩大淮河干流下泄流量，行洪区可分泄淮河局部河段

河道流量的20%～40%，可调节和分蓄淮河巨额洪水，有效缓解淮河中下游地区的防洪压力。

## 1.4　湿地形成方式多样，沉陷区湿地独具特色

安徽省湿地形成的方式也多种多样。除了自然湿地因天然形成，人工湿地多以人工开挖、湖泊围堰、江河截流外，还有沉陷区湿地。安徽因煤矿资源丰富，在淮南、淮北、阜阳、宿州、亳州一带地下蕴藏大量煤矿。这些煤矿被开采后形成煤矿沉陷区，经过几十年地面沉陷，形成大量的沉陷区湿地。据资料统计，2010年，仅淮北和淮南的沉陷区面积达4万公顷，已经形成的湿地面积超过2万公顷，形成的湿地多以湖泊为主，还有少量的沼泽湿地。随着煤炭开采年代的增加，在沉陷系数基本不变而深度增加的情况下，所形成的水面比例会逐渐增加，因此采煤沉陷而形成的湿地也越来越受到社会的关注和重视。安徽迪沟国家湿地公园就是在以煤矿沉陷区沉陷而形成的湖泊湿地基础上建立的以保护湿地、宣传湿地科学教育为主旨的国家湿地公园。

## 1.5　湿地水质差别较大，皖南山区水质优良

安徽省湿地分布在长江、淮河、新安江三大流域。长江流域湿地周边人口多，水质在Ⅲ类，污染源主要是农业面源污染。淮河水系的湿地，周边多中小型工业化企业厂矿，比如造纸厂等，对水质污染很大，造成淮河水系湿地的水质多为Ⅳ类，有的甚至达Ⅴ类水质。列为全国水质治理重点的"三湖三河"中，巢湖和淮河均在其中，应引起重视。但皖南地区新安江流域的湿地，多为山区峡谷河流，水质较好，多为Ⅰ类、Ⅱ类。

## 1.6　生物多样性丰富，珍稀濒危物种较多

安徽省湿地生物多样性比较丰富，调查结果表明，安徽省湿地维管束植物共有676种(含种下单位)，隶属于96科302属(图2-16至图2-19)。其中，蕨类植物10科11属16种，裸子植物2科5属7种，被子植物84科286属653种(其中双子叶植物63科207属448种，单子叶植物21科79属205种)。属国家重点保护的有8种，包括国家Ⅰ级重点保护野生植物2种：中华水韭、莼菜；国家Ⅱ级重点保护野生植物6种：水蕨、粗梗水蕨、野大豆、野菱、莲、乌苏里狐尾藻。安徽省现有湿地脊椎动物有520种，隶属于5纲41目111科。其中，鱼纲12目26科93属189种；两栖纲2目9科25属38种；爬行纲3目10科25属33种；鸟纲17目53科125属324种；哺乳纲7目13科24属26种。国家重点保护野生动物有46种。其中，国家Ⅰ级重点保护野生动物有12种，国家Ⅱ级重点保护野生动物有34种。湿地鸟类有14种列入IUCN保护名录中。长江中下游

图**2-16**　睡莲(周小春摄)

图**2-17**　紫萍(张颖摄)

图 **2-18** 苹(张颖摄)

图 **2-19** 饭包草(张颖摄)

地区，是白头鹤、白枕鹤、白琵鹭、东方白鹳、扬子鳄和白鳍豚的重要栖息地。保护湿地对维护全省生物多样性和保护珍稀濒危物种具有重要意义。

## 1.7 湿地生态功能显著，生态教育价值巨大

湿地的功能是指湿地实际支持或潜在支持和保护自然生态系统与生态过程，以及支持和保护人类活动与生命财产的能力。湿地类型多样性决定了其功能多样性。如河流湿地因落差大，是重要的电力资源；水库主要作为补水和灌溉源；湖泊因兼有滩涂、沼泽和水域等生境，而成为众多野生动植物得天独厚的栖息地。

湿地的直接使用价值包括：植物产品、动物产品、休闲和旅游价值、教育和科研价值等。莲、菰、菱、荸荠、水稻、芦苇等均是安徽湿地广泛分布的经济植物。鱼类、虾类、蛙类、蛇类、鳖类等是安徽湿地盛产的经济动物。太平湖、花亭湖国家湿地公园、扬子鳄国家级自然保护区都是人们休闲旅游胜地；升金湖、扬子鳄国家级自然保护区也是开展环境教育、科学研究和宣传湿地保护理念的理想场所。

湿地的间接使用价值主要体现在其物种保护价值和生态保护价值上(图 2-20 至图 2-24)。

图 **2-20** 明光市跃龙湖码头(纪会生摄)

图 **2-21** 捕捞(禾实摄)

图 **2-22** 湿地产品(唐勇摄)

图 **2-23** 城市之肾(方再能摄)

图 **2-24**　大自然的调色板（王献昌摄）

## 1.8　湿地土地权属明晰，以国有权属为主

安徽省湿地权属主要分为国有和集体。其中，国有权属占 70.66%；集体权属占 29.34%。河流湿地、湖泊湿地以及沼泽湿地主要以国有权属为主，分别占 93.97%、83.52%、55.70%；人工湿地则以集体权属为主，占 63.50%。湿地权属决定了将来湿地管理的主体对象。各湿地类型权属见表 2-6。

**表 2-6　各湿地类型的权属**

| 湿地类型 | 国有（公顷） | 集体（公顷） | 合计（公顷） | 国有权属湿地占湿地总面积百分比（%） |
|---|---|---|---|---|
| 河流湿地 | 290883.42 | 18675.96 | 309559.38 | 27.92 |
| 永久性河流 | 238342.75 | 91.31 | 238434.06 | 22.88 |
| 洪泛平原 | 52540.67 | 18584.65 | 71125.32 | 5.04 |
| 湖泊湿地 | 301617.06 | 59517.66 | 361134.72 | 28.95 |
| 永久性淡水湖 | 301617.06 | 59517.66 | 361134.72 | 28.95 |
| 沼泽湿地 | 23868.82 | 18985.77 | 42854.59 | 2.29 |
| 草本沼泽 | 23859.73 | 18985.77 | 42845.50 | 2.29 |
| 灌丛沼泽 | 9.09 | 0 | 9.09 | 0 |
| 人工湿地 | 119801.03 | 208451.93 | 328252.96 | 11.50 |
| 库塘 | 69319.73 | 30487.28 | 99807.01 | 6.65 |
| 运河/输水河 | 21346.53 | 119215.07 | 140561.60 | 2.05 |
| 水产养殖场 | 29134.77 | 58749.58 | 87884.35 | 2.80 |
| 总　计 | 736170.33 | 305631.32 | 1041801.65 | 70.66 |

## 1.9　湿地受人为干扰较大，面临威胁程度高

安徽省是全国人口密度最高的省份之一，开发利用湿地活动历史悠久，湿地受人为干扰历史长、强度高，全省各类湿地都正受到人类生产生活的严重影响。而且随着近几十年来人口持续增长、工业化发展迅速、城市不断扩张、农村居民生产生活方式逐渐转变，对湿地开发利用强度持续加大，特别是围垦造田、围网养殖、环境污染等因素，已对湿地生态系统造成很多不可逆转的影响。

### 1.10 水源补给多样，以综合补给为主

安徽省湿地的水源补给有地表径流补给、大气降水补给、地下水补给、人工补给和综合补给5种方式。大多数地区以综合补给为主，其面积占全省湿地总面积的63.73%。这主要是因为安徽省地处中纬度带，由亚热带向暖温带的过渡区域，年平均降水量在750~1800毫米，大气降水较多。同时，安徽省境内有淮河、长江、新安江三大水系，河流众多，地表径流丰富。另外，安徽省还有数量较多的水产养殖场、小型水库等库塘以及输水河的水源存在人工补给的现象。

## 2 湿地分布规律

### 2.1 安徽省湿地以三大流域为主

安徽全省皆有湿地分布，但总体上以长江、淮河、新安江三大流域为主。北部宿州市境内有一小部分属黄河故道；还有一小部分属沂沭泗流域的复兴河流域。

### 2.2 沿江和沿淮地区是湿地的集中分布地

沿江和沿淮地区湖泊、河流众多，水网密集，是湿地分布的集中地区，形成江、湖、河复合生态系统。安庆市沿江湖泊群、瓦埠湖、霍邱东西湖、八里河、沱湖等大型湖泊均分布于此。其涉及地级市的湿地面积占全省湿地总面积的87.28%。

### 2.3 库塘湿地集中分布在皖西和江淮丘陵地区

响洪甸水库、梅山水库、佛子岭水库、磨子潭水库、龙河口水库等皖西五大水库集中分布在六安市境内；董铺水库、大房郢水库、黄栗树水库分布在合肥市和滁州市境内。

### 2.4 皖北地区以人工湿地居多

安徽北部地区人工湿地较多，以库塘和运河/输水河为主。同时，河流湿地也较湖泊湿地和沼泽湿地多。此外，皖北地区也有少量的洪泛平原湿地分布。

### 2.5 皖南地区以河流湿地居多

安徽南部多为河流湿地，同时还有少量的沼泽湿地。

### 2.6 沼泽湿地多分布在安徽省中部地区

沼泽湿地集中分布在皖中地区，基本都为草本沼泽湿地。

### 2.7 采煤塌陷区主要分布在皖北地区

安徽省北部地区煤矿资源丰富，有大量因采煤沉陷形成的沉陷区湿地，以淮南、淮北为主，阜阳、亳州、宿州亦有分布。随着煤矿开采的范围和时间增加，也将不断形成新的沉陷区湿地。

# 第三章 湿地生物资源

## 第一节 湿地植物和植被

### 1 湿地植物种类和植物区系

湿地植物是指生长在沼泽地、湿原、泥炭地或者水深不超过6米的水域中的植物。根据湿地植物生长环境，可将其分为水生、沼生、湿生三类；根据湿地维管束植物的生活类型，可分为湿生型、挺水型、浮叶型、沉水型和漂浮型；根据湿地植物生长类型，可分为草本类、灌木类、乔木类。

植物区系是某一地区，或者是某一时期，某一分类群，某类植被等所有植物种类的总称。它们是植物界在一定自然环境中长期发展演化的结果。植物区系包括自然植物区系和栽培植物区系，但一般是指自然植物区系。根据不同原则或分布区特点，可划分为几类区系成分。通常将某地区全部植物种类按科、属、种进行数量统计，然后按地理分布、起源地、迁移路线、历史成分和生态成分划分成若干类群，分别称为植物区系的地理成分、发生成分、迁移成分、历史成分、生态成分等，以便全面了解一个地区植物区系的种类组成、分布区类型以及发生、发展等重要特征。

#### 1.1 安徽省湿地植物种类组成及统计分析

根据近年全省范围湿地调查结果、2011年安徽省第二次湿地资源普查、参考文献资料记载等，安徽省湿地维管束植物(图3-1至图3-40)共有676种(含种下单位)，隶属于96科302属(附

图**3-1** 红蓼(周忠泽摄)

图**3-2** 荇菜(周忠泽摄)

图 **3-3** 白茅(杨春明摄)

图 **3-4** 芡实(周忠泽摄)

图 **3-5** 菵草(周忠泽摄)

图 **3-6** 陌上菅(张颖摄)

图 **3-7** 菰(周忠泽摄)

图 **3-8** 芦苇(周忠泽摄)

图 **3-9** 水烛(周忠泽摄)

图 **3-10** 灯心草(周小春摄)

图 **3-11**　双穗雀稗(周小春摄)

图 **3-12**　竹叶眼子菜(周忠泽摄)

图 **3-13**　大薸(周小春摄)

图 **3-14**　满江红和槐叶苹(周小春摄)

图 **3-15**　黑藻(周忠泽摄)

图 **3-16**　菹草(周忠泽摄)

图 **3-17**　苦草(周忠泽摄)

图 **3-18**　长芒稗(周小春摄)

图 **3-19** 鸢尾(周小春摄)

图 **3-20** 美洲商陆(周小春摄)

图 **3-21** 狗尾草(周小春摄)

图 **3-22** 高秆莎草(周小春摄)

图 **3-23** 黄花蒿(周小春摄)

图 **3-24** 苘麻(张颖摄)

图 **3-25** 一年蓬和结缕草(张颖摄)

图 **3-26** 菖蒲(周小春摄)

图 **3-27** 红蓼和钻叶紫菀(张颖摄)

图 **3-28** 酸模叶蓼（张颖摄)

图 **3-29** 浮萍(周小春摄)

图 **3-30** 水鳖(周忠泽摄)

图 **3-31** 鸭跖草(张颖摄)

图 **3-32** 光头稗(张颖摄)

图 **3-33** 长刺酸模(周忠泽摄)

图 **3-34** 一年蓬(朱敏摄)

图 **3-35** 红花酢浆草(周小春摄)

图 **3-36** 鳢肠(周小春摄)

图 **3-37** 鹅观草(朱敏摄)

图 **3-38** 紫云英(周小春摄)

图 **3-39** 茵陈蒿(张颖摄)

图 **3-40** 合萌(张颖摄)

录1)，其中，种子植物86科291属660种、蕨类植物10科11属16种。种子植物中裸子植物2科5属7种；被子植物84科286属653种(其中双子叶植物63科207属448种、单子叶植物21科79属205种)。

本次调查，参考了《中国湿地植物名录》等全国性或周边省份的湿地植物名录，结合安徽省的实际情况，根据野外调查的结果，整理出《安徽湿地植物名录》。在湿地普查中，要求对湿地范围内的植物都进行登记，因此，样地调查或某一具体的湿地植物名录中，对有些干生或中生的植物也进行了登记，但未列在《安徽湿地植物名录》中。

文献记录表明，孙庆业与周忠泽等(2009)在安徽省沿江北部桐城市菜子湖湖滩进行植被调查时，发现了水茫草(*Limosella aquatica* L.)，为安徽省新记录，周忠泽和孙庆业等(2007)在升金湖湖滩调查时，发现圆基愉悦蓼(*Polygonum jucundum* var. *rotundum* Z. Z. Zhou & Q. Y. Sun)一新变种，丰富了安徽湿地植物多样性。

### 1.2.1 科的大小分析

#### 1.2.1.1 按属数多少统计

在安徽省95个科的湿地维管束植物中，各科含属数差异悬殊。含5个属以上的科有13个，占总科数的13.54%；属数共155个，占总属数的51.32%。这些大科在植物区系的组成中占重要位置，如禾本科35个属、菊科33个属、唇形科13个属、莎草科11个属、豆科12个属、玄参科8个属、蔷薇科7个属、毛茛科7个属、石竹科7个属、十字花科6个属、伞形科6个属、水鳖科5个属等。含5个属以下的科有83个，占总科数的86.46%；属数共147个，占总属数的48.68%，在植物区系组成中占次要地位(表3-1)。

**表3-1 安徽省湿地植物科内属的组成**

| 科内含属数 | 科数(个) | 占总科数(%) | 属数(个) | 占总属数(%) |
|---|---|---|---|---|
| ≥10 | 5 | 5.21 | 104 | 34.44 |
| 5~9 | 8 | 8.33 | 51 | 16.89 |
| 2~4 | 33 | 34.38 | 97 | 32.12 |
| 1 | 50 | 52.08 | 50 | 16.56 |
| 合 计 | 96 | 100 | 302 | 100 |

#### 1.2.1.2 按种数多少统计

在安徽省96个科的湿地维管束植物中，含30种以上的大科有4个，即莎草科11属83种，菊科35属63种，禾本科35属55种，蓼科2属42种。这4个大科共有243种，占总种数的35.95%，所占比例非常高。含10~29种的较大科有11个，即豆科26种，玄参科22种，唇形科20种，蔷薇科17种，十字花科16种，毛茛科14种，眼子菜科11种，苋科12种，石竹科12种，大戟科11种，杨柳科10种。以上15科仅占总科数的15.63%，但含种数高达414种，占总种数的61.24%(表3-2、表3-3)。其中，大多数种类是湿地植被的优势种或建群种，在安徽省湿地植物区系中起主导作用。

含2~9种的小型科共有54科，占总科数的56.25%；单种科共有27科，占总科数的28.13%；小型科和单种科共有81科，占总科数的84.38%，但含种数仅为262种，只占总种数的38.76%(表3-2、表3-3)。因此，安徽省湿地维管束植物中科的优势现象比较明显。

**表3-2 安徽省湿地植物科内种的组成**

| 科内含种数 | 科数(个) | 占总科数(%) | 种数(个) | 占总种数(%) |
|---|---|---|---|---|
| ≥30 | 4 | 4.17 | 243 | 35.95 |
| 10~29 | 11 | 11.46 | 171 | 25.30 |
| 2~9 | 54 | 56.25 | 235 | 34.76 |
| 1 | 27 | 28.13 | 27 | 3.99 |
| 合 计 | 96 | 100 | 676 | 100 |

**表 3-3 安徽省湿地植物科的统计（属数:种数）**

| | | |
|---|---|---|
| n≥30(4 科) | | |
| 莎草科 Cyperaceae 11:83 | 菊科 Compositae 33:63 | 禾本科 Gramineae 35:55 |
| 蓼科 Polygonaceae 2:42 | | |
| 30 > n≥10（11 科） | | |
| 豆科 Leguminosae 12:26 | 玄参科 Scrophulariaceae 8:22 | 唇形科 Labiatae 13:20 |
| 蔷薇科 Rosaceae 7:17 | 十字花科 Cruciferae 6:16 | 毛茛科 Ranunculaceae 7:14 |
| 苋科 Amaranthaceae 4:12 | 眼子菜科 Potamogetonaceae 1:11 | 石竹科 Caryophyllaceae 7:12 |
| 大戟科 Euphorbiaceae 4:11 | 杨柳科 Salicaceae 2:10 | |
| 10 > n≥5（20 科） | | |
| 堇菜科 Violaceae 1:9 | 藜科 Chenopodiaceae 3:8 | 旋花科 Convolvulaceae 3:9 |
| 荨麻科 Urticaceae 4:9 | 茜草科 Rubiaceae 4:8 | 水鳖科 Hydrocharitaceae 5:9 |
| 睡莲科 Nymphaeaceae 5:8 | 柳叶菜科 Onagraceae 4:8 | 葡萄科 Vitaceae 4:7 |
| 茄科 Solanaceae 4:7 | 千屈菜科 Lythraceae 3:7 | 菱科 Trapaceae 1:6 |
| 小二仙草科 Haloragaceae 1:5 | 卷柏科 Selaginellaceae 1:5 | 报春花科 Primulaceae 1:5 |
| 狸藻科 Lentibulariaceae 1:5 | 伞形科 Umbelliferae 6:8 | 泽泻科 Alismataceae 2:5 |
| 浮萍科 Lemnaceae 3:5 | 杉科 Taxodiaceae 4:5 | |
| 5 > n≥2（34 科） | | |
| 松科 Pinaceae 1:2 | 桦木科 Betulaceae 1:2 | 商陆科 Phytolaccaceae 1:2 |
| 金鱼藻科 Ceratophyllaceae1:2 | 茅膏菜科 Droseraceae 1:2 | 牻牛儿苗科 Geraniaceae 1:2 |
| 卫矛科 Celastraceae 1:2 | 睡菜科 Menyanthaceae 1:2 | 谷精草科 Eriocaulaceae 1:2 |
| 木贼科 Equisetaceae 2:2 | 三白草科 Saururaceae 2:2 | 虎耳草科 Saxifragaceae 2:2 |
| 锦葵科 Malvaceae 2:2 | 紫草科 Boraginaceae2:2 | 藤黄科 Guttiferae 1:3 |
| 车前科 Plantaginaceae 1:3 | 香蒲科 Typhaceae 1:3 | 椴树科 Tiliaceae 2:3 |
| 鸢尾科 Iridaceae 2:3 | 防己科 Menispermaceae 3:3 | 葫芦科 Cucurbitaceae 3:3 |
| 桔梗科 Campanulaceae 3:3 | 百合科 Liliaceae 3:3 | 景天科 Crassulaceae 1:4 |
| 茨藻科 Najadaceae 1:4 | 灯心草科 Juncaceae 1:4 | 雨久花科 Pontederiaceae 2:4 |
| 鸭跖草科 Commelinaeae 2:4 | 榆科 Ulmaceae 3:4 | 马鞭草科 Verbenaceae 3:4 |
| 爵床科 Acanthaceae 3:4 | 天南星科 Araceae 3:4 | 桑科 Moraceae 4:4 |
| 水蕨科 Parkeriaceae 1:2 | | |
| n = 1(27 科) | | |
| 水韭科 Isoetaceae 1:1 | 紫萁科 Osmundaceae 1:1 | 海金沙科 Lygodiaceae 1:1 |
| 凤尾蕨科 Pteridaceae 1:1 | 苹科 Marsileaceae 1:1 | 槐叶苹科 Salviniaceae 1:1 |
| 满江红科 Azollaceae 1:1 | 粟米草科 Molluginaceae 1:1 | 胡桃科 Juglandaceae 1:1 |
| 马齿苋科 Portulacaceae 1:1 | 酢浆草科 Oxalidaceae 1:1 | 杉叶藻科 Hippuridaceae 1:1 |
| 白花菜科 Capparidaceae 1:1 | 沟繁缕科 Elatinaceae 1:1 | 苦木科 Simaroubaceae 1:1 |
| 楝科 Meliaceae 1:1 | 水马齿科 Callitrichacea 1:1 | 醉鱼草科 Buddlejaceae 1:1 |
| 夹竹桃科 Apocynaceae 1:1 | 水麦冬科 Juncaginaceae 1:1 | 胡麻科 Pedaliaceae 1:1 |
| 花蔺科 Butomaceae 1:1 | 黑三棱科 Sparganiaceae 1:1 | 角果藻科 Zannichelliaceae 1:1 |
| 石蒜科 Amaryllidaceae 1:1 | 兰科 Orichidaceae 1:1 | 忍冬科 Caprifoliaceae 1:1 |

### 1.2.2　属的大小分析

在安徽省 302 个属的湿地维管束植物中，含 10 种以上的属有 5 个，占总属数的 1.66%。这 5 个属共有 104 种，占总种数的 15.38%，分别为蓼属 37 种，薹草属 35 种，眼子菜属 11 种，飘拂草属 11 种，莎草属 10 种。含 6 ~ 9 种的属有 15 属，含 2 ~ 5 种的属有 100 属，单种属 182 属(表 3-4)。寡种属(2 ~ 5 种)和单种属共 282 个，含 464 种，占总属数的 93.38% 和总种数的 68.64%(表 3-4)。

**表 3-4　安徽省湿地维管束植物属内种的组成**

| 属内含种数 | 属数(个) | 占总属数(%) | 种数(个) | 占总种数(%) |
|---|---|---|---|---|
| ≥10 | 5 | 1.66 | 104 | 15.38 |
| 6 ~ 9 | 15 | 4.97 | 108 | 15.98 |
| 2 ~ 5 | 100 | 33.11 | 282 | 41.72 |
| 1 | 182 | 60.26 | 182 | 26.92 |
| 合　计 | 302 | 100 | 676 | 100 |

### 1.2.3　种的统计分析

按照植物生活型来划分，安徽省的 676 种湿地维管束植物中，草本植物占绝对优势，木本植物(包括乔木、灌木等)比较少，主要有水杉(栽培)、水松、落羽杉(栽培)、池杉(栽培)、野蔷薇、意杨(*Populus* × *canadensis* cv. "I-214")(栽培)、垂柳、腺柳、旱柳、江南桤木、构树、枫杨、细叶水团花、紫穗槐、乌桕。

草本湿地植物中，根据植物的生活型可进一步分为水生植物和湿生植物。水生植物又可分为挺水植物、浮叶植物、漂浮植物、沉水植物。除上述 4 类水生植物外，其他均可归为湿生植物。

安徽省的挺水植物主要有：芦苇、菰、莲、香蒲、菖蒲、野芋、水毛花、水葱、水烛、藨草、水蓼、石龙芮、三白草、千屈菜、丁香蓼、水芹、白花水八角、双穗雀稗、石龙尾、水苦荬、水蜡烛、慈姑等。

浮叶植物主要有：细果野菱、芡实、眼子菜、荇、圆叶节节菜、水龙、莕菜、莼菜、睡莲、茶菱等。

漂浮植物种类不多，主要有：紫萍、浮萍、水鳖、喜旱莲子草、槐叶苹、满江红、凤眼莲、大薸、芜萍、品藻等。

沉水植物主要有：菹草、金鱼藻、五刺金鱼藻、黑藻、穗状狐尾藻、聚草、轮叶狐尾藻、微齿眼子菜、石龙尾、大茨藻、小茨藻、草茨藻、黄花狸藻、水筛、苦草、竹叶眼子菜、线叶眼子菜、角果藻等种。

## 1.3　安徽省湿地植物区系地理成分的统计分析

### 1.3.1　科的地理成分统计与分析

参考吴征镒教授的《世界种子植物科的分布区类型系统》的划分，可将安徽省湿地维管束植物

96个科划分为7种分布区类型(表3-5)，可归并为世界分布科、热带分布科和温带分布科。

(1)世界分布科：世界分布科共有52个，占安徽省湿地维管束植物总科数的54.17%。蕨类植物如满江红科、苹科、槐叶苹科等；被子植物如莎草科、禾本科、菊科、蓼科、豆科、玄参科、唇形科等均是含20种以上的湿生植物大科；此外，还有眼子菜科、睡莲科、茨藻科、泽泻科、水鳖科、狸藻科和金鱼藻科等均是典型的水生植物科。该世界分布科共包含229属551种，分别占该区系总属数的75.58%和总种数的81.51%。由此可见，世界分布科在该区系占主导地位，也显示了湿地植物的隐域性。

(2)热带分布科：热带分布科共有29个，占安徽省湿地维管束植物总科数的30.21%。其中，绝大多数是泛热带分布科(表3-5)，有27个。常见的有鸭跖草科、谷精草科、雨久花科、荨麻科和鸢尾科等。

(3)温带分布科：温带分布科共有15个，占安徽省湿地维管束植物总科数的15.63%。其中，主要是北温带分布科，共有12个。本类型在安徽省湿地维管束植物区系中也占有比较重要的地位，含有一些湿地植被的建群种或优势种。如百合科、灯心草科和黑三棱科等，而杨柳科、胡桃科、桦木科和杉科是少有的湿地木本植物科，在湿地的乔木或灌木群落植被中扮演重要的角色。

从科级水平看，热带成分的科数占优势，表明本区系与热带植物区系的亲缘关系，这与吴征镒的中国亚热带地区植物区系有着很大热带亲缘的观点相一致，也与历恩华等对安徽毗邻湖北省湿地维管束植物区系分析结果相似。

### 1.3.2 属的地理成分统计与分析

根据《中国植物志》第一卷有关蕨类植物属的分布区类型和吴征镒教授关于中国种子植物属的分布区类型的划分，可将安徽省湿地维管束植物划分为13种分布区类型(表3-5)。

(1)世界分布：本类型在安徽湿地共有76个属，占总属数的25.17%。本类型以温带分布的草本植物为主，湿生的有蓼属、酸模属、藜属、繁缕属、豆瓣菜属、泽芹属等；水生或沼生的有槐叶苹属、满江红属、眼子菜属、浮萍属、茨藻属、芦苇属、香蒲属、莎草属、荸荠属、灯心草属、藨草属等。

(2)泛热带分布：本类型在安徽省湿地有68属，占总属数的22.52%。常见的有飘拂草属、鸭跖草属、假稻属、雀稗属、狗牙根属、水车前属、冷水花属等。

(3)热带亚洲和热带美洲间断分布：本类型在安徽省湿地仅有过江藤属、裸柱菊属、凤眼蓝属、月见草属等4属。

(4)旧世界热带分布：本类型在安徽省湿地有14属。常见的有石龙尾属、水筛属、雨久花属、水竹叶属和水鳖属等。

(5)热带亚洲至热带大洋洲分布：本类型在安徽省湿地有8属，分别是黑藻属、伪针茅属、蜈蚣草属、水蜡烛属、通泉草属、柘树属、臭椿属和结缕草属。

(6)热带亚洲至热带非洲分布：本类型在安徽省湿地共有8属。常见的有水团花属、芒属、菊三七草属、荩草属、菅属等。

**表 3-5　安徽省湿地维管束植物科、属的分布区类型**

<table>
<tr><th>分布区类型</th><th>科　数</th><th>占总科数(%)</th><th>属　数</th><th>占总属数(%)</th><th></th></tr>
<tr><td>1. 世界分布</td><td>52</td><td>17</td><td>76</td><td>25.17</td><td>—</td></tr>
<tr><td>2. 泛热带分布</td><td>27</td><td>13</td><td>68</td><td>22.52</td><td rowspan="6">热带地理成分</td></tr>
<tr><td>3. 东亚(热带、亚热带)及热带南美洲间断分布</td><td>1</td><td>4</td><td>4</td><td>1.32</td></tr>
<tr><td>4. 旧世界热带分布</td><td></td><td></td><td>14</td><td>4.64</td></tr>
<tr><td>5. 热带亚洲至热带大洋洲分布</td><td></td><td></td><td>8</td><td>2.65</td></tr>
<tr><td>6. 热带亚洲至热带非洲分布</td><td>1</td><td>1.04</td><td>8</td><td>2.65</td></tr>
<tr><td>7. 热带亚洲分布</td><td></td><td></td><td>6</td><td>1.99</td></tr>
<tr><td>8. 北温带分布</td><td>12</td><td>13.54</td><td>57</td><td>18.87</td><td rowspan="7">温带地理成分</td></tr>
<tr><td>9. 东亚和北美洲间断分布</td><td>1</td><td>1.04</td><td>16</td><td>5.30</td></tr>
<tr><td>10. 旧世界温带分布</td><td>1</td><td>1.04</td><td>19</td><td>6.29</td></tr>
<tr><td>11. 温带亚洲分布</td><td></td><td></td><td>2</td><td>0.66</td></tr>
<tr><td>12. 地中海区、西亚至中亚分布</td><td></td><td></td><td>0</td><td>0</td></tr>
<tr><td>13. 中亚分布</td><td></td><td></td><td>0</td><td>0</td></tr>
<tr><td>14. 东亚分布</td><td></td><td></td><td>21</td><td>6.95</td></tr>
<tr><td>15. 中国特有分布</td><td></td><td></td><td>3</td><td>0.99</td><td>—</td></tr>
<tr><td>合　计</td><td>96</td><td>100</td><td>302</td><td>100</td><td></td></tr>
</table>

(7)热带亚洲分布：本类型在安徽省湿地有 6 属。它们是构树属、蛇莓属、鸡矢藤属、苦荬菜属、薏苡属和芋属。

(8)北温带分布：本类型在安徽省湿地有 57 属，占总属数的 18.87%。木本属有松属、杨属、柳属、桤木属、榆属等；以草本属为主，常见的有稗属、蒿属、委陵菜属、野豌豆属、风轮菜属、婆婆纳属、萍蓬草属、苦苣菜属等。

(9)东亚和北美间断分布：本类型在安徽省湿地有莲属、三白草属、扯根菜属、紫穗槐属、刺槐属、胡枝子属、罗布麻属、菰属、菖蒲属、荆三棱属等 16 属。

(10)旧世界温带分布：本类型在安徽省湿地有 19 属，主要有菱属、水芹属、旋覆花属、草木樨属、益母草属、天名精属、菊属、萱草属、鹅观草属等。

(11)温带亚洲分布：本类型在安徽省湿地较贫乏，仅 2 属。它们是附地菜属和马兰属。

(12)东亚分布：本类型在安徽省湿地共有 21 属，如芡属、沿阶草属、蕺菜属、鸡眼草属、紫苏属等草本属。木本属仅有泡桐属等。

(13)中国特有分布：本类型在安徽省湿地中有水松属、水杉属和虾须草属共 3 属。

从表 3-5 可看出，安徽省湿地植物中，有全国 15 个分布类型中的 13 个，仅缺地中海、西亚至中亚分布型(12 型)和中亚分布型(13 型)。这说明安徽省湿地植物区系成分较为复杂、多样。

属数最多的为世界广布型，共77属，占总属数的25.17%。所占比重较大的另两个分布类型分别是泛热带分布和北温带分布，分别有68属(占总属数22.52%)和57属(占18.87%)。这两类分布型也是广域性分布。这3个广域性分布型所占属数共201属，占总属数的66.56%，所占比重非常大。这充分说明了湿地植物的隐域性特征。安徽省湿地植物中，热带分布属(2～7型)共有108个属；具有温带性质的温带分布属(8～15型)共有118个属。温带类型略多于热带类型，说明了安徽省湿地植物具有亚热带和暖温带的双重性质。

### 1.3.3 安徽省湿地植物区系的特征

#### 1.3.3.1 植物种类较为丰富

安徽省湿地维管束植物共有95科302属676种。其中，蕨类植物10科11属16种，裸子植物2科5属7种，被子植物83科286属653种。95个科中以禾本科、莎草科、菊科和蓼科等科为优势科，种类最多。与1999～2000年进行的第一次全省湿地植物资源调查统计的湿地维管束植物相比，本次调查发现的湿地维管束植物种类有较大增加。这可能主要归因于本次调查湿地斑块的面积由100公顷变小为8公顷，从而全省调查范围大大增加，湿地总面积也大量增加，调查发现的湿地维管束植物也有所增加。

#### 1.3.3.2 湿地植被优势种明显

整个调查区域的湿地植物优势种主要有芦苇、菰、香蒲、喜旱莲子草、狗牙根、双穗雀稗、水蓼等。湿地植物中，约80%的种类为非优势种，有的甚至是偶见种或生态上的狭域种。湿地植物中，双子叶植物丰富度较高，单子叶植物在多度上占优势，优势种或建群种多为单子叶植物。

#### 1.3.3.3 分布区类型多样，地理成分复杂

从安徽省湿地植物分布区类型看，在科级水平上有7个分布区类型，在属级水平上有13个分布区类型，说明该区系分布类型多样，区系地理成分比较复杂，安徽省湿地维管束植物区系同全国及其世界其他植物区系有着广泛的联系。

#### 1.3.3.4 湿地植物兼有隐域性和地带性分布的特点

从区系分析中可知，安徽省湿地植物以其分布的广布性为显著特点，表现出明显的隐域性特点。同时，从属的水平上看，安徽省湿地植物区系中热带成分与温带成分比例为108∶118，温带成分略占优势。虽然安徽省地处亚热带北缘，但热带成分也占相当大的比例，表现出其从亚热带到温带过渡的区系特点，但以温带性质为主。湿地的水、热环境比陆地环境相对稳定，使湿生植物常常比陆生植物有更大的分布区，这也是湿地植被隐域性的体现。

#### 1.3.3.5 外来入侵植物对湿地资源的威胁正逐步增大

本次调查发现，湿地中外来入侵植物的影响比较严重，并且有逐步加大的趋势。本次调查显示，喜旱莲子草在全省很多湿地中都有分布，并严重影响本土植物的生存空间。近年来，加拿大一枝黄花、豚草、小飞蓬、一年蓬等一些外来入侵物种在局部湿地区域也已严重影响其他植物种的生存，虽未大规模暴发，但在当地形成了优势群落。此外，本土植物苍耳、葎草等恶性杂草在部分湿地中也分布较广，减少了湿地植物的多样性。

### 1.4　国家重点保护野生植物

调查发现，安徽省内国家重点保护野生湿地植物共有 8 种：Ⅰ级 2 种；Ⅱ级 6 种。其中，有 2 种为中国特有种(表 3-6)。此外，此次调查中还发现人工栽培的国家重点保护植物水杉、水松和樟树等。

**表 3-6　外业调查发现的国家重点保护野生湿地植物**

| 物种名称 | 保护等级 | 中国特有 | 外业调查发现地区 |
| --- | --- | --- | --- |
| 莼菜 | Ⅰ |  | 皖南地区 |
| 中华水韭 | Ⅰ | Y | 休宁等地山区沼泽分布 |
| 水蕨 | Ⅱ |  | 升金湖等分布 |
| 粗梗水蕨 | Ⅱ |  | 升金湖 |
| 野大豆 | Ⅱ | Y | 全省均有分布 |
| 野菱 | Ⅱ |  | 全省均有分布 |
| 莲 | Ⅱ |  | 全省均有分布 |
| 乌苏里聚草 | Ⅱ |  | 沿江湿地及淮北 |

注：保护等级中Ⅰ、Ⅱ级表示 1999 年国务院公布的《国家重点保护野生植物名录(第一批)》中的种类及保护级别。

## 2　湿地植被类型和分布

### 2.1　湿地植被类型

依据《中国湿地植被》中的分类原则、分类依据和分类单位，根据实地调查，结合安徽省湿地植被的具体情况，并参考有关资料，依据植被型组—植被型—植被亚型—群系的分类系统，可将安徽省湿地植被的主要类型划分为 3 个植被型组、7 个植被型、7 个植被亚型和 140 个群系(表 3-7)。其中，植被型组是本湿地植被分类系统的最高级单位。植被型为植被分类系统中最重要的高级单位；在类型复杂的植被型中，依据优势片层的差异进一步划分亚型，作为植被型的辅助或补充单位。群系是植被分类的中级单位，本文划分到群系为止。

**表 3-7　安徽省湿地植被分类系统**

| 植被型组 | 植被型 | 植被亚型 | 群系组 | 群系拉丁名 |
| --- | --- | --- | --- | --- |
| 一、沼泽型组 | (一)森林沼泽型 | Ⅰ. 针叶沼泽林亚型 | (1)水杉群系 | Form. *Metasequoia glyptostroboides* * |
|  |  |  | (2)池杉群系 | Form. *Taxodium ascendens* * |
|  |  |  | (3)水松群系 | Form. *Glyptostrobus pensilis* * |

（续）

| 植被型组 | 植被型 | 植被亚型 | 群系组 | 群系拉丁名 |
| --- | --- | --- | --- | --- |
| 一、沼泽型组 | （一）森林沼泽型 | Ⅱ. 阔叶沼泽林亚型 | (1)江南桤木群系 | Form. *Alnus trabeculosa* * |
| | | | (2)构树群系 | Form. *Broussonetia papyrifera* |
| | | | (3)枫杨群系 | Form. *Pterocarya stenoptera* |
| | | | (4)意杨群系 | Form. *Populus* × *canadensis* 'I－214' * |
| | | | (5)垂柳群系 | Form. *Salix babylonica* * |
| | | | (6)河柳群系 | Form. *Salix chaenomeloides* |
| | | | (7)旱柳群系 | Form. *Salix matsudana* |
| | | | (8)紫柳群系 | Form. *Salix wilsonii* |
| | （二）灌丛沼泽型 | Ⅰ. 落叶阔叶灌丛沼泽亚型 | (1)水杨梅群系 | Form. *Adina rubella* |
| | | | (2)枸杞群系 | Form. *Lycium chinense* |
| | | | (3)银叶柳群系 | Form. *Salix chienii* |
| | | Ⅱ. 常绿阔叶灌丛沼泽亚型 | (1)小叶黄杨群系 | Form. *Buxus sinica* var. *parvifolia* |
| | | | (2)水竹群系 | Form. *Phyllostachys congesta* |
| | （三）草丛沼泽型 | Ⅰ. 莎草沼泽亚型 | (1)灰化薹草群系 | Form. *Carex cinerascens* |
| | | | (2)陌上菅群系 | Form. *Carex thunbergii* |
| | | | (3)签草群系 | Form. *Carex doniana* |
| | | | (4)异型莎草群系 | Form. *Cyperus difformis* |
| | | | (5)碎米莎草群系 | Form. *Cyperus iria* |
| | | | (6)香附子群系 | Form. *Cyperus rotundus* |
| | | | (7)扁穗莎草群系 | Form. *Cyperus compressus* |
| | | | (8)旋鳞莎草群系 | Form. *Cyperus michelianus* |
| | | | (9)江南荸荠群系 | Form. *Heleocharis migoana* |
| | | | (10)具刚毛荸荠群系 | Form. *Heleocharis valleculosa* f. *setosa* |
| | | | (11)两歧飘拂草群系 | Form. *Fimbristylis dichotoma* |
| | | | (12)结状飘拂草群系 | Form. *Fimbristylis rigidula* |
| | | | (13)牛毛毡群系 | Form. *Heleocharis yokoscensis* |
| | | | (14)水蜈蚣群系 | Form. *Kyllinga brevifolia* |
| | | | (15)水毛花群系 | Form. *Schoenoplectus mucronatus* |
| | | | (16)萤蔺群系 | Form. *Schoenoplectus juncoides* |
| | | | (17)水葱群系 | Form. *Scirpus validus* |
| | | | (18)藨草群系 | Form. *Scirpus triqueter* |
| | | | (19)华东藨草群系 | Form. *Scirpus karuizawensis* |
| | | Ⅱ. 禾草沼泽亚型 | (1)看麦娘群系 | Form. *Alopecurus aequalis* |
| | | | (2)矛叶荩草群系 | Form. *Arthraxon lanceolatus* |
| | | | (3)芦竹群系 | Form. *Arundo donax* |
| | | | (4)菵草群系 | Form. *Beckmannia syzigachne* |

（续）

| 植被型组 | 植被型 | 植被亚型 | 群系组 | 群系拉丁名 |
|---|---|---|---|---|
| 一、沼泽型组 | （三）草丛沼泽型 | Ⅱ. 禾草沼泽亚型 | (5)狗牙根群系 | Form. *Cynodon dactylon* |
| | | | (6)稗群系 | Form. *Echinochloa crusgalli* |
| | | | (7)长芒稗群系 | Form. *Echinochloa caudata* |
| | | | (8)假俭草群系 | Form. *Eremochloa ophiuroides* |
| | | | (9)牛鞭草群系 | Form. *Hemarthria altissima* |
| | | | (10)白茅群系 | Form. *Imperata cylindrica* |
| | | | (11)假稻群系 | Form. *Leersia japonica* |
| | | | (12)五节芒群系 | Form. *Miscanthus floridulus* |
| | | | (13)芒群系 | Form. *Miscanthus sinensis* |
| | | | (14)双穗雀稗群系 | Form. *Paspalum paspaloides* |
| | | | (15)芦苇群系 | Form. *Phragmites australis* |
| | | | (16)虉草群系 | Form. *Phalaris arundinacea* |
| | | | (17)早熟禾群系 | Form. *Poa annua* |
| | | | (18)狗尾草群系 | Form. *Setaria viridis* |
| | | | (19)甜根子草群系 | Form. *Saccharum spontaneum* |
| | | | (20)荻群系 | Form. *Triarrhena sacchariflora* |
| | | | (21)菰群系 | Form. *Zizania latifolia*) |
| | | Ⅲ. 杂类草沼泽亚型 | (1)节节草群系 | Form. *Equisetum ramosissimum* |
| | | | (2)粗梗水蕨群系 | Form. *Ceratopteris pteridoides* |
| | | | (3)莲群系 | Form. *Nelumbo nucifera* * |
| | | | (4)蓼子草群系 | Form. *Polygonum criopolitanum* |
| | | | (5)水蓼群系 | Form. *Polygonum hydropiper* |
| | | | (6)酸模叶蓼群系 | Form. *Polygonum lapathifolium* |
| | | | (7)绵毛酸模叶蓼群系 | Form. *Polygonum lapathifolium* var. *salicifolium* |
| | | | (8)红蓼群系 | Form. *Polygonum orientale* |
| | | | (9)愉悦蓼群系 | Form. *Polygonum jucundum* |
| | | | (10)圆基愉悦蓼群系 | Form. *Polygonum jucundum* var. *routundum* |
| | | | (11)藜群系 | Form. *Chenopodium album* |
| | | | (12)肉根毛茛群系 | Form. *Ranunculus polii* |
| | | | (13)石龙芮群系 | Form. *Ranunculus sceleratus* |
| | | | (14)水苋菜群系 | Form. *Ammannia baccifera* |
| | | | (15)节节菜群系 | Form. *Rotala indica* |
| | | | (16)圆叶节节菜群系 | Form. *Rotala rotundifolia* |
| | | | (17)千屈菜群系 | Form. *Lythrum salicaria* |
| | | | (18)丁香蓼群系 | Form. *Ludwigia prostrata* |
| | | | (19)水芹群系 | Form. *Oenanthe javanica* |

（续）

| 植被型组 | 植被型 | 植被亚型 | 群系组 | 群系拉丁名 |
| --- | --- | --- | --- | --- |
| 一、沼泽型组 | (三)草丛沼泽型 | Ⅲ. 杂类草沼泽亚型 | (20)野胡萝卜群系 | Form. *Daucus carota* |
| | | | (21)破铜钱群系 | Form. *Hydrocotyle sibthorpioides* var. *batrachium* |
| | | | (22)沼生水马齿群系 | Form. *Callitriche palustris* |
| | | | (23)过江藤群系 | Form. *Phyla nodiflora* |
| | | | (24)溪黄草群系 | Form. *Isodon serra* |
| | | | (25)半枝莲群系 | Form. *Scutellaria barbata* |
| | | | (26)针筒菜群系 | Form. *Stachys oblongifolia* |
| | | | (27)白花水八角群系 | Form. *Gratiola japonica* |
| | | | (28)北水苦荬群系 | Form. *Veronica anagallis - aquatica* |
| | | | (29)水蓑衣群系 | Form. *Hygrophila salicifolia* |
| | | | (30)半边莲群系 | Form. *Lobelia chinensis* |
| | | | (31)林荫千里光群系 | Form. *Senecio nemorensis* |
| | | | (32)蒌蒿群系 | Form. *Artemisia selengensis* |
| | | | (33)虾须草群系 | Form. *Sheareria nana* |
| | | | (34)慈姑群系 | Form. *Sagittaria trifolia* var. *sinensis* |
| | | | (35)鸭跖草群系 | Form. *Commelina communis* |
| | | | (36)雨久花群系 | Form. *Monochoria korsakowii* |
| | | | (37)水竹叶群系 | Form. *Murdannia triquetra* |
| | | | (38)谷精草群系 | Form. *Eriocaulon buergerianum* |
| | | | (39)菖蒲群系 | Form. *Acorus calamus* |
| | | | (40)石菖蒲群系 | Form. *Acorus tatarinowii* |
| | | | (41)野芋群系 | Form. *Colocasia antiquorum* |
| | | | (42)萱草群系 | Form. *Hemerocallis fulva* |
| | | | (43)香蒲群系 | Form. *Typha orientalis* |
| | | | (44)水烛群系 | Form. *Typha angustifolia* |
| | | | (45)灯心草群系 | Form. *Juncus effusus* |
| 二、浅水植物湿地型组 | (一)漂浮植物型 | | (1)槐叶苹群系 | Form. *Salvinia natans* |
| | | | (2)满江红群系 | Form. *Azolla imbricata* |
| | | | (3)喜旱莲子草群系 | Form. *Alternanthera philoxeroides* |
| | | | (4)水龙群系 | Form. *Ludwigia adscendens* |
| | | | (5)水鳖群系 | Form. *Hydrocharis dubia* |
| | | | (6)凤眼莲群系 | Form. *Eichhornia crassipes* |
| | | | (7)大薸群系 | Form. *Pistia stratiotes* |
| | | | (8)浮萍群系 | Form. *Lemna minor* |
| | | | (9)紫萍群系 | Form. *Spirodela polyrrhiza* |

（续）

| 植被型组 | 植被型 | 植被亚型 | 群系组 | 群系拉丁名 |
|---|---|---|---|---|
| 二、浅水植物湿地型组 | （二）浮叶植物型 | | (1)苹群系 | Form. *Marsilea quadrifolia* |
| | | | (2)睡莲群系 | Form. *Nymphaea tetragona* * |
| | | | (3)芡实群系 | Form. *Euryale ferox* |
| | | | (4)荇菜群系 | Form. *Nymphoides peltatum* |
| | | | (5)茶菱群系 | Form. *Trapella sinensis* |
| | | | (6)菱群系 | Form. *Trapa bispinosa* |
| | | | (7)野菱群系 | Form. *Trapa incisa* var. *quadricaudata* |
| | | | (8)小叶眼子菜群系 | Form. *Potamogeton cristatus* |
| | | | (9)眼子菜群系 | Form. *Potamogeton distinctus* |
| | | | (10)浮叶眼子菜群系 | Form. *Potamogeton natans* |
| | （三）沉水植物型 | | (1)金鱼藻群系 | Form. *Ceratophyllum demersum* |
| | | | (2)五刺金鱼藻群系 | Form. *Ceratophyllum oryzetorum* |
| | | | (3)聚草群系 | Form. *Myriophllum spicatum* |
| | | | (4)轮叶狐尾藻群系 | Form. *Myriophyllum verticillatum* |
| | | | (5)石龙尾群系 | Form. *Limnophila sessiliflora* |
| | | | (6)黄花狸藻群系 | Form. *Utricularia aurea* |
| | | | (7)黑藻群系 | Form. *Hydrilla verticillata* |
| | | | (8)苦草群系 | Form. *Vallisneria natans* |
| | | | (9)刺苦草群系 | Form. *Vallisneria spinulosa* |
| | | | (10)水车前群系 | Form. *Ottelia alismoides* |
| | | | (11)菹草群系 | Form. *Potamogeton crispus* |
| | | | (12)微齿眼子菜群系 | Form. *Potamogeton maackianus* |
| | | | (13)竹叶眼子菜群系 | Form. *Potamogeton malaianus* |
| | | | (14)线叶眼子菜群系 | Form. *Potamogeton pusillus* |
| | | | (15)篦齿眼子菜群系 | Form. *Potamogeton pectinatus* |
| | | | (16)小茨藻群系 | Form. *Najas minor* |
| | | | (17)大茨藻群系 | Form. *Najas marina* |
| | | | (18)草茨藻群系 | Form. *Najas graminea* |
| 三、盐沼型组 | （一）灌丛盐沼型 | | (1)碱蓬群系 | Form. *Suaeda glauca* |
| | | | (2)盐地碱蓬群系 | Form. *Suaeda salsa* |

注：在安徽湿地植被分类系统中，涉及自然湿地植被和人工湿地植被两大类型，有“＊”者为人工湿地植被。一些群系的建群种，例如凤眼莲、喜旱莲子草等虽然是外来入侵种，但它们已经归化为自然扩散和分布。在浅水湿地植物型组下设漂浮、浮叶和沉水植物3个植被型。因挺水类植物是介于水生和陆生植物之间的过渡类型，故分别归入其他有关类别中。粗梗水蕨为国家Ⅱ级重点保护野生植物，在升金湖等沿江湖泊有少量分布，虽然未形成大面积的群落，但在群落中具有标志性作用，为了有利于粗梗水蕨的保护，将其列为群系。

## 2.2 安徽湿地主要植物群系概述

安徽湿地中常见的湿地植物群系类型和分布状况如下：

### 2.2.1 沼泽型组

#### 2.2.1.1 森林沼泽型

Ⅰ. 针叶沼泽林亚型

(1)水杉群系：全省均有栽培，常在河边、湖边、农田水渠、道路旁形成优势群落。

(2)池杉群系：全省常见栽培，芜湖陶辛水韵湖岸边可见小片栽培。

Ⅱ. 阔叶沼泽林亚型

(1)江南桤木群系：皖南山区和大别山区山地散见。江南桤木喜生于山地湿润环境。在山区河流或溪流的岸边可形成小片的湿地乔木群落。高度6～8米，盖度80%以上。

(2)构树群系：全省广泛分布，主要生长在堤岸上，多为小型群落，盖度达80%以上。

(3)枫杨群系：全省广泛分布，自然生长或人工栽培皆有。多见于皖南山区、大别山区、长江流域的河边堤岸或河边滩涂上，呈带状分布。盖度可达70%以上，高度可达6～15米。

(4)意杨群系：全省均有栽培，淮河流域、皖北地区和长江干流安徽段较普遍，常在河岸边或湖边形成优势群落。盖度75%左右，高度一般12米左右。

(5)垂柳群系：全省广泛分布，多为人工栽培。湖岸河边常见，盖度达60%以上，高度一般在4～5米。

(6)河柳群系：常见于皖南山区和大别山区河流的岸边或滩涂湿地，高度4～6米。常见伴生种有枫杨、银叶柳等。

(7)旱柳群系：全省广泛栽培，主要作为堤岸防护林。盖度70%，高度可达6米。

#### 2.2.1.2 灌丛沼泽型

Ⅰ. 落叶阔叶灌丛沼泽亚型

(1)水杨梅群系：常见于皖南山区和大别山区河边及滩涂湿地。盖度约为50%，高度1～1.5米。常见伴生种有银叶柳等。

(2)枸杞群系：外业调查时，为长江以北常见群系，见于河滩、湖滨。盖度约40%，高度30厘米左右。常见伴生种有狗尾草、蒲公英等。

(3)银叶柳群系：常见于皖南山区和大别山区永久性河流的河边或滩涂湿地。盖度可达70%，高度2～3米。

Ⅱ. 常绿阔叶灌丛沼泽亚型

(1)小叶黄杨群系：在大别山区天堂寨和皖南山区清凉峰的山地沼泽中，形成小面积的山地沼泽灌丛。盖度约60%，高度约0.5米。常见伴生种有薹草属及较多的苔藓植物。

(2)水竹群系：河岸、湖边皆有分布。盖度可达80%，高度1～4米。易形成单优群落。

#### 2.2.1.3 草丛沼泽型

Ⅰ. 莎草沼泽亚型

(1)灰化薹草群系：皖南山区沼泽及湖泊和长江干流安徽段广布。可形成单优群落。盖度近90%，高度0.6米左右。

(2)陌上菅群系：主要分布于升金湖和长江流域岸边滩涂湿地。易形成单优群落。盖度90%以上，高度在0.6米左右。

(3)碎米莎草群系：全省广泛分布，主要生长在浅水及水岸滩地。盖度约70%，高度可达40厘米。易形成单优群落。见于长江流域滩涂湿地、贵池十八索、扬子鳄自然保护区等。本属省内常见的还有旋鳞莎草、异型莎草、具芒碎米莎草、毛轴莎草等。

(4)香附子群系：全省广布，多见于省内各河流岸边滩涂湿地，以及其他旱土、荒地。可形成单优群落。盖度40%~90%，高度在30~40厘米。

(5)江南荸荠群系：全省广布，多见于浅水的稻田、沼泽等。可形成单优群落。盖度40%左右，高度0.6米左右。

(6)刚毛荸荠群系：全省广布，多见于浅水的稻田、沼泽等。可形成单优群落。盖度40%左右，高度0.6米左右。

(7)结壮飘拂草群系：全省广布，生长于湖泊、河流草本沼泽中。伴生种主要有喜旱莲子草、丁香蓼等。

(8)牛毛毡群系：全省广布，多见于稻田、各湖泊洲滩及河流岸边滩涂湿地。可形成单优群落。盖度50%~80%，高度在10厘米左右。

(9)水蜈蚣群系：全省广布，多见于稻田及河流岸边滩涂湿地，具体见于太平湖等湿地洲滩。盖度30%~70%，高度10~20厘米。

(10)水毛花群系：全省广布，湖区洲滩、河流滩涂湿地等浅水湿地中比较常见。具体见于太平湖、长江干流滩涂湿地等湿地洲滩。盖度50%~90%，高度1米左右。

(11)水葱群系：皖南部分地区有分布。盖度60%，高度1.5米左右。

(12)华东藨草群系：见于黟县山区河流岸边滩涂湿地。易形成单优群落。盖度可达90%以上，高度在30厘米左右。

Ⅱ. 禾草沼泽亚型

(1)看麦娘群系：为季节性湿地植被群系(冬春至初夏，所称季节性都是指这种类型)。全省广布，多见于稻田。盖度30%~70%，高度0.2~0.3米。

(2)矛叶荩草群系：全省广布，主要生长在河流、湖泊岸边、弃荒地。具体见于长江干流滩涂湿地、颍上八里河省级自然保护区等区域。群落盖度可达100%，高度约0.6~1.2米。常见伴生种有狗尾草、狼尾草等。本属省内分布还有荩草等。

(3)芦竹群系：全省广泛分布，多生长于河流堤岸。易形成单优群落。盖度达90.0%以上，高度约为2~4米。

(4)茵草群系：季节性湿地植被群系，全省农田区常见，多为小块状，亦有面积较大的，常组成单优群落。盖度30%~95%，高度0.3~0.6米。

(5)狗牙根群系：全省广泛分布，具体见于长江流域、新安江流域、太平湖湿地、升金湖湿地、当涂石臼湖、贵池平天湖、芜湖和平鹭岛等区域。盖度可达100%。易形成单优群落。常见伴生种有双穗雀稗、白茅、假稻、假俭草、喜旱莲子草等。

(6)稗群系：全省广布，多见于稻田、水沟、洲滩湿润地或浅水中。常见单优群落。盖度40%~70%，高度0.5~1.2米。稗属安徽省内分布还有长芒稗、光头稗、水田稗等。

(7)假俭草群系：常见于皖南山区和大别山区河边及滩涂湿地，具体见于太平湖湿地、新安江干流、长江干流、南漪湖等区域。盖度达70%以上，高度约10厘米。常见伴生种有狗牙根、结缕草、双穗雀稗等。

(8)牛鞭草群系：常见于长江流域及以南地区，具体见于长江干流、当涂石臼湖等地。盖度达50%~90%，高度0.4~0.9米。

(9)白茅群系：全省广泛分布，易于湖泊、河流堤岸带上生长。易形成单优群落。具体见于长江流域、新安江流域、当涂石臼湖、贵池平天湖等区域河流岸边和滩涂湿地。盖度50%~100%，高度约50厘米。

(10)假稻群系：常见于安徽省淮河以南地区，主要分布于湖泊、河流、水塘等的近岸浅水区。可形成单优群落。盖度可达100%。具体见于新安江干流和长江干流地区。常见伴生种有双穗雀稗、喜旱莲子草等。

(11)五节芒群系：常见于淮河以南地区，具体见于长江干流、新安江干流、南漪湖、秋浦河、扬子鳄自然保护区等地，以及皖南山区和大别山区永久性河流的岸边或滩涂湿地。主要在道路边、溪流旁及开阔地成群生长。盖度50%~90%，高度可达1.5米。

(12)芒群系：全省广泛分布，湖泊、河流堤岸带上生长，易形成单优群落。盖度70%以上，高度1.2米以上。安徽省内分布的还有芒的变种紫芒。

(13)双穗雀稗群系：全省广泛分布，具体见于长江流域、新安江流域、当涂石臼湖等地。是最常见的湿地植被群系之一，内陆淡水湖泊、沼泽以及江河滩地均广泛分布。盖度可达100%，高度0.3~0.6米。

(14)芦苇群系：全省广泛分布，是最常见的湿地植被群系之一，内陆淡水湖泊、沼泽以及江河滩地均广泛分布。群落内总盖度70%~100%，高度在1~3米。易形成单优群落。群落边缘常见菰、香蒲、喜旱莲子草或小飞蓬、白茅等伴生。

(15)虉草群系：常见于淮河以南地区，具体见于长江干流安徽段、当涂石臼湖、南漪湖、芜湖和平鹭岛、芜湖陶辛水韵、扬子鳄自然保护区。生长在浅水滨岸带，呈簇状分布。盖度50%~90%，高度0.7~1.5米。

(16)早熟禾群系：为季节性湿地植被群系，全省广布，多见于稻田、岸边或路边。盖度30%~90%，高度0.1~0.2米。

(17)狗尾草群系：全省广布，主要生长在路边和弃荒地。具体见于长江干流、新安江干流、当涂石臼湖、秋浦河等地。易形成单优群落。盖度40%~90%，高度0.3~0.8米。常见伴生种有一年蓬、小飞蓬、苍耳、鬼针草等。本属省内分布还有大狗尾草、金色狗尾草等。

(18)荻群系：全省广泛分布，具体如当涂石臼湖、秋浦河、长江干流河流滩涂湿地，主要生长于浅水处。总盖度可达80%以上，高度可达2米以上。常小块分布，易形成单优群落。常见伴生种有芦苇、喜旱莲子草、白茅等。

(19)菰群系：全省广泛分布，具体如于新安江干流、蚌埠市三汊河、淮南市焦岗湖、太和县沙颍河、长江干流安徽段、贵池平天湖、贵池十八索、芜湖和平鹭岛、芜湖陶辛水韵、扬子鳄自然保护区地区，主要分布于近岸浅水区，可形成单优群落。盖度可达85%以上，高度约20厘米。常见伴生种有芦苇、喜旱莲子草、水鳖、紫萍等。

Ⅲ. 杂类草沼泽亚型

(1)节节草群系：全省广布，各地溪沟岸边、沼泽、湖区洲滩等湿地常见，具体见于太和县沙颍河、长江干流等区域。盖度可达20%以上，高度达80厘米以上。

(2)蓼子草群系：具体见于新安江流域和长江流域滩涂湿地、太平湖湿地等地区。盖度达70%以上，高度5厘米左右。常见伴生种有水蜈蚣、石胡荽等。

(3)水蓼群系：全省广泛分布，可见于湖泊、河流等滩地及水体近水岸区生长。盖度在70%，高度0.5~0.8米。常见喜旱莲子草、红蓼、菰等伴生。

(4)绵毛酸模叶蓼群系：全省广泛分布，可见于湖泊、河流等滩地及水体近水岸区生长，具体见于长江干流、贵池十八索、升金湖等区域。盖度50%~90%，高度0.6米以上。常见伴生种有喜旱莲子草、双穗雀稗等。该种的原变种酸模叶蓼在全省广泛分布。

(5)红蓼群系：全省广泛分布，主要生长在河岸带或浅水滩区域。群落盖度60%左右，高度0.8~1.5米。

(6)藜群系：全省湿地的常见群落，主要分布在荒弃的滩地和河堤上。群落总盖度40%左右。高度20~80厘米。常见有灰绿藜、芦苇等伴生。

(7)肉根毛茛群系：分布于安庆沿江水禽自然保护区。群落盖度50%，高度1厘米。常见伴生种有车前、一年蓬、小飞蓬等。

(8)萱草群系：见于大别山和皖南山区的山顶草灌丛或沼泽地中。盖度可达80%，高度达0.4米以上。

(9)水竹叶群系：全省广布，农田沟渠、山溪河边中常见，呈带状或块状分布。群落盖度60%~100%，高度约15厘米。

(10)水芹群系：全省散见，溪沟河道边、荒田、山间沼泽、湖滩湿地区均有分布。盖度70%~100%，高度0.3~0.6米。常形成单优群落。

(11)野胡萝卜群系：全省广布，皖北地区最为常见，为季节性湿地植被类型。盖度40%~80%，高度0.5~1.2米。多呈块状或带状分布。

(12)溪黄草群系：具体见于皖南黟县山区河流岸边滩地，常簇生，易形成单优群落，盖度60%~90%，高度0.6~1.2米。常见伴生种有冷水花、水蓼、五节芒等。

(13)蒌蒿群系：具体见于长江干流地区、淮河干流地区、太平湖、南漪湖等区域。主要生长在水体浅水区。盖度达60%左右，高度0.8~1.5米。

(14)林荫千里光群系：见于大别山和皖南山区的山顶草灌丛或沼泽地中，常形成小面积群落，散生或密集成群。花期植株高度1.2米左右。

(15)菖蒲群系：全省广泛分布，具体见于长江干流、贵池平天湖等区域，主要分布在水体浅水区。易形成单优群落，盖度60%~100%，高度可达1米。

(16)石菖蒲群系：常见于皖南山区和大别山区的山区河流岸边。盖度20%~70%，高度可达0.6米。

(17)野芋群系：全省散见，多见于农田区沟渠、小型沼泽中。盖度70%~90%，高度1米左右。

(18)香蒲群系：全省广泛分布，具体见于长江干流、新安江干流、太平湖、蚌埠市三汊河、固镇县两河湿地、怀远县四方湖、淮南市焦岗湖、太和县沙颍河等区域，主要分布在水体浅水区。易形成单优群落。盖度70%~100%。高度1~2米。常见伴生种有芦苇、菰、喜旱莲子草等。香蒲属安徽省内分布的还有长苞香蒲和狭叶香蒲，均易形成单优群落。

### 2.2.2 浅水植物湿地型组

#### 2.2.2.1 漂浮植物型

(1)槐叶苹群系：全省广泛分布，具体见于太平湖、新安江干流、蚌埠市三汊河、固镇县两河湿地、怀远县四方湖、淮南市焦岗湖等区域，主要发育于较为平静的水体表面。盖度60%以上。常见伴生种有浮萍、喜旱莲子草等。

(2)满江红群系：全省广泛分布，主要发育于水面平静的湖泊、池塘及一些河段。具体见于贵池平天湖、太平湖等区域。易形成单优群落，盖度近100%。常见伴生种有喜旱莲子草、浮萍等。

(3)喜旱莲子草群系：外来入侵种，全省广泛分布，除山地草甸、沼泽湿地外，省内所有湿地区域几乎都有分布。主要生长在湖泊、河流河湾等静水水域或不甚流动的水域中，具体如长江干流、新安江干流、太平湖、鸳鸯湖、蚌埠市三汊河、固镇县两河湿地、怀远县四方湖、淮南市焦岗湖、当涂石臼湖、贵池平天湖等区域，已成为湿地内主要的湿生植被类型之一。易形成单优群落。盖度可达100%。常见伴生种有芦苇、菰、香蒲、满江红、浮萍等。本属省内还有莲子草群系。

(4)水鳖群系：全省广泛分布，具体见于新安江流域、蚌埠市三汊河、太和县沙颍河、贵池平天湖等区域。盖度50%~90%。伴生种通常为喜旱莲子草、金鱼藻、浮萍等。

(5)凤眼莲群系：全省分布，为外来入侵植物。在富营养化的水域，可形成大面积群落，盖度达90%以上。常淤塞河道，给本地生物多样性带来威胁。

(6)大薸群系：为外来入侵植物，见于我省长江流域及以南地区的池塘、河沟等静水的水面，大量栽培作饲料。可形成单优群落。盖度达90%以上。

(7)浮萍群系：全省广泛分布，具体见于太平湖、新安江干流、长江干流、蚌埠市三汊河、固镇县两河湿地、怀远县四方湖、淮南市焦岗湖、太和县沙颍河、贵池十八索、芜湖陶辛水韵等区域，主要发育于较为平静的水体。部分区域盖度可达100%。常见伴生种主要为喜旱莲子草等。

(8)紫萍群系：全省广泛分布，主要发育于较为平静的水体。部分区域盖度可达100%。

#### 2.2.2.2 浮叶植物型

(1)苹群系：全省广泛分布，主要见于长江干流安徽段、怀远四方湖。盖度达10%。常见伴生种有香蒲、野艾蒿、香附子等。

(2)睡莲群系：分布于芜湖陶辛水韵，主要生长在湖泊静水水域，盖度可达50%以上，主要伴生种有槐叶苹、菱、浮萍等。

(3)芡实群系：全省广泛分布，具体如长江干流安徽段、贵池十八索、芜湖和平鹭岛、扬子鳄自然保护区和淮南焦岗湖国家湿地公园，主要发育于湖泊、池塘。盖度约70%。常见伴生种有菱、狐尾藻、竹叶眼子菜等。

(4)荇菜群系：全省广泛分布，常见于湖泊、池塘、溪沟及不甚流动的河流中，具体见于升金湖、太平湖、新安江流域、安庆沿江水禽自然保护区、贵池平天湖、瓦埠湖湿地等区域。盖度可达80%以上。常见伴生种有浮萍、喜旱莲子草、黑藻、金鱼藻等。

(5)菱群系：全省广泛分布，具体分布于升金湖、太平湖、长江干流、当涂石臼湖、南漪湖、贵池平天湖、花亭湖、芜湖陶辛水韵等区域，主要生长在静水湖泊、池塘中，盖度可达90%以上。主要伴生种有喜旱莲子草、浮萍、水鳖、金鱼藻等。本属省内分布的还有乌菱、四角菱、细角野菱、丘角菱等。

(6)莲群系：全省淡水湖泊沼泽均有分布，具体见于升金湖、太平湖、蚌埠市三汊河、焦岗湖、沙颍河、长江干流、贵池平天湖、南漪湖、芜湖和平鹭岛、淮北南湖湿地等区域。盖度60%～100%。常有香蒲、菱、满江红、浮萍等伴生。

2.2.2.3 沉水植物型

(1)金鱼藻群系：全省广泛分布，具体如太平湖、新安江干流、长江干流安徽段、贵池平天湖、秋浦河区域均有分布，主要分布在静水区浅水带。盖度可达40%以上。常见伴生种有黑藻、马来眼子菜等。

(2)穗花狐尾藻群系：全省广泛分布，具体分布如贵池平天湖、砀山黄河故道、泗县沱河、五河沱湖、萧县黄河故道省级自然保护区及石龙湖国家湿地公园等地区。群落盖度达80%，高度约70厘米。常见伴生种有狐尾藻、金鱼藻、黑藻等。

(3)狐尾藻群系：全省广泛分布，具体分布如新安江干流地区，多生长于近岸浅水区，盖度可达80%以上。常见伴生种有苦草、菹草、水鳖等。

(4)黄花狸藻群系：分布于扬子鳄自然保护区，盖度20%。

(5)黑藻群系：全省广泛分布，具体分布于新安江干流、太和沙颍河、贵池平天湖等地区。常见于湖泊中，盖度可达40%以上。常见伴生种有金鱼藻、眼子菜等。

(6)苦草群系：全省广泛分布，常见于湖泊中。盖度80%左右。常见伴生种有黑藻、水鳖、狐尾藻等。

(7)竹叶眼子菜群系：分布于安庆沿江水禽自然保护区、安徽升金湖国家级自然保护区等地。群落盖度50%左右，高度60厘米。

(8)菹草群系：全省广泛分布，主要生长在静水湖泊、河流或池沼中。盖度90%。常见伴生种有黑藻、喜旱莲子草、水鳖等。

(9)小茨藻群系：分布于贵池十八索、芜湖陶辛水韵和长江干流安徽段，发育于缓流水域。盖度约20%左右。大茨藻、金鱼藻、狐尾藻等为常见伴生种。

### 2.2.3 盐沼型组

2.2.3.1 灌丛盐沼型

(1)碱蓬群系：皖北盐碱地有分布。群落总盖度变化较大，从不足10%到70%都有，高度约40厘米。常见伴生种有盐地碱蓬等。

(2)盐地碱蓬群系：皖北盐碱地有分布。群落总盖度变化较大，平均高度约30厘米。常见碱蓬等伴生种。

## 2.3 安徽省湿地植被分布特点

湿地植被按起源分有人工湿地植被和天然湿地植被；按生境分有河流植被、湖泊植被、沼泽和沼泽化湿地植被及库塘湿地植被等。由于湿地植被的分布主要受地下水、地表水、地貌部位或地表组成物质等非地带性因素影响。安徽省湿地植被主要表现为隐域性植被。

安徽省的湿地植被主要分为3个植被型组：沼泽型组、浅水植物湿地型组、盐沼型组。

沼泽型组又分为3个植被型、7个植被亚型和101个群系，其中以草本群落类型为主。森林沼泽包括11个群系，河柳、垂柳和银叶柳等群系见于溪流和河流岸边以及池塘周围。枫杨群系沿河岸或在河滩地、河岸低洼地形成连片分布。在岳西县妙道山海拔1000米左右分布的山地沼泽中，分布的有较大面积的紫柳林沼泽。灌丛沼泽包括5个群系，水杨梅、银叶柳和水竹等见于皖南和大别山等山区溪流和河流岸边。在金寨天堂寨大海淌海拔1500米左右的土层潮湿的沟边有连片分布的小叶黄杨群系。草丛沼泽植被主要分布在湖泊、池塘、水田、沼泽、溪流和河流岸边，可分为3个植被亚型，包括莎草沼泽植被、禾草沼泽植被和杂类草沼泽植被。例如，莎草沼泽植被中，陌上菅等群系在升金湖、菜子湖呈现较大面积连片分布；禾草沼泽植被中的芦苇群系和杂类草沼泽植被中的香蒲等群系为广布性植被，广泛分布于省内湖泊、池塘、沼泽、河流等各种类型湿地中，且形成优势种群。

浅水植被型组分为3个植被型37个群系。其中，漂浮植物群落主要分布在湖泊、池塘、水田和河湾。它们可再划分为两种类型，一种为非固着的漂浮植物群落，例如满江红、槐叶苹、浮萍、凤眼莲、大薸等群系，它们的根系完全在水中悬垂，植株随水的流动自由漂浮，生长位置不固定；另一种为固着漂浮植物群落，例如喜旱莲子草等群系，它们的根生长在近岸浅水处或潮湿的岸边，在浅水环境中植株向水体中扩张。浮叶植物群落主要分布在池塘、湖泊以及溪流或河流的水流平缓处或静水水域。沉水植物群落是安徽省浅水植被中类型最多、分布最广的类群，如竹叶眼子菜是巢湖沉水植物中绝对优势种，菹草、金鱼藻、聚草等群系为升金湖不同湖段沉水植物的优势种群。

盐沼型组分为1个植被型2个群系，其主要分布于皖北地区的一些盐碱地。

# 第二节 湿地野生动物资源

## 1 湿地脊椎动物种类组成和区系特点

### 1.1 种类组成和分布

通过样线法、直接计数法和访问估计等实地调查手段，结合参考有关文献，统计表明，安徽省现有湿地脊椎动物520种，隶属于5纲41目111科，其中，鱼纲12目26科93属189种；两栖纲2目9科25属38种；爬行纲3目10科25属33种；鸟纲17目53科125属234种；哺乳纲7目13科24属26种。安徽省湿地脊椎动物中各纲物种数所占的比例最高的是鸟类，为45%；其次是鱼类，所占比例为36.3%；再次为两栖动物，所占比例为7.3%；爬行动物占6.3%；哺乳动物仅占5%。

各地级市湿地脊椎动物种数占全省湿地脊椎动物总种数的百分比分别为：宿州市38.18%、

淮北市 32.02%、亳州市 31.34%、阜阳市 41.10%、淮南市 31.68%、蚌埠市 35.10%、滁州市 58.05%、合肥市 46.75%、六安市 72.09%、原巢湖市 60.27%、马鞍山市 61.99%、芜湖市 65.92%、铜陵市 50.17%、安庆市 92.98%、池州市 84.76%、宣城市 82.88%、黄山市 77.74%。

自然地理、气候、降水及光热等因素影响动物分布。淮北平原、江淮丘陵的野生动物资源相对较为贫乏；动物资源丰富的区域为皖南山区、大别山区和沿江平原湿地；许多物种仅分布在特定的地区：如细痣疣螈、商城肥鲵为大别山区所特有；沿江平原区和皖南山区的扬子鳄为我国所特有。

## 1.2　区系组成

按照张荣祖(1999)的动物地理区划理论，中国动物区系包含古北界和东洋界，两界又可分为7区19亚区。安徽省动物区系所在亚区为古北界华北区黄淮平原亚区和东洋界华中区东部丘陵平原亚区。在动物地理分布上，安徽省地跨古北界与东洋界，为两界的交汇地带。交汇线大致在西起金寨，向东经六安、寿县、长丰、沿淮河至定远、来安一线。此线以北为古北界，以南为东洋界。在两界交界处，两大动物区系具相互渗透的性质，并因动物迁徙能力差异，而形成不同宽度的过渡地带。因此，安徽省脊椎动物的区系分布特点为南北动物过渡，区系混杂，自北向南古北界物种渐少，东洋界物种增加。安徽省既有温暖、湿润的亚热带区域，也有稍显干旱的温带地区，南北地形地貌的区域分异程度较大，特别是长江、淮河和新安江三大流域横贯全境，湖泊、水库众多，平原、丘陵和山地等地形地貌复杂多样，形成了独特的动物区系。

安徽省陆生脊椎动物以古北界为主，主要因为有较多种迁徙能力较强的鸟类在安徽省长江中下游湖泊中越冬；而两栖类、爬行类则是以东洋界种类占优势。在安徽省177种繁殖鸟类中，155种属东洋界。繁殖鸟类最多的为皖南山区，其次是大别山区。东北部丘陵地带的物种丰富度较高，也是东洋种占优势。因此，安徽省动物区系总体上属于东洋界为主。

安徽省动物区系分布具有以下特征：野生动物物种种类兼有古北界和东洋界特征，并以东洋界种类为主；两界物种相互渗透明显，古北界物种向江淮丘陵区合肥一带扩展；而东洋界物种由于气候的变化，有向淮河以北扩张趋势；动物的分布明显受地形地貌、植被、温度和降水等自然环境因子的影响，物种种类和数量以沿江、皖南和皖西山区最为丰富；省内保存有多种濒危野生动物，如扬子鳄、江豚等；沿江和沿淮滩涂湿地是东方白鹳、黑鹳、白鹤、白头鹤等多种鹤鹳类和数量巨大的雁鸭类的越冬地。

## 1.3　资源特点

### 1.3.1　湿地野生动物资源丰富

据统计，安徽省湿地脊椎动物目、科、种分别占全省脊椎动物目、科、种总数的93.2%、86%和68.2%。其中，湿地鱼类种数占全省鱼类总种数的100%；两栖类占95%；爬行类占47.1%；鸟类占63.9%；兽类占26.5%(表3-8)。由此可见，安徽省湿地区域是安徽省脊椎动物最为集中的分布地之一，多种湿地脊椎动物类群包含省内大部分种类。安徽湿地中鸟类种数占全国鸟类总数的17.6%，在全国鸟类中占有重要地位。

**表 3-8 安徽省湿地脊椎动物与全省脊椎动物物种构成比较**

| 纲 | 湿地动物(个) | | | 全省动物(个) | | | 湿地动物占全省动物百分比(%) | | |
|---|---|---|---|---|---|---|---|---|---|
| | 目 | 科 | 种 | 目 | 科 | 种 | 目 | 科 | 种 |
| 鱼 纲 | 12 | 26 | 189 | 12 | 26 | 189 | 100 | 100 | 100 |
| 两栖纲 | 2 | 9 | 38 | 2 | 9 | 40 | 100 | 100 | 95 |
| 爬行纲 | 3 | 10 | 33 | 3 | 11 | 70 | 100 | 90.1 | 47.1 |
| 鸟 纲 | 17 | 53 | 234 | 18 | 58 | 366 | 94.4 | 91.4 | 63.9 |
| 哺乳纲 | 7 | 16 | 26 | 9 | 25 | 98 | 77.8 | 52.0 | 26.5 |
| 合 计 | 41 | 111 | 520 | 44 | 129 | 763 | 93.2 | 86.0 | 68.2 |

### 1.3.2 湿地水鸟资源丰富

安徽省沿江湖泊、河流湿地是水鸟的重要栖息地。在非繁殖季节，该区域聚集了大量迁徙和越冬水鸟。这些物种包括：占全球数量绝大多数的东方白鹳、白鹤，以及集群越冬的鸿雁、豆雁、小天鹅等。2005 年水鸟统计调查表明，升金湖国家级自然保护区为拥有全球 20% 以上的鸿雁和迁徙路线种群数量 20% 以上的白头鹤；占迁徙路线种群数量 10% 的黑鹳和 5% 以上的白琵鹭栖息于此。我国鹳形目、雁形目、鹤形目和鸻形目鸟类有 171 种，其中在安徽省有栖息的达 110 余种(图 3-41 至图 3-55)，占其总数的 64.4% 以上。

图 **3-41** 白胸苦恶鸟

图 **3-42** 红嘴鸥

图 **3-43** 雁舞升金湖(程东升摄)

图 **3-44** 夜鹭(顾长明摄)

图 **3-45**　灰雁和豆雁(程东升摄)

图 **3-46**　小天鹅(丁永清摄)

图 **3-47**　白鹤(陈方明摄)

图 **3-48**　栗苇鳽(东才摄)

图 **3-49**　牛背鹭(方再能摄)

图 **3-50**　小白鹭与黑翅长脚鹬(丁永清摄)

图 **3-51**　小白鹭(丁永清摄)

图 **3-52**　夜鹭(程东升摄)

图 **3-53** 黑鹳(吴月龙摄)

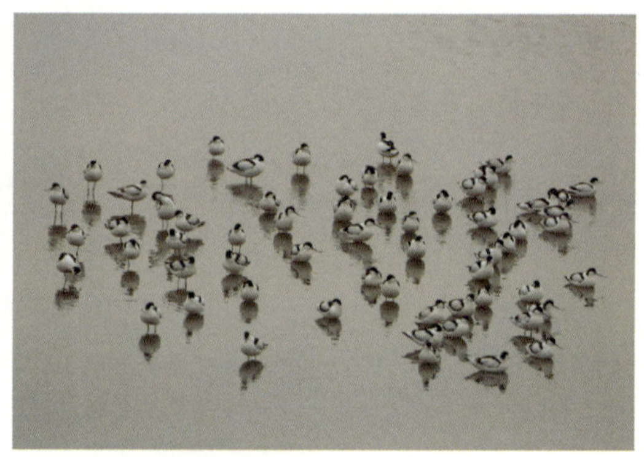

图 **3-54** 反嘴鹬(孙永新摄)

图 **3-55** 凤头麦鸡(顾长明摄)

### 1.3.3 湿地重要物种多

安徽省湿地动物不但数量丰富，而且濒危保护物种多，分布集中。调查结果表明，在安徽省520种湿地脊椎动物中，属国家和省级重点保护的脊椎动物有119种，占总种数的22.0%(表3-9)。属于国家Ⅰ级保护的动物有：白鲟、中华鲟、达氏鲟、扬子鳄、白肩雕、白尾海雕、白鹤、白头鹤、黑鹳、东方白鹳、中华秋沙鸭、白鳍豚。国家Ⅱ级保护的野生动物有：胭脂鱼、大鲵、细痣疣螈、虎纹蛙、角鸊鷉、卷羽鹈鹕、白额雁、小天鹅、大天鹅、鸳鸯、白尾鹞、黑耳鸢、白枕鹤、灰鹤、黄嘴白鹭、白琵鹭、江豚、水獭等。

**表 3-9 安徽省湿地脊椎动物保护种数**

| 类　别 | 国家Ⅰ级 | 国家Ⅱ级 | 省Ⅰ级 | 省Ⅱ级 |
|---|---|---|---|---|
| 鱼　类 | 3 | 1 | 1 | 3 |
| 两栖类 | 0 | 3 | 0 | 5 |
| 爬行类 | 1 | 0 | 1 | 12 |
| 鸟　类 | 7 | 26 | 11 | 35 |
| 兽　类 | 1 | 4 | 1 | 4 |

### 1.3.4 动物群落中优势种突出，群落季节差异较大

安徽省湿地脊椎动物物种中，以鸟类种类数目最多。由湿地动物组成的动物群落中，鸟类的数量也最多。尤其在冬季，安徽省各类型的湿地中聚集了大量迁徙水鸟，在这些水鸟群落中优势种类明显。主要的优势种有鸿雁、豆雁、小天鹅，还有些鸻鹬类，如黑腹滨鹬等。这些优势种群

落结构相对稳定。如白头鹤每年在安徽沿江湖泊越冬数量约700只，近几年数量相对稳定，而且每年活动在特定湖区。在湿地中较为常见且数量较多的种类还有灰椋鸟和喜鹊。由于鸟类在湿地动物群落中，为优势种类，而且其随季节的变化，有迁徙现象，因此，安徽省湿地动物群落组成季节相差较大。冬季，湖泊中可以看到分布集中、数量巨大的迁徙水鸟；而夏季，湖面显得空旷，仅有一些鸥类和少数种类的鸭类、鸊鷉等。

### 1.3.5　湿地野生动物资源分布极不均匀

湿地脊椎动物数量与湿地面积大小呈正相关。总体上看，皖南、皖西和沿江平原湿地面积较大，分布有丰富的野生动物资源；皖北平原、江淮丘陵是湿地动物相对贫乏的地区，特别是兽类，在皖北地区种类少，野外几乎很难调查到大型兽类踪迹。野生动物分布格局除受地理环境因素、当地湿地面积大小的影响外，与自然保护区数量以及当地的保护力度也有一定关系。皖北保护区数量较少，20世纪，当地居民还有狩猎野生动物的习惯。近年来，由于大量人员外出务工，野生动物数量有所增加，据当地居民反映，环颈雉种群数量有明显增加。

# 2　鱼　类

## 2.1　种类组成

安徽省水域面积较大，鱼类资源蕴藏量丰富。根据野外调查和文献记录，安徽省鱼纲共统计到12目26科93属189种。其中，鲤形目种类最多，有125种，占全省鱼类总种数的66.14%；鲶形目24种，占12.7%；鲈形目20种，占9.6%；鲑形目5种，占2.7%；鲀形目、鲱形目、鲟形目各3种，各占1.6%；鲽形目2种，占1%；颌针鱼目、鳉形目、合鳃目、鳗鲡目各1种，各占0.50%，各目种类组成及所占比例见表3-10。

**表3-10　安徽省鱼类物种组成分布**

| 目　名 | 科数（个） | 属数（个） | 种数（个） | 种数所占比例（%） |
|---|---|---|---|---|
| 鲟形目 ACIPENSERIFORMES | 2 | 2 | 3 | 1.59 |
| 鲱形目 CLUPEIFORMES | 2 | 2 | 3 | 1.59 |
| 鲑形目 SALMONIFORMES | 1 | 3 | 5 | 2.65 |
| 鳗鲡目 ANGUILLIFORMES | 1 | 1 | 1 | 0.53 |
| 鲤形目 CYPRINIFORMES | 4 | 60 | 125 | 66.14 |
| 鲶形目 SILURIFORMES | 5 | 8 | 24 | 12.70 |
| 鳉形目 CYPRINODONTIFORMES | 1 | 1 | 1 | 0.53 |
| 颌针鱼目 BELONIFORMES | 1 | 1 | 1 | 0.53 |
| 合鳃目 SYMBRANCHIFORMES | 1 | 1 | 1 | 0.53 |
| 鲈形目 PERCIFORMES | 6 | 12 | 20 | 10.58 |
| 鲽形目 PLEURONECTIFORMES | 1 | 1 | 2 | 1.04 |
| 鲀形目 TETRAODONTIFORMES | 1 | 1 | 3 | 1.59 |
| 合　计 | 26 | 93 | 189 | 100 |

在189种鱼类中，属国家和省重点保护的鱼类各有4种。其中属国家Ⅰ级重点保护的鱼类有中华鲟、达氏鲟、白鲟；国家Ⅱ级重点保护的有胭脂鱼；省Ⅰ级保护的有鲥鱼；省Ⅱ级重点保护的有刺鲃、长吻鮠、普栉鰕虎鱼。

中华鲟为洄游性鱼类，秋季上溯至江河上游水流湍急、底部为砾石的生境中繁殖；栖息于大江河及近海底层。亲鲟在生殖期间基本停食，幼鲟主食各类底栖动物，成年后食昆虫幼虫、硅藻及腐殖质。安徽省内主要分布于巢湖、安徽长江段及沿江湖泊。

达氏鲟为淡水定居性鱼类，栖息于长江水流较急、石质河底的干流中。主食底栖无脊椎动物。安徽省内分布于泊湖、安徽长江段及沿江湖泊。

白鲟为洄游鱼类，春季在长江上游产卵，是著名的珍稀鱼类，栖息于江河中下层，有时进入大型湖泊。为我国所独有。食性主要为鱼类，也食虾、蟹等。安徽省内主要分布于安徽长江段、巢湖、裕溪河、升金湖、泊湖。

胭脂鱼为淡水定居鱼类，栖息淡水中下层，主食底栖生物，在安徽省境内分布于长江干流及湖泊。

长吻鮠为淡水定居鱼类，安徽省分布于长江和淮河，尤以淮河淮南段产量最高。但淮河干流在蚌埠建闸后，受水文状况改变和过度捕捞的影响，资源已显著下降。

刺鲃属于中下层鱼类，喜生活于水流较急、砾石底质、水色清澈的江河中。安徽省只分布于新安江水系。

普栉鰕虎鱼多栖息于江河、湖泊、水库及池塘的沿岸浅滩。主要摄食小鱼、小虾、水生昆虫等。安徽省主要分布于长江和新安江水系。

## 2.2　地理分布

安徽省鱼类主要分布于三大水系中，分别为长江水系、新安江水系和淮河水系。三大水系分别属于中亚热带、北亚热带和暖温带。各个水系鱼类组成存在差异。据统计，在三大水系或全省均有分布的鱼类有99种，占全省鱼类总种数的52.4%；仅分布于1个水系的鱼类有88种，占总种数的46.6%。其中仅分布于长江水系的有63种，占安徽省鱼类总种数的33.3%；仅分布于淮河水系的有6种，占总种数的3.2%；仅分布于新安江水系的有19种，占总种数的10.1%。

长江水系鱼类最为丰富，有163种，占总种数的86.2%；淮河水系有76种，占40.2%；新安江水系有92种，占48.7%。

鲟形目有2科3种。其中，鲟科中华鲟、达氏鲟分布于安徽省长江段沿江湖泊；匙吻鲟科的白鲟分布范围与之相同。

鲱形目有2科3种。其中，鲱科的鲥鱼分布于长江干流及湖泊，为安徽省Ⅰ级重点保护鱼类，近年来罕见。鳀科的长颌鲚和短颌鲚常见于长江和淮河水系、湖泊。

鲑形目仅银鱼科1科5种。大银鱼、太湖银鱼、寡齿短吻银鱼和长江银鱼(短吻间银鱼) 4种在长江和淮河湖泊均有分布。寡齿短吻银鱼和长江银鱼罕见，长江银鱼只分布于长江干流。

鳗鲡目仅鳗鲡科1科鳗鲡1种，长江干流和淮河水系可见。

鲤形目有4科125种。其中，胭脂鱼科仅胭脂鱼1种，主要见于长江水系，近年罕见。全省分布的、较为常见的鲤科鱼类有：青鱼、草鱼、赤眼鳟、鯮鱼、鳡、鳤、银飘鱼、寡鳞飘鱼、南方拟鳘、鲹、贝氏鳘、翘嘴红鲌、蒙古红鲌、青梢红鲌、尖头红鲌、似尖头红鲌、鲂、红鳍鲌、团头鲂、大眼华鳊、伍氏华鳊、鳊鱼、细鳞斜颌鲴、黄尾鲴、银鲴、圆吻鲴、刺鲃、花䱻、唇䱻、似刺鳊鮈、麦穗鱼、华鳈、黑鳍鳈、似鮈、银鮈、铜鱼、吻鮈、棒花鱼、蛇鮈、长蛇鮈、鲤鱼、鲫鱼、鳙鱼、鲢鱼、高体鳑鲏、兴凯鱊、中华鳑鲏、中华泥鳅、大斑花鳅、花鳅、长薄鳅。

鲇形目有5科24种。其中，鲇科3种，鲇鱼和南方大口鲇全省各大水系中常见；胡鲇科的胡鲇仅见于长江；鲿科有21种，切尾拟鲿、长脂拟鲿等广泛分布于安徽各地，黄颡鱼属的黄颡鱼常见分布于全省，光泽黄颡鱼、长须黄颡鱼数量较少，主要见于长江干流，大鳍鳠见于长江和新安江水系。

鳉形目1科1种。即青鳉，分布于全省水域的稻田和小河流中。

颌针鱼目仅鱵科1科1种，分布于长江水系。

合鳃目仅合鳃鱼科黄鳝1科1种，广泛分布于安徽省各地，近年人工养殖增多。

鲈形目有6科20种。其中鮨科有8种，鳜、大眼鳜是常见种，广泛分布于全省。塘鳢科有2种，沙塘鳢分布于新安江水系，黄黝鱼全省分布。鰕虎鱼科有5种：栉鰕虎鱼、粘皮栉鰕虎鱼和普栉鰕虎鱼分布于新安江和长江。斗鱼科有1种，圆尾斗鱼分布于各湖塘库汊的河湾中。鳢科有3种，乌鳢广泛分布于安徽省各大水域。

鲀形目1科3种。鲀科暗色东方鲀等，都分布于长江，罕见。

## 2.3　受威胁状况

### 2.3.1　水质恶化，鱼类生存环境艰难

安徽省的淮河和巢湖是国家重点治污水域。水体污染使得很多鱼类难以生存。污染主要来自两个方面：一方面来自生活污水的排放，随着人们环境保护意识的提高，这方面情况有所改善；另一方面为工农业生产污染，这类污染持续时间长，影响范围大。现今高密度水产养殖，使得沿江湖泊出现新的水体污染。

### 2.3.2　人为改变江河水文环境，阻塞鱼类洄游通道

长江很多鱼类为洄游性鱼类，这些鱼类经常在沿江湖泊和长江间定期洄游、产卵或者觅食。安徽省大多数湖泊与长江连通处都建有闸坝，并在主河道中进行拦网养殖，这些都阻隔了鱼类的洄游通道，破坏了鱼类的自然生存条件。

### 2.3.3　过度开发资源，非法捕捞仍然存在

江河湖泊的野生鱼类资源具有重要的经济价值。受利益驱动，人们倾向于在较短时间内，获取最大的鱼类资源。各种非法捕捞方式屡禁不绝，主要有电捕鱼、毒鱼、炸鱼，或者在长江禁渔期内非法捕鱼。

### 2.3.4　湖区分割严重，挤压鱼类生存空间

在安徽省各大湖区，对湖泊开发利用强度较大，特别是近年来养蟹业的兴起，使得围湖养蟹成为湖泊利用的主要方式。养蟹需采用土坝将湖区分割为一片片圩区，使野生鱼类活动空间受到压迫。极小面积的自然水域，往往也被密集迷魂阵所布满。鱼类在湖区生存困难重重。

### 2.3.5　养殖经营理念缺乏，无视野生鱼类资源价值

安徽省大面积水域都交给私营渔业主经营，无视鱼类资源价值，期待短时期内获得较高渔业

产量。渔业主往往在正式投放苗种之前以电捕方式“清野”，而这种清野行为正是在涨水前夕的枯水位季节，也正是多数土著鱼类即将产卵之际。电击致死亲鱼和多种野生鱼类是湖区鱼类多样性衰退的主要原因。

#### 2.3.6 缺少专业鱼类资源保护人员和科研机构

安徽省现今缺少鱼类资源保护和研究的专门人才，鱼类分类和鱼类生态学人才严重不足，这些都成为安徽省鱼类资源保护的瓶颈。

## 3 两栖类

### 3.1 种类组成

根据本次调查，安徽省湿地两栖纲动物有38种，隶属于2目9科。其中有尾目3科6种，约占我国有尾目总数的11.3%；无尾目6科32种，约占我国无尾目总数的13.5%。无尾目中蛙科种类最多，共18种，占我省无尾目总数的54.6%。在38种两栖类中，属国家Ⅱ级重点保护的有3种，即大鲵、细痣疣螈和虎纹蛙；属省Ⅱ级重点保护的有5种，即花背蟾蜍、中华蟾蜍、黑斑侧褶蛙、金线侧褶蛙和棘胸蛙。商城肥鲵仅分布于安徽省大别山区。

### 3.2 区系组成与地理分布

湿地两栖动物中，属广布种的有5种，占安徽省两栖动物总种数的13.2%；属东洋界分布的有31种，占81.6%；属古北界分布的仅2种，占5.2%。因此，安徽省两栖动物区系以东洋界为主体，两个区系动物相互渗透，形成较宽的混合区。

淮北平原区有两栖动物1目3科7种，占安徽两栖动物总种数的18.4%。该区无有尾目两栖动物分布，两栖动物种类最少，且以古北界种类和广布种为主。但少数东洋界种类亦侵入此区，种类有中华蟾蜍、花背蟾蜍、金线侧褶蛙、饰纹姬蛙、北方狭口蛙、泽陆蛙、黑斑侧褶蛙。本区也是花背蟾蜍在安徽的唯一分布区。泽陆蛙、黑斑蛙、金线蛙是全省分布。

江淮丘陵区有两栖动物2目5科10种，占安徽两栖动物总种数的26.3%。其中有尾目1科1种，即东方蝾螈；无尾目4科9种，如中华蟾蜍、无斑雨蛙等。该区两栖动物仍属贫乏，古北界种类较淮北平原区少，仅有北方狭口蛙1种；而东洋界种类却由2种增至5种。

大别山区有两栖动物2目8科21种，占安徽两栖动物总种数的55.2%。其中，有尾目3科4种，即商城肥鲵、细痣疣螈、大鲵、东方蝾螈，该区为商城肥鲵和细痣疣螈在安徽的唯一分布地区。无尾目5科17种，如三港雨蛙、秦岭雨蛙、大泛树蛙等。该区两栖动物种类较多，且以东洋界成分为主，计17种。另4种为广布种。古北界种类在该区未见分布。

沿江平原区有两栖动物2目5科12种，占安徽两栖动物总种数的31.5%。其中，有尾目1科1种，即东方蝾螈；无尾目4科11种，如湖北侧褶蛙、隆肛蛙等。该区两栖动物种类不如大别山区及皖南山区丰富，种类组成上以东洋界为主，计7种。但组成该区两栖动物的优势种和普通种，除东洋种泽蛙外，多数是广布种，如中华蟾蜍、黑斑侧褶蛙、金线侧褶蛙。

皖南山区有两栖动物2目8科29种，占安徽两栖动物总种数的74.3%。其中，有尾目2科3

种，如中国瘰螈、无斑肥螈等；无尾目6科26种，如虎纹蛙、棘胸蛙等。该区两栖动物分布在全省最为丰富，均为东洋界种类和广布种，无古北界分布种。

## 4 爬行类

### 4.1 种类组成

安徽省湿地爬行纲动物有3目10科33种。其中，龟鳖目3科8种，占安徽省湿地爬行动物总种数的24.2%；有鳞目6科24种，占72.7%；鳄目1科1种，占3.0%。将爬行纲各科种数进行比较，游蛇科种类最多，占总种数的45.5%；其他科占总种数的54.5%。将安徽省湿地爬行动物种类和全省、全国爬行动物种类进行比较，占全省爬行动物总种数的47.1%，全国爬行动物总种数的7.6%。因此，安徽省湿地爬行动物种类占全省爬行动物种类比例较高；在全国比例中也有一定地位。

在安徽省33种湿地爬行动物中，属国家和省级重点保护动物的有14种，占安徽省湿地爬行动物种数的42.4%。其中属国家Ⅰ级重点保护动物有扬子鳄(图3-56、图3-57)；省Ⅰ级重点保护的有金头闭壳龟；省Ⅱ级重点保护的有平胸龟、大头乌龟、乌龟、黄喉拟水龟、黄缘闭壳龟、眼斑水龟、王锦蛇、黑眉锦蛇、棕黑锦蛇、中国水蛇、乌梢蛇、眼镜蛇等12种。

图3-56 示威(扬子鳄)(洪小卫摄)

图3-57 扬子鳄幼鳄(洪小卫摄)

### 4.2 区系组成与地理分布

安徽省湿地爬行动物中，属广布种的有8种，占安徽省湿地爬行动物总种数的24.2%；属东洋界的有18种，占54.5%；属古北界的有3种，占9.1%。由此可见，安徽省湿地爬行动物仍然表现出两区系混合特征。但东洋界种类占绝对优势，古北界种数量较少。

全省广布种有乌龟、鳖、石龙子、赤链蛇、双斑锦蛇、红点锦蛇、黑眉锦蛇、乌梢蛇和短尾蝮蛇。

淮北平原区有湿地爬行动物2目5科11种，占安徽省湿地爬行动物总种数的33.3%。其中，龟鳖目2科2种；有鳞目3科9种，除了全省广布种还有棕黑锦蛇和白条锦蛇。

江淮丘陵区有湿地爬行动物2目6科16种，占安徽省湿地爬行动物总种数的48.5%。其中，龟鳖目2科2种；有鳞目4科14种，如白条草蜥、王锦蛇、赤链华游蛇、虎斑颈槽蛇等。该区湿地爬行动物种类总体上较为贫乏，随着纬度南移，东洋界种类逐渐增多，古北界成分逐渐减少。

大别山区有湿地爬行动物 2 目 6 科 18 种，占安徽省湿地爬行动物总种数的 54.5%。其中，龟鳖目 2 科 3 种，乌龟、鳖和黄缘闭壳龟；有鳞目 4 科 15 种，主要有赤链华游蛇、王锦蛇等。该区东洋界 10 种，广布种 8 种，无古北界成分。

沿江平原区有湿地爬行动物 3 目 7 科 17 种，占全省湿地爬行动物总种数的 51.5%。其中，龟鳖目 2 科 2 种；有鳞目 4 科 14 种，如钝尾两头蛇、银环蛇、眼镜蛇等；鳄目 1 科 1 种，即扬子鳄，为我国淡水濒危鳄类，目前种群数量得到一定程度恢复。该区区系组成为东洋界 7 种，广布种 7 种，古北界 3 种。该区爬行动物区系以东洋界为主，包含古北界种类。

皖南山区有湿地爬行动物 3 目 8 科 25 种，占全省湿地爬行动物总种数的 75.8%，为安徽省湿地爬行动物最丰富的地区。其中，龟鳖目 3 科 7 种，安徽省湿地所有的 7 种龟类在该区均有分布，同时本区也是平胸龟在安徽省的唯一分布地；有鳞目 4 科 17 种，如眼镜蛇、竹叶青和短尾蝮蛇等，毒蛇数量较多；鳄目 1 科 1 种，也是扬子鳄的主要栖息地。

### 4.3 受威胁状况

湿地爬行动物也是人类珍贵的自然资源，为人类提供食品、药品、原材料等。安徽省湿地爬行动物的利用主要有以下几个方面：①食用资源。龟鳖类是传统的名贵滋补食物，有较长的食用历史和药膳功能；湿地蛇类也可食用，营养价值高。有些地方由于人为大量捕捉，使得野生资源短缺。②药用资源。龟板作为中药材，具有滋阴降火，补心肾，壮筋骨，养血等多重功能；鳖甲是鳖的背甲，有滋阴清热，软坚散结的功效；蛇毒、蛇肉、蛇胆、蛇油等均可入药。蛇类泡酒被认为是治疗风湿性关节炎的良药。③工业原料资源。鳄皮和蛇皮韧性强，花纹美，可制革，是重要的皮革原料，其制成品畅销国内外市场；蛇皮也可以做二胡等乐器用，用量缺口巨大。

湿地爬行动物对人类极其有益，具有巨大的经济价值，特别是龟、鳖、蛇类，应加大保护力度，防止乱捕滥猎。蛇类在没有完全人工繁殖成功时，野外捕捉还是主要利用方式，要防止过度利用造成野生资源的衰退；由于爬行类迁移能力弱，应该加强对野生爬行动物生存环境的保护。

## 5 湿地鸟类

### 5.1 种类组成

湿地鸟类的界定还存在一定的争论，一些活动于湿地边缘的鸟种是否是湿地鸟类尚有较大的争论。本书将野外调查和近几年来文献记录活动在湿地范围内的鸟类物种都加以记载。但对于原来有文献记录，近几年野外调查没有再发现的水鸟则不予记录，如大鸨、丹顶鹤等种类。基于这一原则，本书中的湿地鸟类记录了栖息湿地内的水鸟、在湿地上空捕获湿地动物的猛禽和较长时间活动于湿地范围的鸣禽等类型。对于活动在人工林内的啄木鸟等也包括在内。据统计，安徽省湿地鸟类有 18 目 53 科 125 属 234 种，占全省鸟类的 45%。其中，留鸟比例小，候鸟比例大，这也是我国中纬度地区气候条件下鸟类组成的特点。安徽省湿地鸟类中游禽和涉禽有 113 种，占湿地鸟类总数的 48.3%。其中，大部分为冬候鸟和旅鸟。所以安徽湿地是我国水鸟的重要越冬地和中途停歇地。

将各目鸟类种类分布情况按百分比统计，可见湿地鸟类中雀形目鸟类种类较多，占到总种数的41.16%；而鹳形目、雁形目、鹤形目、鸥形目等水鸟种类是另一大类，总种数超过48.7%。

据统计，在安徽省234种湿地鸟类中，属国家和省级重点保护的有79种。其中属国家Ⅰ级重点保护的有7种，即东方白鹳、黑鹳、白肩雕、白尾海雕、白鹤、白头鹤和中华秋沙鸭；国家Ⅱ级重点保护的有26种；省Ⅰ级保护的有11种；省Ⅱ级保护的有33种（表3-11）。

**表3-11　安徽省湿地国家和省重点保护的鸟类名录**

| 中文名 | 学　名 | 国家级 | 省　级 | 居留型 |
|---|---|---|---|---|
| 角䴙䴘 | *Podiceps auritus* | Ⅱ | | 冬 |
| 斑嘴鹈鹕 | *Pelecanus philippensis* | Ⅱ | | 冬 |
| 卷羽鹈鹕 | *Pelecanus crispus* | Ⅱ | | 冬 |
| 普通鸬鹚 | *Phalacrocorax carbo* | | Ⅱ | 冬 |
| 黄嘴白鹭 | *Egretta eulophotes* | Ⅱ | | 冬 |
| 东方白鹳 | *Ciconia boyciana* | Ⅰ | | 冬、留 |
| 黑鹳 | *Ciconia nigra* | Ⅰ | | 冬 |
| 白琵鹭 | *Platalea leucorodia* | Ⅱ | | 冬 |
| 鸿雁 | *Anser cygnoides* | | Ⅱ | 冬 |
| 豆雁 | *Anser faballs* | | Ⅱ | 冬 |
| 白额雁 | *Anser alblfrons* | Ⅱ | | 冬 |
| 小白额雁 | *Anser erythropus* | | Ⅱ | 冬 |
| 灰雁 | *Anser anser* | | Ⅱ | 冬 |
| 大天鹅 | *Cygnus cygnus* | Ⅱ | | 冬 |
| 小天鹅 | *Cygnus columbianus* | Ⅱ | | 冬 |
| 赤麻鸭 | *Tadoma ferruginea* | | Ⅱ | 冬 |
| 翘鼻麻鸭 | *Tadoma tadoma* | | Ⅱ | 冬 |
| 针尾鸭 | *Anas acuta* | | Ⅱ | 冬 |
| 绿翅鸭 | *Anas crecca* | | Ⅱ | 冬 |
| 花脸鸭 | *Anas formosa* | | Ⅱ | 冬 |
| 罗纹鸭 | *Anas falcata* | | Ⅱ | 冬 |
| 绿头鸭 | *Anas platyrhychos* | | Ⅱ | 冬 |
| 斑嘴鸭 | *Anas poecilorhyncha* | | Ⅱ | 留、冬 |
| 赤膀鸭 | *Anas strepera* | | Ⅱ | 冬 |

（续）

| 中文名 | 学 名 | 国家级 | 省 级 | 居留型 |
|---|---|---|---|---|
| 赤颈鸭 | *Anas penelope* | | Ⅱ | 冬 |
| 白眉鸭 | *Anas querquedula* | | Ⅱ | 旅 |
| 琵嘴鸭 | *Anas clypeata* | | Ⅱ | 冬 |
| 红头潜鸭 | *Aytbya ferina* | | Ⅱ | 冬 |
| 青头潜鸭 | *Aythya baerl* | | Ⅱ | 冬 |
| 凤头潜鸭 | *Anthya fuligula* | | Ⅱ | 冬 |
| 斑背潜鸭 | *Aythya marila* | | Ⅱ | 冬 |
| 鹊鸭 | *Bucephala clangula* | | Ⅱ | 冬 |
| 斑头秋沙鸭 | *Mergus albellus* | | Ⅱ | 冬 |
| 红胸秋沙鸭 | *Mergellus serrator* | | Ⅱ | 冬 |
| 普通秋沙鸭 | *Mergus merganser* | | Ⅱ | 冬 |
| 中华秋沙鸭 | *Mergus squamatus* | Ⅰ | | 冬 |
| 鸳鸯 | *Aix galericulata* | Ⅱ | | 冬、留 |
| 棉凫 | *Nettapus coromandelianus* | | Ⅱ | 夏 |
| 斑脸海番鸭 | *Melanitta fusca* | | Ⅱ | 冬 |
| 黑耳鸢 | *Milvus migrans* | Ⅱ | | 留 |
| 赤腹鹰 | *Accipiter soloensis* | Ⅱ | | 夏 |
| 白肩雕 | *Aquila heliaca* | Ⅰ | | 冬 |
| 乌雕 | *Aquila clanga* | Ⅱ | | 冬 |
| 白腹隼雕 | *Hieraaetus fasciata* | Ⅱ | | 留 |
| 白尾海雕 | *Haliaeetus albicilla* | Ⅰ | | 夏 |
| 蛇雕 | *Spilornis cheela* | Ⅱ | | 留 |
| 白尾鹞 | *Circus cyaneus* | Ⅱ | | 冬 |
| 白腹鹞 | *Circus spilonotus* | Ⅱ | | 冬 |
| 鹊鹞 | *Circus melanoleucos* | Ⅱ | | 留 |
| 红隼 | *Falco tinnunculus* | Ⅱ | | 留 |
| 游隼 | *Falco peregrinus* | Ⅱ | | 留 |
| 燕隼 | *Falco subbuteo* | Ⅱ | | 夏 |
| 日本鹌鹑 | *Coturnix japonica* | | Ⅱ | 冬 |
| 灰胸竹鸡 | *Bambusicola thoracica* | | Ⅱ | 留 |
| 环颈雉 | *Phasianus colchicus* | | Ⅱ | 留 |

（续）

| 中文名 | 学　名 | 国家级 | 省　级 | 居留型 |
|---|---|---|---|---|
| 灰鹤 | *Grus grus* | Ⅱ | | 冬 |
| 白头鹤 | *Grus monacha* | Ⅰ | | 冬 |
| 白枕鹤 | *Grus vipio* | Ⅱ | | 冬 |
| 白鹤 | *Grus leucogeranus* | Ⅰ | | 冬 |
| 小勺鹬 | *Numenius minutus* | Ⅱ | | 冬 |
| 四声杜鹃 | *Cuculus micropterus* | | Ⅰ | 夏 |
| 大杜鹃 | *Cuculus canorus* | | Ⅰ | 夏 |
| 小鸦鹃 | *Centropus toulou* | Ⅱ | | 夏 |
| 斑头鸺鹠 | *Glaucidium cuculoides* | Ⅱ | | 留 |
| 草鸮 | *Tyto longimembris* | Ⅱ | | 留 |
| 黑枕绿啄木鸟 | *Plcus canus* | | Ⅰ | 旅、冬 |
| 大斑啄木鸟 | *Picoides major* | | Ⅰ | 冬 |
| 崖沙燕 | *Riparia riparia* | | Ⅰ | 夏 |
| 家燕 | *Hirundo rustica* | | Ⅰ | 夏 |
| 金腰燕 | *Hirundo daurica* | | Ⅰ | 夏 |
| 烟腹毛脚燕 | *Delichon nipalensis* | | Ⅰ | 夏 |
| 红尾伯劳 | *Lanius cristatus* | | Ⅱ | 夏 |
| 棕背伯劳 | *Lanius schach* | | Ⅱ | 留 |
| 楔尾伯劳 | *Lanius sphenocercus* | | Ⅱ | 冬 |
| 红嘴蓝鹊 | *Urocissa erythrorhyncha* | | Ⅰ | 留 |
| 黑枕黄鹂 | *Oriolus chinensis* | | Ⅰ | 夏 |
| 画眉 | *Garrulax canorus* | | Ⅱ | 留 |
| 暗绿绣眼鸟 | *Zosterops japonica* | | Ⅱ | 夏 |
| 寿带 | *Terpsiphone paradisi* | | Ⅰ | 夏 |

## 5.2 数量及其分布

### 5.2.1 国家重点保护鸟类的数量状况

安徽省湿地现今在野外可调查到国家Ⅰ级重点保护鸟类共有7种，其总数不足1200只。其中东方白鹳300余只，最大种群调查到224只；黑鹳约50余只；白头鹤600～700只，最大种群调查到404只；白鹤10只左右；白尾海雕、白肩雕不足10只；近年来，安徽省林业厅在大别山区等地陆续发现中华秋沙鸭种群，总数近百只(表3-12)。

在安徽省29种国家Ⅱ级保护鸟类中，水鸟数量较多。其中以小天鹅数量最多，记录到最大数量的是2005年冬统计的，约为13000只。白额雁、白琵鹭各约800～1000只。鸳鸯和黄嘴白鹭分布在皖南地区，数量较少。大天鹅、角鸊鷉、斑嘴鹈鹕等数量最少，极其罕见。陆地鸟类中，小鸦鹃、斑头鸺鹠数量稍多，广布于淮河以南；猛禽类中黑耳鸢、白尾鹞、鹊鹞、红隼各约数10只；乌雕、游隼、金雕、草鸮等数量少，均不足10只(表3-12)。

**表3-12 安徽省湿地国家重点保护鸟类数量及分布**

| 中文名 | 学名 | 国家级 | 种群数量 | 分布区 |
|---|---|---|---|---|
| 东方白鹳 | *Ciconia boyciana* | Ⅰ | 300余只 | 六安、阜阳、蚌埠、池州、宣城 |
| 黑鹳 | *Ciconia nigra* | Ⅰ | 50余只 | 池州、蚌埠 |
| 白肩雕 | *Aquila heliaca* | Ⅰ | 数只 | 合肥 、池州 |
| 白尾海雕 | *Haliaeetus albicilla* | Ⅰ | 数只 | 安庆 |
| 白头鹤 | *Grus monacba* | Ⅰ | 600～700只 | 六安、池州、安庆 |
| 白鹤 | *Grus leucogeranus* | Ⅰ | 10只左右 | 蚌埠、池州、滁州、安庆、六安 |
| 中华秋沙鸭 | *Mergus squamatus* | Ⅰ | 罕见 | 石台 |
| 角鸊鷉 | *Podiceps auritus* | Ⅱ | 少见 | 池州、安庆 |
| 斑嘴鹈鹕 | *Pelecanus philippensis* | Ⅱ | 少见 | 阜阳、六安 |
| 卷羽鹈鹕 | *Pelecanus crispus* | Ⅱ | 少见 | 合肥 |
| 黄嘴白鹭 | *Egretta eulophotes* | Ⅱ | 少见 | 池州 |
| 白琵鹭 | *Platalea leucorodia* | Ⅱ | 1000余只 | 池州、安庆、六安、阜阳 |
| 白额雁 | *Anser alblfrons* | Ⅱ | 1000余只 | 池州、安庆 |
| 大天鹅 | *Cygnus cygnus* | Ⅱ | 少见 | 滁州、宣城 |
| 小天鹅 | *Cygnus columbianus* | Ⅱ | 13000余只 | 池州、安庆、滁州、阜阳、蚌埠 |
| 鸳鸯 | *Aix galericulata* | Ⅱ | 300余只 | 黄山、池州、六安、安庆、合肥 |
| 黑耳鸢 | *Milvus migrans* | Ⅱ | 数十只 | 黄山、池州、安庆、六安、滁州 |
| 赤腹鹰 | *Accipiter soloensis* | Ⅱ | 数十只 | 全省 |
| 乌雕 | *Aquila clanga* | Ⅱ | 数只 | 黄山 |
| 白腹隼雕 | *Hieraaetus fasciata* | Ⅱ | 数只 | 合肥 |
| 白尾海雕 | *Haliaeetus albicilla* | Ⅱ | 数只 | 明光 |
| 白尾鹞 | *Circus cyaneus* | Ⅱ | 数十只 | 六安、滁州、安庆、池州、蚌埠 |
| 白腹鹞 | *Circus spilonotus* | Ⅱ | 数十只 | 六安、滁州、安庆、池州、蚌埠 |
| 鹊鹞 | *Cicus melanoleucos* | Ⅱ | 数十只 | 六安、蚌埠 |
| 红隼 | *Falco tinnunculus* | Ⅱ | 数十只 | 安庆、六安、滁州、合肥、阜阳、蚌埠 |
| 游隼 | *Falco peregrinus* | Ⅱ | 数只 | 六安、阜阳 |
| 燕隼 | *Falco subbuteo* | Ⅱ | 数十只 | 滁州、六安、枞阳、芜湖、石台 |
| 灰鹤 | *Grus grus* | Ⅱ | 数十只 | 滁州、合肥、池州、阜阳、宿州、六安 |
| 白枕鹤 | *Grus vipio* | Ⅱ | 200余只 | 池州、六安、阜阳、宿州 |
| 小勺鹬 | *Numenius minutus* | Ⅱ | 少见 | 东至 |
| 小鸦鹃 | *Centropus toulou* | Ⅱ | 数百只 | 马鞍山、池州、安庆、阜阳、淮北 |
| 斑头鸺鹠 | *Glaucidium cuculoides* | Ⅱ | 数十只 | 全省 |
| 草鸮 | *Tyto longimembris* | Ⅱ | 数只 | 东至 |

注：数据来源2004～2015年野外调查。

### 5.2.2 湿地非国家重点保护鸟类的数量状况

安徽省除去国家重点保护鸟类外，湿地中还有200种非重点保护鸟类，按调查记录到的频率高低，可分为常见种和偶见种。其中，常见种为106种，占总种数的45.3%；可见种62种，占26.5%；偶见种32种，占13.7%。冬季候鸟群落以雁鸭类的数量占优势，湿地夏候鸟中，以鹭科、鸥科种群数量占优。

### 5.2.3 安徽省湿地鸟类的区域分布

安徽省动物区系分布可明显分为5个区域：淮北平原区、江淮丘陵区、大别山区、沿江平原区和皖南山区。每个区域由于地理纬度、水热环境等因素差异，包含湿地类型存在较大差异，使得栖息于湿地及其周围环境中的鸟类组成也存在很大差别。安徽省湿地类型依水鸟栖息环境不同可分为：湖泊湿地、水库湿地、河流故道、沼泽湿地、煤矿沉陷区和水稻田等。

淮北平原区包含的湿地类型多为河流故道废弃后，形成的沼泽淤积湿地，此外，还有煤矿塌陷型湿地。河中水生植物茂盛，鱼类资源丰富，吸引了众多的湿地鸟类在此栖息，如小䴙䴘、绿翅鸭、各种鹭类、黄苇鳽、普通秧鸡。杜鹃常依附于河岸人工杨树林，翠鸟也是河边常见种类。大苇莺、伯劳等雀形目鸟类在河边芦苇灌丛中可见。

江淮丘陵区包含的湿地类型有河流泄洪区沼泽湿地、水库湿地。该区域紧邻淮河，有大面积的泄洪区，经常被淹，少人耕种。在河岸和低洼处长满荻、芦苇、香蒲等挺水植物，适宜鸟类栖息。夏季可见到小䴙䴘、鹭类、鳽类、秧鸡类和灰头麦鸡、燕鸻、黑翅长脚鹬、环颈雉、鹊鹞、小鸦鹃、大杜鹃、翠鸟等非雀形目鸟类活动；也可见到小云雀、灰椋鸟、棕背伯劳、白头鹞、大苇莺、棕扇尾莺、白鹡鸰和三道眉草鹀等雀形目鸟类。秋、冬季节，可见到小䴙䴘、苍鹭、大白鹭、鹤类、雁鸭类、鸻鹬类、鹞隼类，以及鹨类、鹀类、雀类、攀雀、楔尾伯劳等冬候鸟和旅鸟。

大别山区主要湿地类型包括人工水库和池塘等，许多水库位于山区沟谷内，岸陡而滩涂面积较小，库内水位深，少有水生植物，有机质较为贫乏。在水库上游，往往和溪流相接。在这类湿地区域中，可见到冠鱼狗、小燕尾、红尾水鸲等山区溪流水鸟分布；在广阔的水面上可见到小䴙䴘、鸬鹚、鸳鸯和野鸭等水鸟分布；水库旁边紧邻茂密森林，水库上空常有黑耳鸢、乌雕等猛禽翱翔。夏季有很多鹭科鸟类在山坡树林中筑巢繁殖，在库区周围的稻田中觅食，主要为白鹭、池鹭、夜鹭等。位于大别山边缘的丘陵地区，也存在一些较小的水库。该区水库一般作为库区下游农田灌溉之用，水体较深，缺少水生植物，水面宽阔，少隐蔽物。库岸多为岗地，库区人口较多，农业活动频繁。这类水库少水鸟分布，冬季可见到少量的雁鸭类浮游水面，在岸边浅水处，可见到一些苍鹭、大白鹭活动。

沿江平原区是安徽省重要湿地区域，这里聚集着安徽省主要的湖泊湿地群，包括菜子湖、升金湖、武昌湖、泊湖和龙感湖等。湖区植被和底栖生物丰富，是安徽省湿地鸟类的主要栖息地。冬、夏季节有数量巨大的水鸟在此越冬和繁殖；夏季在菱、芡实等浮水植物丛中，可见到骨顶鸡、黑水鸡、斑嘴鸭、水雉、小䴙䴘等鸟类；在芦苇、茭白、香蒲丛中，可见到大苇莺、小鸦鹃栖息繁殖；空中可见到须浮鸥、白额燕鸥等鸟类。冬季在湖滩上，可见到白头鹤、凤头麦鸡和小云雀等鸟类；浅水处则为雁鸭类、鹭类、东方白鹳、白琵鹭和鸻鹬类的活动场所，种类较多，数量丰富。

皖南山区主要是一些山区河流型湿地以及面积不大的水稻田湿地。这些地区水流较急，岸边树木较多，河流中有很多沙滩，有些沙滩上长满荻、芦苇、白茅等草本植物和矮灌丛，环境复杂多样，人为活动较少，所以鸟类较多。这里可见到小鸊鷉、绿鹭、白鹭、池鹭、黑鳽、鸳鸯、绿翅鸭和秧鸡类、长嘴剑鸻等水鸟；在岸边可见到冠鱼狗、红尾水鸲、白鹡鸰等湿地鸟类。在春天耕作季节，稻田中常可见到多种鸻鹬类和鹭类活动，还有灰头麦鸡等分布；夏季水稻长高后，这里又成了鹭类、秧鸡和白胸苦恶鸟分布的地方；当秋季作物收割时，又可见到大量树麻雀、白腰文鸟、鹀类在此活动觅食；冬季，在蓄水休耕的稻田中，可见到苍鹭、野鸭类等水鸟，也可见到鹤鹳类水鸟在稻田中觅食。

## 5.3 栖息地及其保护状况

安徽省湿地鸟类资源丰富，而且国家重点保护或珍稀濒危鸟类较多，主要湿地鸟类栖息地分布于安庆沿江湖泊群以及新安江和淮河流域的湖泊、库塘等湿地内，分布不均匀，呈斑块状。

安徽省拥有37处国家级和省级自然保护区，其中部分是对保护水鸟栖息地具有重要意义，包括升金湖国家级自然保护区、安庆沿江湿地省级自然保护区、宿松华阳河湖群省级自然保护区、贵池十八索省级自然保护区、霍邱东西湖省级自然保护区、五河沱湖省级自然保护区、颍上八里河省级自然保护区、石臼湖省级自然保护区以及芜湖县和平鹭鸟县级自然保护区等。这些自然保护区的建立主要为保护湿地鸟类的栖息环境，减少人为干扰。但近年来，地方经济的发展使得栖息地保护难度加大，如安庆沿江湿地自然保护区各湖区，现今围网养殖强度较大，湿地鸟类栖息地破碎程度加剧，水鸟资源受到严重影响。

除自然保护区外，安徽省还建立了多个湿地公园，包括安徽颍州西湖国家湿地公园、迪沟国家湿地公园、沙颍河国家湿地公园、石龙湖国家湿地公园、焦岗湖国家湿地公园、三汊河国家湿地公园、秋浦河源国家湿地公园、平天湖国家湿地公园、花亭湖国家湿地公园、太平湖国家湿地公园，这些湿地公园的设立，保护了湿地环境，使得依其生存的鸟类的栖息地也得到较好的保护（图3-58至图3-67）。

目前安徽省在鸟类栖息地及其保护上存在以下问题：①水鸟适宜栖息地急剧减少。因湖区滩涂围垦、围网养殖等因素，使得湿地鸟类栖息地面积减少速度加快，特别是迁徙候鸟适宜的自然栖息地急剧减少。②湖区干扰加大，使得鸟类物种和个体数量下降。湖区干扰方式有三类：即家禽养殖、放牧和渔业生产。目前，湖区家禽放养的数量有逐年增加的趋势，与湖区鸟类争栖息地现象严重；农、渔业生产对鸟类驱赶强度加大；与此同时，野鸟与家禽的密切接触，增加了病原生物的交叉感染风险。③偷捕偷猎现象依然存在，威胁鸟类生存。虽然打击力度不断加大，但是偷捕偷猎鸟类行为仍很严重，特别是在候鸟迁徙带和大型湖泊周边，偷猎者以各种手段捕杀鸟类，尤其是投毒，不仅威胁水鸟，也造成栖息地环境污染。④环境污染严重，造成栖息地质量下降。随着湖区经济的发展，投入水生生态系统的化学物质逐渐增加，包括化学肥料和农药，使得鸟类栖息地生态质量下降。同时，由于污染造成的湿地鸟类栖息地退化也势必造成湿地鸟类种类和数量的波动。⑤鸟类执法保护力量薄弱，管理不到位。湿地面积大，但从事湿地保护人员数量少，很多自然保护区执法人员很难到达，处于无人管理状态。这在一定程度上，使得不法分子偷猎水鸟难以控制。由于宣传力度不够，湖区居民鸟类保护意识有待提高。

图 **3-58** 牧鹅图(丁永清摄)

图 **3-59** 和谐家园(许晖摄)

图 **3-60** 拖家带口的黑水鸡(方再能摄)

图 **3-61** 孕育(丁永清摄)

图 **3-62** 震旦鸦雀(张建平摄)

图 **3-63** 一草一木总是情(黑领椋鸟)(方再能摄)

图 **3-64** 列队(牛背鹭)(丁永清摄)

图 **3-65** 倦鸟知归(夜鹭和苍鹭)(丁永清摄)

图 **3-66** 鸟类天堂(李洪伟摄)

图 **3-67** 小天鹅(钱立鑫摄)

## 6 哺乳类

### 6.1 种类组成

安徽省湿地兽纲动物有7目13科26种，占全省兽类总种数的26.5%。其中，食虫目2科4种，占安徽省湿地兽类总种数的15.4%；鳞甲目1科1种，占3.8%；兔形目1科2种，占7.7%；啮齿目3科8种，占30.8%；鲸目1科1种，占3.8%；食肉目3科7种，占26.9%。与湿地其他各类脊椎动物占全省同类脊椎动物的比例相比较，湿地兽类所占比例较小，因此，安徽省湿地兽类资源并不十分丰富，且以体型较小、习惯人类干扰的兽类为主。这与兽类主要生活在林地环境有关，而且湿地自然环境人为干扰较大，很难有大型兽类出没其中。

安徽省湿地兽类中属国家和省级重点保护的有10种，占全省兽类保护物种总数的34.5%。属国家Ⅰ级重点保护野生动物有白鳍豚；国家Ⅱ级保护的有穿山甲、江豚、水獭和獐4种。属省Ⅰ级重点保护的有豹猫；属省Ⅱ级重点保护的有狗獾、猪獾、黄鼬、鼬獾等4种。

### 6.2 地理分布

安徽省湿地哺乳动物种类组成及分布情况如下：

全省广布种有东北刺猬、山东小麝鼩、小家鼠、黑线姬鼠、黄鼬、猪獾、狗獾、豹猫、牙獐。

淮北平原区有湿地兽类动物5目6科12种，占全省湿地兽类总种数的46.2%。其中，食虫目2科2种，东北刺猬和山东小麝鼩；兔形目1科1种，草兔；啮齿目2科7种，小家鼠是该区啮齿目优势种类；食肉目2科4种，黄鼬等。该区湿地兽类种类贫乏，数量较少；区系上以古北界为主，类群上以啮齿类为主。

江淮丘陵区有湿地兽类动物5目7科13种，占全省湿地兽类总种数的50%。其中，食虫目2科2种；兔形目1科1种；啮齿目2科3种；食肉目2科5种，如豹猫、水獭等；偶蹄目2科2种。

大别山区有湿地兽类4目8科17种，占全省湿地兽类种数的62.9%。其中，食虫目2科3种；兔形目1科1种；啮齿目2科5种，如大足鼠等；食肉目3科7种，主要有水獭、食蟹獴、鼬獾等。该区位于大别山系，大型哺乳类种类较多。

沿江平原区有湿地兽类8目13科21种，占安徽省湿地兽类总种数的80.8%。其中食虫目2科2种；鳞甲目1科1种，穿山甲；兔形目1科1种；啮齿目2科7种，如东方田鼠；鲸目1科2种，白鳍豚、江豚；食肉目3科7种，如狗獾等；偶蹄目2科2种，野猪和獐。该区湿地兽类最丰富，这与该区湿地面积在全省地级市中最大，湿地资源最为丰富的特点相符合。该区域有白鳍豚、江豚分布，近年来白鳍豚被认为在野外功能性灭绝；江豚在铜陵江豚自然保护区内种群数量约300余头。

皖南山区有湿地兽类6目11科20种，占全省湿地兽类总种数的76.9%。其中，食虫目2科2种；鳞甲目1科1种；兔形目1科1种；啮齿目3科6种；食肉目3科7种。常见种有东北刺猬、山东小麝鼩、穿山甲、草兔、食蟹獴等。皖南山区植被资源丰富，使得该区具有较为丰富的湿地哺乳动物，种类和数量较多，主要以东洋界种类为主。

## 6.3 资源利用及受威胁状况

哺乳动物是人类传统的狩猎对象，具有较长的狩猎历史。安徽省湿地兽类利用情况有以下几个方面：

（1）食用资源：湿地兽类都具有食用价值，如刺猬、水獭等。草兔是皖北平原地区人们喜欢狩猎的对象。湿地兽类能为人们提供一定数量的优质动物蛋白质。

（2）药用资源：湿地兽类身体不同的部位，往往具有重要的药用价值。如水獭肝可药用，有补肝止咳之功能，主治虚劳、盗汗、咳嗽和夜盲等症。

（3）工业原料：湿地兽类中的许多动物，都可以为人类提供优良的毛皮制品，诸如黄鼬、水獭、狗獾、猪獾、鼬獾等都是重要的毛皮兽。

安徽省湿地哺乳动物面临的威胁主要来自人类对其栖息环境的干扰，特别是水生哺乳动物。在安徽省长江段，早年存在白鳍豚和江豚，由于长江航运的发展，白鳍豚栖息地逐渐萎缩，导致其数量急剧下降。现在整个长江中的白鳍豚已经被认为在野外功能性灭绝。而与其亲缘关系较近的江豚是否将面临与白鳍豚同样的命运，值得人们深思。另外，湿地动物如獐，近年来在沿江湖泊（如升金湖）的滩涂上偶有发现，但由于放牧、围垦、种植等人为扰动，这些动物的栖息地质量面临进一步下降的危险。

# 第四章 湿地资源利用

安徽省利用湿地资源的历史源远流长。早在春秋中期，楚国丞相孙叔敖就在淠淝之间兴建了芍陂，曾有“陂径百里，灌田万顷”的壮观景象。在漫长的人水相处的过程中，江河湖泊也积淀了深厚的历史文化底蕴。新中国成立以后，安徽人民在治理江河水患、发展水利，特别是在持续开展大规模治淮建设过程中，对河流、湖泊实施了不懈的开发与整治。在江淮丘陵间开辟了举世闻名的淠史杭灌区，在淮北平原开挖了新汴河、茨淮新河和怀洪新河等大型人工河道；同时，兴建了一大批堤防、水库、水闸、蓄滞洪区等水利工程。随着时代的发展，安徽省湿地资源利用从传统、单一的水利及航运方面扩展到多样化的湿地生物资源、景观旅游资源方面。以湿地公园和湿地类型自然保护区为代表的湿地生态旅游如雨后春笋般蓬勃发展，安徽湿地资源的利用逐步进入成熟发展期。

## 第一节 湿地资源利用现状

湿地是安徽省极为重要的自然资源、环境资源和生产资源(图 4-1、图 4-2)。当前，安徽省的湿地资源利用方式主要有湿地种植利用、湿地养殖利用、湿地旅游利用、水资源利用和湿地产品利用等 5 个方面。

图 **4-1**　柳丝临湖(颍州西湖国家湿地公园)

图 **4-2** 湿地放牧(束从余摄)

## 1 湿地种植利用

安徽省湿地植物资源十分丰富，湿地植物种植利用的历史悠久(图 4-3)，有的已形成规模化生产。水稻是安徽省面积最大的人工种植植被。全省常年水田面积 173.33 万公顷，占耕地面积的 39%；水稻播种面积占粮食作物播种面积的 30%；稻谷总产量占粮食总产量的 52%。

湿地其他种植以水生蔬菜为主，包括莲、芡实、菱角、菰(茭白)、荸荠等。

图 **4-3** 春耕时节(丁永清摄)

## 2 湿地养殖利用

2010 年，全省水产养殖面积 52.87 万公顷；水产品总量 193 万吨；渔业经济总产值 420 亿元。渔业在繁荣经济，增加农民收入，改善食物结构，保障市场供给，促进社会稳定中发挥了重要作用。

全省生态河蟹养殖面积达 26.67 万公顷，位居全国第一。大宗淡水鱼类大水面养殖以及鳜鱼、黄鳝、泥鳅、虾类、龟鳖等优质水产品比重达 60%。万吨以上水产大县达到 50 个，形成沿江、沿淮和环巢湖三大渔业经济带。涌现出明光永言、巢湖三珍、安庆季牛、宁国华瑞、当涂贤进和皖江大闸蟹、万佛湖鳙鱼、有贤龟鳖等一批知名企业和水产品牌。此外，各地充分发挥名山名水众多、水域生态条件良好、区位交通优越等优势，大力发展各种类型的休闲渔业。

## 3　湿地旅游利用

湿地是一种独特的自然景观资源，不仅兼有物种及其栖息地保护的功能，还具有开展生态旅游和环境教育的功能(图 4-4)。安徽省的湖泊、河流、沼泽和库塘湿地中，分布着很多具有很高的美学、文化和艺术价值的湿地景观。独特的湿地生态景观和丰富的野生动植物，吸引着越来越多的人前去旅游观光，是人们休闲、娱乐、观鸟、宣教、科研的理想场所。

图 **4-4**　湿地休憩(东才摄)

当前，安徽省在湿地资源的合理利用方面，经过长期探索与实践，也取得了一定成效。巢湖、太平湖、花亭湖和龙河口水库的水上旅游，让人领略湿地风光，感受自然(图 4-5)；扬子鳄繁殖研究中心、升金湖、安庆沿江、八里河是开展观鳄、观鸟生态旅游，倡导人与动物和睦共处的理想场所。其中，扬子鳄和八里河自然保护区充分利用本区湿地资源和独特的湿地景观优势，积极开展特色旅游，每年湿地生态旅游收入达 100 多万元，走出了一条合理开发利用湿地资源、

图 **4-5**　太平湖风光(张恣宽摄)

促进湿地生态保护的成功路子。位于阜阳市颍上县的安徽迪沟国家湿地公园综合效益显著，旅游业的发展创造了各种社区参与机会，提供了一批就业岗位，在解决采煤沉陷区内居民就业问题的同时，也为实现该地区生物多样性保护、促进湿地景观保持、改善周边地区环境做出了重要贡献。在2010年上海世博会中国馆小城镇展区内，迪沟镇名列其中。

安徽省风景名胜区以江河湖泊水景和名胜古迹见长，与湿地相关的人文旅游资源十分丰富。中国历史上第一次大规模的农民起义——大泽乡起义、垓下决战霸王别姬、张辽威震逍遥津、风声鹤唳草木皆兵的淝水之战、解放战争中的淮海战役、渡江战役等著名的历史事件均发生在安徽境内的江河湖泊之上。老子、庄子、管仲、曹操父子、周瑜、包拯、李白、朱熹、朱元璋、方苞、姚鼐、李鸿章、陈独秀等著名历史人物都留下了珍贵的历史足迹。建安文学、千古绝唱的《孔雀东南飞》、李白安徽游踪、刘禹锡与和县陋室、徽剧、黄梅戏、庐剧、皖南花鼓以及徽州的古民居、牌坊等更是极大地丰富了安徽省旅游资源的内涵。

## 4 水资源利用

安徽省水资源主要包括河流、湖泊和水库的淡水资源以及两淮采煤沉陷区形成的湿地资源。2009年，全省水资源总量约733.10亿立方米，天然年径流量685.92亿立方米，地下水天然补给资源量177.43亿立方米，大中型水库年末蓄水量59.67亿立方米，基本保证了全省经济社会发展的需求。

然而，近年来受围垦、淤积等因素影响，安徽省湿地提供水资源的质和量正在发生转变。全省天然湿地面积有减少的趋势，沿江湿地群部分湖泊(如武昌湖)出现沼泽化，造成湿地蓄水功能逐步减弱。全省湿地水环境也不断恶化。根据《2010年安徽省环境状况公报》，全省234个地表水(河流、湖泊、水库)监测断面(点位)中，水质为Ⅰ~Ⅲ类(优、良好)的130个，占55.6%；Ⅳ~Ⅴ类(轻、中度污染)的65个，占27.7%；劣Ⅴ类(重度污染)的39个，占16.7%。综合来看，全省水资源状况不容乐观。

## 5 湿地产品利用

湿地植物产品中有一大批利用价值较高的种类，如芦苇，是重要的造纸原料；菰、莲、荸荠、菱、慈姑、蒌蒿等是公众喜爱的水生食用蔬菜；莲、水葱、慈姑、菖蒲等可作为庭园水景中的挺水植物，莕菜、芡实、眼子菜等可作为庭园浮叶植物观赏，狐尾藻、龙舌草、苦草、菹草等可作为水族箱的观赏植物。在湿地调查中还发现人工栽培的国家重点保护植物水杉、水松和樟等一批优质的景观植物种群。

湿地动物产品中利用价值较高的主要为鱼类(图4-6)。栖息于长江流域的青、草、鲢、鳙是著名的四大家鱼原种；鲥鱼、河豚和刀鱼是著名的“长江三珍”；淮河流域主要的经济鱼类有鲤鱼、鲫鱼、鳊鱼、鳜鱼、黄颡鱼和黄鳝等。

湿地丰富的生物资源为公众提供了丰富的湿地产品，是社会物质消费的主要来源地。

图 **4-6**　鱼满仓(顾长明摄)

# 第二节
# 湿地资源可持续利用前景分析

湿地资源开发利用的目标定位是可持续利用，其内涵是：①湿地资源的开发利用以保护湿地的资源和环境为限制性前提；②湿地资源开发利用的近期目标是获得最大效益，这一效益不是三大效益中的某一效益最大，而是三大效益协调发展而呈现的最大综合效益；③湿地资源开发利用的远期目标是获得可持续的最大效益，这一效益是建立在经济可持续、社会可持续、环境可持续基础上的整体综合效益的可持续，不是为了保护而保护的整体效益降低，而是既可持续，又保持整体最佳效益。由于长期以来人们对湿地生态价值认识不足，在利用方面过度开发甚至破坏湿地资源，导致湿地面积逐步减少、生态质量逐步降低、生态功能逐步退化的不良趋势。

## 1　湿地资源可持续利用基础

### 1.1　加强对现有湿地资源，特别是自然湿地资源的抢救性保护

湿地生态系统是全省重要的自然生态资本，但其现状不容乐观，现有湿地资源整体上呈湿地面积逐步减小、生态质量逐步下降、生态功能逐步降低的趋势。全省现存湿地甚至是自然湿地均处于高强度的人为活动干扰状态下。合理利用湿地资源的首要前提就是要加强对现有资源的抢救性保护，彻底扭转目前湿地生态环境恶化的不利趋势，这也是合理利用湿地的最大资本。应尽快出台《安徽省湿地保护条例》配套文件，建立比较完善和运作良好的全省湿地保护管理协调机制，依照《安徽省湿地保护条例》规范和协调湿地保护与利用活动。根据全省湿地资源现状，采取恢复植被、控制水土流失、退田还湖、清淤扩湖、控制污染与防治等措施，减缓湿地退化，逐步恢复湿地功能(图 4-7)。坚守湿地保护生态红线，加强对重要湿地的保护是安徽省湿地保护工作的当务之急。

图 **4-7** 常见湿地护岸植物——木芙蓉(周小春摄)

### 1.2 制定区域湿地保护规划，明确开发和利用的湿地类型、面积等

坚决杜绝随意侵占湿地和改变湿地属性的行为发生，严格禁止围垦、采挖、堤岸工程、景点建设、餐饮宾馆建设侵占湿地；对已经大面积围垦的湖泊水域，适时退田还湖(水、湿)，特别是对沿江湿地湖泊群，应综合评估生态安全、防洪抗旱、经济可持续发展等多方面客观需求，实施积极的退田还湖措施。对于内陆河流、库塘湿地，必须着眼于地区经济社会发展的大局和全省土地资源紧缺的客观实际，本着生态优先的原则，制定科学的湿地利用规划，明确开发和利用的区域，合理控制规模和速度，注重保留和保护湿地生态系统及其生物多样性，维护湿地在全球湿地生物多样性保护方面的国际重要意义。

### 1.3 控制围网养殖规模，维护湿地生态质量

发展迅速的内陆淡水围网养殖业为社会提供了丰富的水产品，丰富了群众的食物来源，为社会经济的发展做出了积极的贡献。但围网养殖业导致湿地资源枯竭和水体富营养化的负面效应已经突出，主要是由于围网养殖规模超过了湿地的生态承载力，同时围网养殖的密度和过量投入饵料更加剧了水体恶化的趋势。应科学评估湿地单元的生态承载力，控制围网养殖的规模，开展生态养殖或者采用科学的技术控制高密度围网养殖产生的污染，在提供足够的水产品、丰富居民食物来源的同时，维护湿地生态质量和可持续利用。

### 1.4 合理利用湿地景观资源，发展湿地生态旅游

在维护湿地生态平衡、保护湿地功能和生物多样性的前提下，通过建立湿地类型保护区、湿地公园等方式，开展湿地生态旅游，展示湿地自然景观和独特的生物多样性、湿地文化，发挥湿地公园休闲观光、科普教育等方面的作用，最大限度发挥湿地的经济、社会效益。

### 1.5 建立湿地利用示范区，开展湿地综合利用示范

在维护湿地生态平衡、保护湿地功能和生物多样性的前提下，通过建立湿地类型自然保护区、湿地公园等方式，开展湿地生态旅游，展示湿地自然景观和独特的生物多样性、湿地文化，发挥湿地的生态服务功能。“十三五”期间选择一些有代表性的湿地开展生态旅游、水产养殖、珍稀水禽繁殖、生态农业等示范工程建设，以调整湿地资源的利用方式，提高湿地资源的综合利用率和科技含量，提供湿地合理利用的有效途径。

湿地资源只有被科学利用才能产生积极的综合效益，而湿地资源是水资源、土地资源、生物资源、景观资源、矿产资源、能源资源等多种资源类别的综合体，涉及林业、农业、渔业、能源、矿产、水利、土地等多个行业。湿地资源合理利用必须充分发挥其各个组成资源类别的效益。应根据不同地方湿地资源的特征，湿地资源与当地公众、社会的关系，建立各种类型的湿地可持续利用示范，如开阔水域生态渔业、高效生态农业、农牧渔复合经营、退田还湖(水)、稻蟹(虾)复合经营、沿江湿地生态养殖等。

## 2 湿地资源可持续利用模式

### 2.1 建立生态农业、渔业示范区

生态农业是在农业生态学原理与方法指导下，不断优化农业生产结构、功能与配套技术，使发展生产与合理高效利用资源、保护生态环境相结合的整体、协调、持续、良性循环的农业生产体系。生态农业的模式有部门结合型、布局配置型、农林型、立体利用型、互利互济型、同居共生型、边际利用型、食物链型、功能互补型、清洁生产型。安徽省利用湿地资源发展生态农业可采用多种类型相互结合。

(1)边际利用型与食物链型相结合：应用生态学的边缘效应机理，采用技术调节边际地区食物链营养物质的联系、交换、转化、补偿关系，从而提高生态效率带来较高的经济效益。大力发展湖区和圩田地区的粮、畜、鱼、水生植物良性循环的农业生产模式，以湿地水生植物(漂浮植物、沉水植物、浮叶植物或挺水植物)作为鱼、畜的饲料和饵料，以畜禽的粪便和食料残渣用作稻田的无机肥料培肥土壤，从而产生较高的经济效益和生态效益。

(2)布局配置和立体利用型相结合：通过加强湿地植物的生物学特性研究，在不同的时间和空间配置互济互利型植物，充分利用阳光和空间资源，提高生产效率，创造更佳的经济效益。

(3)推行农业清洁生产，发展环保净化型生态农业：三级净化、四步利用的生态养殖模式是具有较高利用率的环保型生态农业，并有利于农业清洁生产的推广，是安徽省湿地资源可持续利用的最主要形式。首先将畜禽(猪等)的粪尿同冲洗畜禽栏舍的肥水作为一级肥源物质引入高度需肥的水生植物(如凤眼莲)塘内；经凤眼莲吸收后，作为第二级肥源引入低度需肥的水生植物塘(如绿萍)内；经绿萍吸收净化后，作为第三级肥源物质，连同滋生的浮游生物一起引入水产品养殖塘(如鱼、蚌、蟹)内；经摄食净化后，作为第四级肥源物质，引入稻田灌溉；经稻田土壤沉淀净化后的净水，放回到贮水坑塘内，作为冲洗畜禽栏舍的水源再次利用。这种生态农业模式，使能量和物质得到充分利用，为循环链上每个环节的生物提供了丰富的营养，并减少了环境污染，

实现了清洁生产的污染预防，能产生良好的经济效益和生态效益。

在发展生态渔业过程中，要坚决取缔酷渔滥捕行为和禁止使用有害的渔具，限定渔具的网目，严禁电鱼、炸鱼、毒鱼；控制捕捞强度，实行捕捞许可证制度；实施禁渔区、禁渔期，建立鱼类资源保护区；对鱼类资源进行科学培育，并大力发展水产养殖业。通过发展生态渔业，持续利用安徽省的湿地资源，增强国民经济综合力，提高人们生活水平。

### 2.2 充分利用湿地美学资源，发展生态旅游业

生态旅游是以可持续发展思想为指导，坚持社会经济活动和生态环境协调发展，以自然生态环境为基础，以满足人们日益增长的认识自然、欣赏自然和保护环境的需要为目的的一种新型经济活动。安徽省湿地具有丰富的旅游资源，依据旅游资源的自然特点、生态环境现状，因地制宜发展生态旅游业，是安徽省湿地可持续利用的一条有益途径，必将带动当地经济发展。

### 2.3 构建人工湿地系统，净化污水

湿地在污水净化方面具有强大的生态功能，被称为天然的污水净化器。天然湿地虽然具有高效、强大的污水处理能力，但污水中的有毒物质和病菌会对湿地生物多样性带来损害，且长期高负荷地承载污水将导致湿地功能的衰退甚至消亡。目前，在我国经济还不发达、国家难以大量投资治理水污染的现状下，人工湿地处理系统作为一种成本低廉、节能降耗、简单易行、效果显著、无二次污染的废水处理技术，越来越显示出强大的生命力和优越性。随着水污染控制技术的不断发展，人工湿地(池塘、沟渠)作为一种新型污水净化处理技术，在实际应用中取得了快速发展。安徽省具有得天独厚的湿地资源优势，随着城市污水的不断增加，利用人工湿地处理生活污水已经显得尤为重要。此外，人工湿地中的池塘在处理农业污染方面也有重要作用。

# 第五章 湿地资源评价

## 第一节 湿地生态状况

### 1 水文水质状况

#### 1.1 水　文

安徽省河流众多。部分河流水流湍急，落差较大，水力资源的蕴藏量相当丰富。为开发利用水资源，安徽的先民在历史上就兴建了不少水利工程设施，其中以寿县境内的安丰塘最为有名。新中国成立后，除整治了淮河外，还建设了淠史杭水利灌溉工程、驷马山引江灌溉工程等多项水利工程设施，对全省工农业生产起到重要的保障作用。

安徽省湿地的水源补给以综合补给为主，其面积占全省湿地总面积的63.73%。这主要因为安徽省地处中纬度由亚热带向暖温带的过渡区域，年平均降水量在750～1800毫米，大气降水较多。同时，安徽省境内有淮河、长江、新安江三大水系，大小河流众多，地表径流丰富。另外，安徽省还有数量较多的水产养殖场、小型水库等库塘以及输水河的水源存在人工补给的现象。

#### 1.2 水　质

新安江水系的湿地多分布在皖南地区，水质较好，多为Ⅰ类、Ⅱ类。长江水系的湿地多为Ⅲ类水质，污染源主要是农业面源污染。淮河水系的湿地，周边多中小型厂矿，比如造纸厂等，对水质污染很大，造成淮河水系湿地的水质多为Ⅳ类，有的甚至达Ⅴ类水质。列为全国水质治理重点的“三湖三河”，巢湖和淮河均在其中。

据2012年安徽省水资源公报，全省监测的93条河流符合《地表水环境质量标准(GB3838—2002)》，Ⅰ～Ⅱ类的占45.0%，Ⅲ类的占25.6%，Ⅳ～Ⅴ类占17.7%，劣Ⅴ类占11.7%。全省监测的21个湖泊Ⅱ类水质的占54.5%，Ⅲ类的占40.3%，Ⅳ～Ⅴ类占5.2%。监测的13座大型水库水质总体良好，基本为Ⅰ～Ⅱ类水，个别水库个别时段为Ⅲ类，监测的1座中型水库基本为Ⅱ类水。

对安徽省重点湿地调查表明，安徽省37个重点湿地水质多为Ⅲ类，共22处，占总数的

59.5%；Ⅱ类水质的共11处，占总数的29.7%；Ⅳ类水质的共3处，占总数的8.1%；Ⅴ类水质的共1处，占总数的2.7%。

## 2 湿地生态状况评价指标体系

湿地生态状况直接反映湿地生态系统的健康水平，也是评价湿地生态功能是否正常发挥和满足人类需要的重要依据。根据本次调查结果，综合利用反映湿地生态状况的自然湿地面积、生物多样性、水环境及湿地利用和受威胁状况等方面的指标，对本次重点调查湿地进行了湿地生态状况的综合评价。

湿地生态状况评价指标体系及各指标权重见表5-1、表5-2。

重点调查湿地各评价指标情况见表5-3。各重点调查湿地生态状况综合评价得分见表5-4。

**表5-1 湿地生态状况评价指标体系**

| 一 级 | 二 级 | 三 级 | |
|---|---|---|---|
| 自然指标 | 景观指标 | 自然湿地率 | 自然湿地面积/湿地总面积 |
| | | 湿地密度 | 平均斑块面积/湿地总面积 |
| | | 湿地斑块密度 | 湿地斑块数/湿地总面积 |
| | 生物多样性指标 | 单位面积物种多度 | 物种数量/湿地面积 |
| | | 植被覆盖度 | 植被面积/湿地面积 |
| | | 外来入侵种 | 有、无 |
| | 水环境指标 | 污染物 | 有、无 |
| | | 富营养 | 贫、中、富3级 |
| | | 水质级别 | Ⅰ、Ⅱ、Ⅲ、Ⅳ、Ⅴ5级 |
| 人为干扰指标 | 社会指标 | 人口密度 | 人口数量/重点调查面积 |
| | | 利用情况 | 工、农、水、未4级 |
| | 威胁指标 | 威胁因子数量 | 数量 |
| | | 威胁程度 | 安全、轻、重3级 |

**表5-2 湿地生态状况评价各指标权重**

| 一 级 | | 二 级 | | 三 级 | |
|---|---|---|---|---|---|
| 自然指标 | 0.6 | 景观指标 | 0.1 | 自然湿地率 | 0.030 |
| | | | | 湿地密度 | 0.012 |
| | | | | 湿地斑块密度 | 0.018 |
| | | 生物多样性指标 | 0.45 | 单位面积物种多度 | 0.108 |
| | | | | 植被覆盖度 | 0.108 |
| | | | | 外来入侵种 | 0.054 |
| | | 水环境指标 | 0.45 | 污染物 | 0.054 |
| | | | | 富营养 | 0.081 |
| | | | | 水质级别 | 0.135 |
| 人为干扰指标 | 0.4 | 社会指标 | 0.4 | 人口密度 | 0.064 |
| | | | | 利用情况 | 0.096 |
| | | 威胁指标 | 0.6 | 威胁因子数量 | 0.084 |
| | | | | 威胁程度 | 0.156 |

**表 5-3 安徽省重点调查湿地各评价指标情况**

| 序号 | 重点调查湿地名称 | 自然湿地率（%） | 湿地密度 | 湿地斑块密度 | 单位面积物种多度 | 植被覆盖度 | 外来入侵种 | 污染物 | 富营养 | 水质级别 | 人口密度（人/平方公里） | 利用情况 | 威胁因子数量 | 威胁程度 |
|---|---|---|---|---|---|---|---|---|---|---|---|---|---|---|
| 1 | 巢湖国家重要湿地 | 99.62 | 0.06 | 0.02 | 0.003 | 0.01 | 无 | 有 | 中营养 | Ⅲ | 120.00 | 工 | 6 | 重度 |
| 2 | 扬子鳄国家级自然保护区 | 25.01 | 0.06 | 2.43 | 0.553 | 0.16 | 无 | 有 | 中营养 | Ⅲ | 3.60 | 农 | 4 | 轻度 |
| 3 | 升金湖国家级自然保护区 | 89.16 | 0.19 | 0.37 | 0.014 | 0.26 | 有 | 无 | 中营养 | Ⅲ | 3.20 | 水 | 3 | 轻度 |
| 4 | 淡水豚国家级自然保护区 | 0 | 1.00 | 5.39 | 8.140 | 0.30 | 无 | 有 | 中营养 | Ⅲ | 3.11 | 未 | 4 | 轻度 |
| 5 | 当涂石臼湖省级自然保护区 | 51.44 | 0.17 | 0.05 | 0.022 | 0.05 | 有 | 有 | 中营养 | Ⅲ | 7.52 | 农 | 4 | 安全 |
| 6 | 安庆沿江水禽省级自然保护区 | 95.36 | 0.15 | 0.21 | 0.003 | 0.15 | 有 | 无 | 中营养 | Ⅲ | 422.30 | 农 | 3 | 轻度 |
| 7 | 贵池十八索省级自然保护区 | 94.06 | 0.06 | 1.09 | 0.199 | 0.16 | 有 | 无 | 中营养 | Ⅲ | 1.60 | 农 | 4 | 轻度 |
| 8 | 颍上八里河省级自然保护区 | 78.32 | 0.12 | 0.57 | 0.020 | 0.26 | 有 | 无 | 中营养 | Ⅲ | 14.93 | 水 | 3 | 轻度 |
| 9 | 霍邱东西湖省级自然保护区 | 92.43 | 0.03 | 0.16 | 0.010 | 0.24 | 有 | 有 | 中营养 | Ⅱ | 6.41 | 农 | 5 | 轻度 |
| 10 | 明光女山湖省级自然保护区 | 87.49 | 0.08 | 0.09 | 0.101 | 0.33 | 有 | 无 | 中营养 | Ⅲ | 3.90 | 农 | 7 | 轻度 |
| 11 | 五河沱湖省级自然保护区 | 100.00 | 0.08 | 0.21 | 0.052 | 0.69 | 有 | 无 | 中营养 | Ⅲ | 230.00 | 农 | 4 | 轻度 |
| 12 | 颍州西湖省级自然保护区 | 76.90 | 0.20 | 0.53 | 0.125 | 0.19 | 有 | 有 | 中营养 | Ⅲ | 687.83 | 农 | 9 | 轻度 |
| 13 | 泗县沱河省级自然保护区 | 95.36 | 0.08 | 1.11 | 0.336 | 0.35 | 有 | 有 | 中营养 | Ⅳ | 2.30 | 农 | 4 | 安全 |
| 14 | 萧县黄河故道省级自然保护区 | 100.00 | 0.50 | 0.60 | 1.366 | 0.39 | 有 | 有 | 中营养 | Ⅱ | 320.00 | 农 | 6 | 安全 |
| 15 | 砀山黄河故道省级自然保护区 | 100.00 | 0.50 | 1.85 | 3.717 | 0.32 | 有 | 有 | 贫营养 | Ⅱ | 6.73 | 农 | 8 | 安全 |
| 16 | 怀远四方湖市级自然保护区 | 100.00 | 0.50 | 0.05 | 0.071 | 0.19 | 无 | 无 | 富营养 | Ⅲ | 950.00 | 农 | 4 | 轻度 |
| 17 | 固镇县两河湿地市级自然保护区 | 100.00 | 0.05 | 0.63 | 0.091 | 0.26 | 无 | 无 | 中营养 | Ⅲ | 100.00 | 农 | 2 | 中度 |
| 18 | 黟县清溪县级自然保护区 | 100.00 | 0.25 | 6.83 | 4.386 | 0.18 | 无 | 有 | 贫营养 | Ⅱ | 0.43 | 农 | 3 | 轻度 |
| 19 | 徽州区鸳鸯湖自然保护区 | 100.00 | 1.00 | 1.52 | 3.436 | 0 | 无 | 有 | 贫营养 | Ⅱ | 2.87 | 农 | 2 | 轻度 |

（续）

| 序号 | 重点调查湿地名称 | 自然湿地率（%） | 湿地密度 | 湿地斑块密度 | 单位面积物种多度 | 植被覆盖度 | 外来入侵种 | 污染物 | 富营养 | 水质级别 | 人口密度（人/平方公里） | 利用情况 | 威胁因子数量 | 威胁程度 |
|---|---|---|---|---|---|---|---|---|---|---|---|---|---|---|
| 20 | 芜湖和平鹭鸟自然保护区 | 93. 31 | 0. 17 | 2. 02 | 1. 035 | 0. 25 | 有 | 无 | 中营养 | Ⅲ | 4. 05 | 工 | 1 | 轻度 |
| 21 | 芜湖陶辛水韵自然保护区 | 66. 40 | 0. 10 | 0. 56 | 0. 112 | 0. 06 | 有 | 无 | 中营养 | Ⅲ | 6. 62 | 工 | 1 | 轻度 |
| 22 | 清凉峰国家级自然保护区野猪塘湿地 | 100. 00 | 1. 00 | 12. 14 | 19. 782 | 8. 33 | 无 | 无 | 中营养 | Ⅱ | 1. 16 | 未 | 0 | 安全 |
| 23 | 太平湖国家湿地公园 | 11. 00 | 0. 14 | 0. 10 | 1. 140 | 0. 21 | 无 | 无 | 贫营养 | Ⅱ | 0. 34 | 水 | 1 | 安全 |
| 24 | 迪沟国家湿地公园 | 12. 24 | 0. 08 | 2. 37 | 0. 174 | 0. 10 | 有 | 有 | 中营养 | Ⅲ | 7. 24 | 工 | 3 | 轻度 |
| 25 | 三汊河国家湿地公园 | 92. 97 | 0. 17 | 1. 22 | 0. 643 | 0. 83 | 有 | 无 | 贫营养 | Ⅲ | 7. 12 | 工 | 4 | 中度 |
| 26 | 颍州西湖国家湿地公园 | 50. 15 | 0. 20 | 1. 28 | 0. 301 | 1. 22 | 有 | 有 | 中营养 | Ⅲ | 821. 40 | 工 | 9 | 轻度 |
| 27 | 石龙湖国家湿地公园 | 8. 24 | 0. 50 | 1. 34 | 2. 689 | 0. 42 | 有 | 有 | 中营养 | Ⅴ | 1. 36 | 工 | 4 | 轻度 |
| 28 | 沙颍河国家湿地公园 | 92. 16 | 0. 25 | 1. 53 | 0. 760 | 0. 30 | 无 | 有 | 中营养 | Ⅳ | 13. 81 | 工 | 3 | 轻度 |
| 29 | 花亭湖国家湿地公园 | 15. 77 | 0. 07 | 0. 28 | 0. 377 | 0. 20 | 无 | 无 | 贫营养 | Ⅱ | 2. 46 | 水 | 1 | 安全 |
| 30 | 焦岗湖国家湿地公园 | 95. 15 | 0. 17 | 0. 20 | 0. 067 | 0. 67 | 有 | 无 | 中营养 | Ⅱ | 2. 50 | 工 | 3 | 轻度 |
| 31 | 秋浦河源国家湿地公园 | 100. 00 | 0. 33 | 2. 89 | 6. 772 | 0. 86 | 无 | 无 | 贫营养 | Ⅱ | 0. 59 | 未 | 1 | 安全 |
| 32 | 平天湖国家湿地公园 | 96. 84 | 0. 50 | 0. 18 | 0. 348 | 0. 10 | 无 | 无 | 贫营养 | Ⅲ | 3. 10 | 水 | 1 | 安全 |
| 33 | 长江干流安徽段 | 99. 01 | 0 | 0. 21 | 0. 002 | 0. 23 | 有 | 有 | 贫营养 | Ⅲ | 3. 81 | 农 | 7 | 轻度 |
| 34 | 淮河干流安徽段 | 96. 51 | 0 | 0. 46 | 0. 003 | 0. 25 | 有 | 有 | 中营养 | Ⅳ | 2. 20 | 农 | 7 | 轻度 |
| 35 | 新安江干流安徽段 | 100. 00 | 0. 13 | 0. 31 | 0. 121 | 0. 09 | 无 | 无 | 贫营养 | Ⅱ | 2. 70 | 水 | 2 | 安全 |
| 36 | 南漪湖湿地 | 77. 32 | 0. 07 | 0. 08 | 0. 017 | 0. 03 | 有 | 无 | 中营养 | Ⅲ | 2. 62 | 农 | 3 | 轻度 |
| 37 | 瓦埠湖湿地 | 100. 00 | 0. 09 | 0. 07 | 0. 010 | 0. 32 | 有 | 无 | 中营养 | Ⅲ | 437. 00 | 农 | 5 | 轻度 |

注："农""工""水""未"分别指"农用地""工业用地""水域"和"未利用地"。

**表 5-4　安徽省重点调查湿地生态状况综合得分**

| 序　号 | 重点调查湿地名称 | 生态状况综合得分 | 名　次 |
|---|---|---|---|
| 1 | 巢湖国家重要湿地 | 3.5880 | 37 |
| 2 | 扬子鳄国家级自然保护区 | 4.7720 | 26 |
| 3 | 升金湖国家级自然保护区 | 6.8280 | 6 |
| 4 | 淡水豚国家级自然保护区 | 6.1160 | 10 |
| 5 | 当涂石臼湖省级自然保护区 | 4.4240 | 28 |
| 6 | 安庆沿江水禽省级自然保护区 | 5.3280 | 17 |
| 7 | 贵池十八索省级自然保护区 | 4.3200 | 31 |
| 8 | 颍上八里河省级自然保护区 | 5.5600 | 15 |
| 9 | 霍邱东西湖省级自然保护区 | 4.1840 | 34 |
| 10 | 明光女山湖省级自然保护区 | 4.9280 | 24 |
| 11 | 五河沱湖省级自然保护区 | 5.5920 | 14 |
| 12 | 颍州西湖省级自然保护区 | 4.3800 | 29 |
| 13 | 泗县沱河省级自然保护区 | 5.0940 | 21 |
| 14 | 萧县黄河故道省级自然保护区 | 6.1620 | 9 |
| 15 | 砀山黄河故道省级自然保护区 | 6.0170 | 11 |
| 22 | 怀远县四方湖市级自然保护区 | 5.0610 | 22 |
| 17 | 固镇县两河市级自然保护区 | 5.2200 | 18 |
| 18 | 黟县清溪县级自然保护区 | 5.6170 | 13 |
| 19 | 徽州区鸳鸯湖自然保护区 | 5.6250 | 12 |
| 20 | 芜湖县和平鹭鸟自然保护区 | 5.4680 | 16 |
| 21 | 芜湖县陶辛水韵自然保护区 | 4.6280 | 27 |
| 22 | 清凉峰国家级自然保护区野猪塘湿地 | 8.2260 | 1 |
| 23 | 太平湖国家湿地公园 | 7.1010 | 3 |
| 24 | 迪沟国家湿地公园 | 4.3400 | 30 |
| 25 | 三汊河国家湿地公园 | 5.1710 | 19 |
| 26 | 颍州西湖国家湿地公园 | 4.8120 | 25 |
| 27 | 石龙湖国家湿地公园 | 4.2720 | 33 |
| 28 | 沙颍河国家湿地公园 | 5.1460 | 20 |
| 29 | 花亭湖国家湿地公园 | 6.9690 | 4 |
| 30 | 焦岗湖国家湿地公园 | 6.2860 | 8 |
| 31 | 秋浦河源国家湿地公园 | 8.1810 | 2 |
| 32 | 平天湖国家湿地公园 | 6.9390 | 5 |
| 33 | 长江干流安徽段 | 4.2950 | 32 |
| 34 | 淮河干流安徽段 | 3.6540 | 36 |
| 35 | 新安江干流安徽段 | 6.4870 | 7 |
| 36 | 南漪湖湿地 | 4.0560 | 35 |
| 37 | 瓦埠湖湿地 | 5.0400 | 23 |

## 3 湿地生态状况评价

根据上述评价结果，利用统计学的自然断点法分类，生态状况综合得分大于6.8为“好”等级；得分在5.3~6.8之间为“中”等级，得分小于5.3为“差”等级。安徽省重点调查湿地生态状况综合评价见表5-5。

**表5-5 安徽重点调查湿地生态状况综合评价**

| 生态状况综合评价等级 | 重点调查湿地 | 生态状况综合评价 |
|---|---|---|
| 好(6处) | 清凉峰国家级自然保护区野猪塘湿地、秋浦河源国家湿地公园、太平湖国家湿地公园、花亭湖国家湿地公园、平天湖国家湿地公园、升金湖国家级自然保护区 | 该6处重点调查湿地为位于长江流域的国家级自然保护区和湿地公园，长久以来受到较好的保护，人为干扰较少，其湿地自然生态状况良好，湿地生态功能发挥正常，是区域生态安全的重要保障 |
| 中(11处) | 新安江干流安徽段、焦岗湖国家湿地公园、萧县黄河故道省级自然保护区、淡水豚国家级自然保护区、砀山黄河故道省级自然保护区、徽州区鸳鸯湖自然保护区、黟县清溪县级自然保护区、五河沱湖省级自然保护区、颍上八里河省级自然保护区、芜湖县和平鹭鸟自然保护区、安庆沿江水禽省级自然保护区 | 这些重点调查湿地开发利用强度不大，周围人口密度较小，湿地区域范围内化工和排污企业较少，地表水水质受到污染较小，生态状况相对较好。面临的主要威胁有围垦、过度捕捞、围网养殖等，有些湿地还会因为旅游开发强度的增大而带来一定的威胁 |
| 差(20处) | 固镇县两河市级自然保护区、三汊河国家湿地公园、沙颍河国家湿地公园、泗县沱河省级自然保护区、怀远县四方湖市级自然保护区、瓦埠湖湿地、明光女山湖省级自然保护区、颍州西湖国家湿地公园、扬子鳄国家级自然保护区、芜湖县陶辛水韵自然保护区、当涂石臼湖省级自然保护区、颍州西湖省级自然保护区、迪沟国家湿地公园、贵池十八索省级自然保护区、长江干流安徽段、石龙湖国家湿地公园、霍邱东西湖省级自然保护区、南漪湖湿地、淮河干流安徽段、巢湖国家重要湿地 | 这些重点调查湿地正面临污染、过度利用、富营养化、生物入侵等问题。湿地周边人口密度大，生境破碎化严重，因此导致生态状况较差；<br>从分布和面积上看，这些重点调查湿地遍布全省，湿地面积较大，是安徽省湿地的主要组成部分，并且湿地类型多样，还涵盖了包括河流、湖泊、保护区、湿地公园及重要湿地等，这在一定程度上表明，安徽省湿地生态状况现状较差，安徽湿地正面临多重威胁，需要立即采取相应的措施，遏制湿地生态状况恶化的趋势，逐步改善全省湿地生态状况 |

# 4 湿地生态系统服务

## 4.1 水文学功能

### 4.1.1 调蓄洪水

安徽省河流是通航灌溉综合利用工程的辅助部分，积水面积大，在汛期可有效缓解沿河两岸泄洪压力、确保下游安全。在旱季，湿地为周围地区人们的生产、生活提供水源，满足灌溉需求，调节区域水平衡和区域小气候。

### 4.1.2 涵养水源

安徽湿地生态系统的涵养水源功能因水而异，以六安淠河国家湿地公园为例，其涵养水源的功能主要表现为截留降水。

### 4.1.3 改善小气候

由于大面积湿地的存在，使得湿地周边气温在夏季平均比其他地方尤其是市区低2～3℃，空气湿度增加10%～20%。

### 4.1.4 水体净化

湿地范围内的宽广水域不仅对自身径流通过的水以物理、化学和生物方式进行净化，而且还可以在下游污染严重时，开闸放水，稀释污染物。

## 4.2 生物地球化学功能

### 4.2.1 营养元素循环

安徽湿地营养循环价值主要为生态系统植被在其生长过程中不断地从周围环境中吸收营养元素，固定在植物体内。

### 4.2.2 消化分解废弃物

湿地特殊的土壤、泥炭、湿地植物群落均有较强的离子交换性能和吸附性，可以吸附、过滤、沉积、降解、转化水中各种油脂、重金属、有机质等污染物质，减少上游河流及地表径流水土流失造成的污染，减缓富营养化过程。

## 4.3 生态功能

### 4.3.1 提供物种栖息地

湿地环境一直是良好的重要的物种栖息地。许多湿地生态系统完善，受人为干扰程度较小，植物种类多，生物多样性丰富，为动物提供了丰富的食物来源和适宜的栖息场所。

### 4.3.2 保护物种多样性

已知安徽省湿地有维管束植物96科302属676种，有湿地脊椎动物5纲41目111科520种，湿地为这些野生动植物提供了生存条件。

### 4.3.3 维持食物链

受到良好保护的湿地区域，动植物将自然生长，形成一条自然的几乎不受人为干扰的食物链。

### 4.4 社会文化功能

#### 4.4.1 休闲娱乐

湿地健康优美的自然环境，一直以来吸引着人们，湿地公园和湿地保护区的建设又进一步丰富了居民的业余生活，为安徽人民的精神文明建设添砖加瓦。

#### 4.4.2 科研和教育

湿地内有多种国家保护的珍稀动植物，是进行植物学和动物学研究的良好场所，同时，安徽省各个湿地公园和湿地类型自然保护区分别以其独特的湿地景观、基础设施条件等吸引着各类游人，为人们提供认识湿地、了解湿地的平台。人们通过参加各种形式的科普活动，增强湿地保护意识，最终达到保护湿地资源和生态环境的科普宣传教育作用。

## 第二节 湿地受威胁状况

### 1 污 染

调查发现，安徽省部分湿地水质为劣Ⅴ类，仅极少数湿地水质为Ⅱ类水以上。综合来看，湿地水环境污染主要来自工业废水废渣、畜禽养殖污染、农业面源污染、城镇污水和垃圾、农村生活污水和垃圾、围网养殖等。特别是水产养殖，由于养殖密度过大，养殖品种单一，饵料过度投放，不仅造成湿地水体的污染，而且给湿地植被和水生生物带来了极大的危害，影响了湿地生态系统的健康。近年来，随着工农业的迅速发展，大量化肥、农药等化学产品的使用以及周围居民生活污水和工业废水、废渣、废气的排放，又给湿地生态系统带来新的压力。2011 年入夏以来，受持续高温影响，巢湖局部湖面蓝藻又开始“抬头”，出现较大面积蓝藻集聚。7 月下旬，卫星遥感一度监测到 109 平方公里蓝藻聚集，占全湖面积的 13.97%。从调查结果来看，全省湿地健康状况不容乐观，湿地保护任务还相当艰巨。

### 2 湖泊围垦

据统计，20 世纪 50～80 年代，安徽省全省湖泊围垦面积达 20 万公顷，占全省原湖泊面积的 36.4%。少数湖泊甚至已几乎全部开垦为农田，如庐江的白湖经围垦后改建为白湖农场，现湿地面积仅为 1333 公顷，围垦达 91.2%。由于盲目围湖造田、大规模开发建设用地，许多湿地湖汊滩地被开发和人为筑坝，致使湿地面积不断萎缩，生境破碎化、生态功能退化。

同时，围垦破坏了湖泊和滩涂水文环境，改变其植被，使水鸟重要的栖息地遭到破坏，甚至丧失。此外，围垦后，农业或者渔业生产干扰了动物的栖息，限制了其活动范围。甚至出于保护渔业生产目的，当地渔民对水鸟采取驱赶措施，这些活动直接导致区域内湿地野生动物数量急剧减少。

## 3　湿地资源过度利用

湿地生物资源是利用最普遍、受害最严重的自然资源之一，而捕捞、狩猎、砍伐、采挖等又是获取湿地生物资源最传统和最主要的方式(图5-1、图5-2)。围网养殖等高密度养殖导致水生植被退化，水生生物资源枯竭。从渔业捕捞情况来看，鱼类资源种类日趋单一，种群结构低龄化、小型化。同时因过度渔猎造成鱼类资源锐减，从而影响食鱼鸟类和兽类的食物来源。湿地内的主要狩猎对象是鸟类，非法猎捕、捡拾鸟蛋是导致水禽种群数量下降的重要原因。每年冬季，许多湖泊如瓦埠湖、城西湖、南漪湖等猎杀野鸟现象时有发生。几十年来，安徽省湿地野生动物中，因过度渔猎、生境破坏、环境污染等因素造成安徽原有分布、现已绝迹的种类有朱鹮、丹顶鹤等；造成数量锐减、濒临灭绝的种类有大鲵、沼水蛙、虎纹蛙、黄喉拟水龟、眼斑水龟、黄缘闭壳龟、金头闭壳龟、野生扬子鳄、白肩雕、鹗、东方田鼠、白鳍豚、江豚、水獭等。

## 4　生物入侵

生物入侵是某种生物从外地自然侵入或被人为引进，成为野生状态，并对本地生态系统造成一定危害的现象。安徽省的湿地生态系统，入侵物种种类和危害程度正逐步加重。此次调查发现的主要入侵植物物种有喜旱莲子草与凤眼莲。喜旱莲子草(图5-3)于全省各地湿地中都有分布，严重影响本地土著植物的生存空间，阻塞河道、水渠。随着水体富营养化的加剧，凤眼莲(图5-4)的危害日益严重。近年来，加拿大一枝黄花(图5-5)、豚草的入侵，虽未达到暴发的程度，但其危害性不可低估。调查发现和近年来有报道的入侵动物物种有克氏原螯虾、福寿螺、巴西龟、牛蛙、鳄龟等。其中克氏原螯虾是长江中下游常见的入侵物种，目前已扩散到安徽省长江、淮河、新安江三大水系。

## 5　江湖隔绝

由于兴修水利，全省绝大多数天然湖泊都建了水闸，导致江湖隔绝，阻塞了鱼虾等水生动物的洄游，破坏了鱼类等水生动物的栖息场所；此外，河道拦网阻断了江湖鱼类种群交流。这种来自江湖阻隔的影响在菜子湖区尤为明显。菜子湖原为长颌鲚、鲥鱼等洄游性鱼类的重要产卵场，同时为青、草、鲢、鳙等半洄游鱼类的重要索饵场，产卵亲体及补充幼体的出入依赖于连接江湖的水道。相比于水位落差、水深、河宽及水流速度等水文因子，调蓄闸开闭的影响更加显著。研究发现，枞阳大闸建成后，菜子湖内洄游性或半洄游性鱼类的野生种群就已基本达不到渔业捕捞的规模，同时绝大部分(半)洄游性鱼类的野生个体从湖区基本消失。江湖水闸的建立，导致水系紊乱，湿地水文状况改变，降低了水体自净能力，也加速湖泊富营养化进程。

图 **5-1** 过度捕捞：布满迷魂阵的河道(孙庆业摄)

图 **5-2** 采沙（孙庆业摄）

图 **5-3** 喜旱莲子草正吞噬着这个池塘(周小春摄)

图 **5-4** 凤眼莲(周小春摄)

图 **5-5** 加拿大一枝黄花(周小春摄)

## 6 基建和城市化

随着交通快速发展，道路修建对湖泊构成威胁。如，在武昌湖的上、下湖之间修建的 332 省道，在白荡湖上修建的 320 省道，望(江)东(至)高速公路都将从湖边通过，这些都对湖泊的结构与功能产生影响。一方面基建和城市化带来许多生活垃圾，污染湿地，并干扰了动物的栖息。另一方面，基建和城市化(图 5-6)大大改变甚至破坏了湿地原有的自然景观，代之而起的是兴建了许多人文景观。

图 **5-6**　基建和城市化对湿地的威胁（方再能摄）

### 7　养殖种类单一化趋势明显

湿地动物生存的另一威胁来自于其他物种的竞争。这个其他物种可能是人们养殖的经济动物物种，也可能是外来入侵物种。湖区家禽养殖和越冬水鸟竞争滩涂觅食地和栖息地；渔业上，大规模放养同一种水产品，该种迅速成为当地湿地生态系统的优势种，使得其他种难以生存；或者改变湿地生态系统的食物链、食物网结构，同时导致动物生存环境恶化。如菜子湖群中的嬉子湖、黄湖、大官湖和武昌湖因大规模放养中华绒螯蟹而造成水生植被严重破坏。同一种鱼类大规模地放养，不仅导致鱼种结构简单化，总体产量不高，而且放养种与野生种争夺食物和空间，或成为野生种类的天敌，导致许多野生种快速消失。如放养大量生长速度较快的湘鲫，使得很多本地野生鲫鱼消失。动物竞争的种类还有可能是生物入侵种，如克氏原螯虾，因其生长迅速，对环境条件要求低，较易繁殖，现已对本地虾类生长产生危害，并造成堤坝毁坏。

## 第三节
## 湿地资源变化及其原因分析

### 1　第一次湿地资源调查

据 1999 ~ 2000 年第一次湿地资源调查，全省共有湿地 65.39 万公顷，占安徽省国土面积的 4.68%。其中，天然湿地 59 万公顷，占湿地总面积 90%；人工湿地 6.39 万公顷，占湿地总面积 10%。自然湿地中，湖泊湿地 35.05 万公顷；河流湿地 23.95 万公顷。人工湿地中，库塘湿地 6.39 万公顷（表 5-6）。

**表 5-6　第一次湿地资源调查结果**

| 湿地类 | 面积（公顷） | 比例（%） |
|---|---|---|
| 河流湿地 | 239500 | 37 |
| 湖泊湿地 | 350500 | 53 |
| 人工湿地 | 63900 | 10 |
| 总　计 | 653900 | 100 |

## 2 第二次湿地资源调查

据2011年第二次湿地资源调查，全省共有湿地104.18万公顷，占安徽省国土面积的7.47%。其中，自然湿地71.36万公顷，占湿地总面积的68.49%；人工湿地32.82万公顷，占湿地总面积的31.51%。自然湿地中，河流湿地30.96万公顷，其中，永久性河流23.85万公顷，洪泛平原湿地7.11万公顷。湖泊湿地36.11万公顷，皆为永久性淡水湖。沼泽湿地4.29万公顷，其中，草本沼泽为4.29万公顷，灌丛沼泽为9.09公顷。人工湿地中，库塘为9.98万公顷，运河/输水河14.05公顷，水产养殖场8.79万公顷(表5-7)。

表5-7 第二次湿地资源调查结果

| 湿地类 | 湿地型 | 湿地型面积（公顷） | 湿地型比例（%） | 湿地类面积（公顷） | 湿地类比例（%） |
|---|---|---|---|---|---|
| 河流湿地 | 永久性河流 | 238434.06 | 22.89 | 309559.38 | 29.72 |
| | 洪泛平原 | 71125.32 | 6.83 | | |
| 湖泊湿地 | 永久性淡水湖 | 361134.72 | 34.66 | 361134.72 | 34.66 |
| 沼泽湿地 | 草本沼泽 | 42845.50 | 4.11 | 42854.59 | 4.11 |
| | 灌丛沼泽 | 9.09 | 0 | | |
| 人工湿地 | 库塘 | 99807.01 | 9.58 | 328252.96 | 31.51 |
| | 运河/输水河 | 140561.60 | 13.49 | | |
| | 水产养殖场 | 87884.35 | 8.44 | | |
| 合 计 | | 1041801.65 | 100 | 1041801.65 | 100 |

## 3 两次湿地资源调查变化情况及原因分析

### 3.1 湿地面积变化

#### 3.1.1 湿地面积变化比较

第二次湿地调查湿地总面积比第一次增加了38.79万公顷。其中，河流湿地面积增加了7.01万公顷，湖泊湿地面积增加了1.06万公顷，沼泽湿地面积增加了4.29万公顷，人工湿地面积增加了26.43万公顷(表5-8、图5-7)。

表5-8 两次湿地资源调查结果比较

| 湿地类型 | | 第一次湿地调查 | | 第二次湿地调查 | | |
|---|---|---|---|---|---|---|
| 湿地类 | 湿地型 | 面积（公顷） | 比例（%） | 湿地类面积（公顷） | 湿地型面积（公顷） | 湿地型比例（%） |
| 河流湿地 | 永久性河流 | 239500 | 36.63 | 309559.38 | 238434.06 | 22.89 |
| | 洪泛平原 | | | | 71125.32 | 6.83 |

（续）

| 湿地类型 | | 第一次湿地调查 | | 第二次湿地调查 | | |
|---|---|---|---|---|---|---|
| 湿地类 | 湿地型 | 面积（公顷） | 比例（%） | 湿地类面积（公顷） | 湿地型面积（公顷） | 湿地型比例（%） |
| 湖泊湿地 | 永久性淡水湖 | 350500 | 53.60 | 361134.72 | 361134.72 | 34.66 |
| 沼泽湿地 | 草本沼泽 | | | 42854.59 | 42845.50 | 4.11 |
| | 灌丛沼泽 | | | | 9.09 | 0 |
| 自然湿地合计 | | 590000 | 90.23 | 713548.69 | 713548.69 | 68.49 |
| 人工湿地 | 库塘 | 63900 | 9.77 | 328252.96 | 99807.01 | 9.58 |
| | 运河/输水河 | | | | 140561.60 | 13.49 |
| | 水产养殖场 | | | | 87884.35 | 8.44 |
| 人工湿地合计 | | 63900 | 10.83 | 328252.96 | 328252.96 | 31.51 |
| 总　计 | | 653900 | 100 | 1041801.65 | 1041801.65 | 100 |

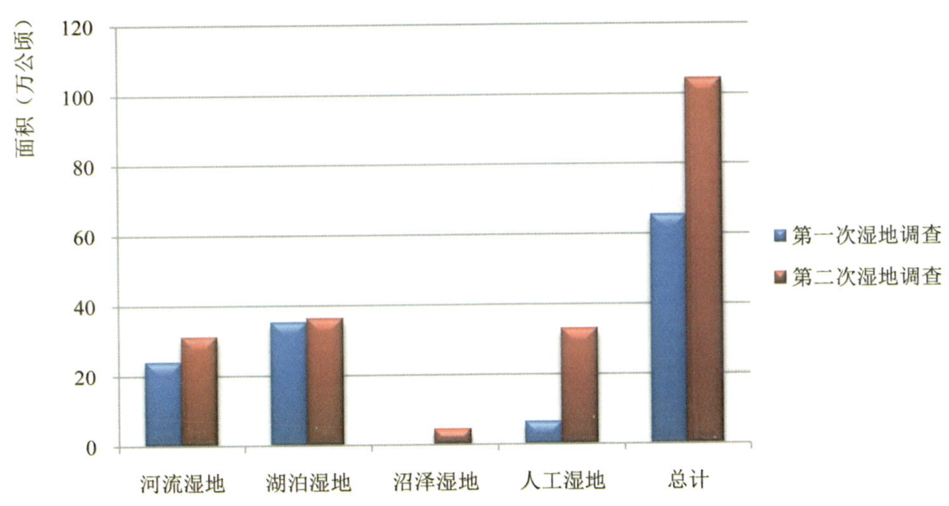


图 **5-7**　两次调查湿地面积对比

100 公顷以上湿地面积，总体上第二次较第一次增加了 9.56 万公顷。河流湿地 100 公顷以上减少了 0.75 万公顷；湖泊湿地 100 公顷以上减少了 2.50 万公顷；沼泽湿地 100 公顷以上的增加了 3.25 万公顷；人工湿地 100 公顷以上的增加了 9.56 万公顷(表 5-9、图 5-8)。

表 5-9 100 公顷以上湿地资源调查结果比较

| 湿地类型 | | 1999～2000 年 面积（公顷） | 1999～2000 年 占湿地总面积比例(%) | 2011 年 面积（公顷） | 2011 年 占湿地总面积比例(%) |
|---|---|---|---|---|---|
| 自然湿地 | 河流湿地 | 239500 | 36.63 | 231978.53 | 22.27 |
| | 湖泊湿地 | 350500 | 53.60 | 325482.60 | 31.24 |
| | 沼泽湿地 | | | 32533.77 | 3.12 |
| | 小 计 | 590000 | 90.23 | 589994.90 | 56.63 |
| 人工湿地 | 库塘 | 63900 | 9.77 | 68622.10 | 6.59 |
| | 运河/输水河 | | | 31656.41 | 3.04 |
| | 水产养殖场 | | | 59205.50 | 5.68 |
| | 小 计 | 63900 | 9.77 | 159484.01 | 15.31 |
| 合 计 | | 653900 | 100 | 749478.91 | 71.94 |

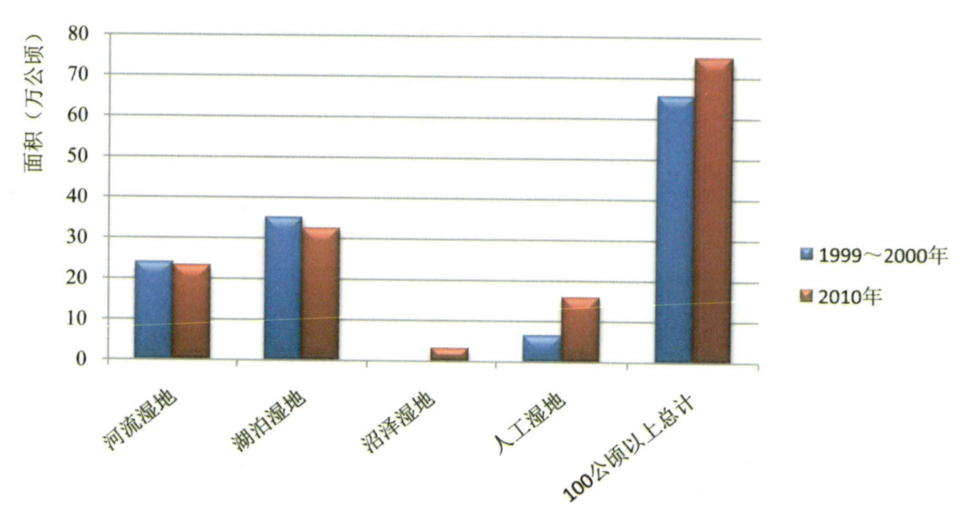


图 5-8 两次调查 100 公顷以上湿地面积对比

### 3.1.2 湿地面积变化原因

其一，第一次湿地资源调查的起点面积为 100 公顷，而面积 100 公顷以下的湿地斑块均没有计入全省湿地总面积中；第二次湿地调查的起点面积为 8 公顷，因此湿地总面积增加实为正常。

其二，第一次全省湿地调查主要是以资料收集为主，技术手段有一定的局限性；第二次湿地资源调查采用遥感卫片与地形图结合判读的方式，由各县(市、区)实地进行验证，准确度显著提高。

## 3.2　湿地类型变化

### 3.2.1　河流湿地变化比较及原因分析

(1)结果比较：河流湿地面积有所增加，第二次湿地调查统计出的面积较第一次调查面积多了7.01万公顷。100公顷以下、8公顷以上部分，增加了7.76万公顷，100公顷以上减少了0.75万公顷。

(2)原因分析：第二次调查100公顷以上河流湿地减少的原因主要是修闸建坝造成了一些自然河流湿地转变为人工湿地。

### 3.2.2　湖泊湿地变化比较及原因分析

(1)结果比较：湖泊湿地面积变化不大，第二次湿地调查统计出的面积较第一次调查的面积多了1.06万公顷。100公顷以下、8公顷以上部分，增加了3.56万公顷；100公顷以上减少了2.50万公顷。

(2)原因分析：安徽省湖泊湿地的面积基本上都在100公顷以上，因此两次调查的结果数据相差不大。第二次调查100公顷以上湖泊湿地减少的主要原因是围垦、填埋造成了一些中型湖泊湿地面积萎缩，生境破碎，还有因人工筑坝使湖泊湿地局部成了库塘或养殖场，转变为人工湿地；另一个原因就是湖泊沼泽化，湖泊湿地转变为沼泽湿地。

### 3.2.3　沼泽湿地变化比较及原因分析

(1)结果比较：第二次湿地调查较第一次调查沼泽湿地面积增加了4.29万公顷。100公顷以上的增加了3.25万公顷。

(2)原因分析：第一次湿地调查时，湖泊中的沼泽湿地未单独区划，而是统计到了湖泊湿地中；第二次调查时将湖泊中大面积的沼泽单独区划。此外，第二次调查时100公顷以下、8公顷以上的沼泽湿地计入沼泽湿地面积中。

### 3.2.4　库塘湿地变化比较及原因分析

(1)结果比较：第二次湿地调查比第一次调查库塘湿地面积增加3.59万公顷。

(2)原因分析：由于第二次调查库塘湿地面积扩大到8公顷以上，因此面积有所增加，但是由于围垦、围网养殖使部分库塘变为水产养殖场或陆地等情况的存在，实际上库塘湿地面积应该比围垦前有所减少。

### 3.2.5　运河/输水河湿地、水产养殖场湿地变化比较及原因分析

(1)结果比较：第二次调查运河/输水河湿地面积增加了14.05万公顷；水产养殖场湿地面积增加了8.79万公顷。

(2)原因分析：运河/输水河湿地、水产养殖场湿地面积均较第一次调查面积有较大增加，主要原因是这两类湿地斑块绝大多数单个面积小于100公顷，第一次调查时均未列入调查范畴。

## 3.3　生物多样性变化

目前，安徽省湿地植物名录共有676种(含种下单位)，隶属于95科302属，其中，裸子植物2科5属7种，被子植物83科286属653种，蕨类植物10科11属16种。安徽省现有湿地脊椎动物有520种，隶属于5纲41目111科，其中，鱼纲12目26科93属189种；两栖纲2目9科25属

38 种；爬行纲3 目10 科25 属33 种；鸟纲17 目53 科125 属234 种；哺乳纲7 目13 科24 属26 种。

与第一次调查(2000 年)相比，安徽省湿地野生动植物种类均有大幅度提高。据2000 年安徽省湿地调查统计，有裸子植物1 科3 属3 种，被子植物62 科165 属295 种，蕨类植物6 科6 属6 种。鱼纲12 目26 科173 种；两栖纲2 目9 科39 种；爬行纲3 目9 科29 种；鸟纲16 目42 科188 种；哺乳纲6 目11 科24 种。

这说明随着调查科研工作的不断深入，许多湿地物种被新发现。同时，随着保护管理工作的不断加强，生物多样性也逐步丰富。

## 3.4 保护状况变化

2000 年，安徽省共建有10 处湿地和野生动物类型的自然保护区，保护总面积308170.7 公顷。截至2013 年年底，安徽省已确认5 处国家重要湿地、23 处湿地类型自然保护区、15 处湿地公园试点单位，总面积达到433785.03 公顷，占全省国土面积的3.11%，占全省自然湿地总面积的60.79%。已建重要湿地、湿地类型自然保护区、湿地公园主要分布于沿江、沿淮湿地、淮南和淮北采煤沉陷湿地区(图5-9)。

图 **5-9** 煤矿塌陷湿地（周小春摄）

# 第六章
# 湿地保护与管理

## 第一节 湿地保护管理现状

### 1 湿地保护工作日渐重视

2004 年 12 月，《安徽省人民政府办公厅转发国务院办公厅关于加强湿地保护管理的通知》(皖政办〔2004〕69 号)中明确指出要做好湿地自然保护区的保护管理工作，逐步建立退田还湖等湿地保护示范工程，推行煤矿塌陷湿地合理利用优化模式，积极推动湿地保护和利用。2011 年，经省人民政府同意，成立了由省林业厅为牵头单位，由省发改委、财政、交通、环保、农业、水利等 14 个部门组成的"安徽省湿地资源调查与保护管理部门联席会议"制度，统筹研究和解决湿地保护工作中的重大问题，协调抓好湿地保护管理工作。2012 年，经省政府法制办同意，省林业厅颁布了《安徽省湿地公园管理办法》(试行)。2015 年 11 月 19 日《安徽省湿地保护条例》经第十二届安徽省人大常委会第二十四次会议表决通过，自 2016 年 1 月 1 日起施行。

### 2 湿地保护网络初步构建

安徽省已初步建立了以湿地类型自然保护区为主体，湿地公园和自然保护小区并存，其他保护形式为补充的湿地保护网络体系。截至 2013 年年底，安徽已确认 5 处国家重要湿地、23 处湿地类型自然保护区、15 处湿地公园试点单位，总面积达 433785.03 公顷，占全省国土面积的 3.11%，占全省自然湿地总面积的 60.79%。已建重要湿地、湿地类型自然保护区、湿地公园主要分布于沿江、沿淮湿地和淮北煤矿塌陷湿地区。

#### 2.1 重要湿地

安徽省的巢湖、升金湖、太平湖、石臼湖、扬子鳄栖息地 5 处已被《中国湿地保护行动计划》列为中国重要湿地(图 6-1 至图 6-4)，总面积 151277.23 公顷(表 6-1)，占省天然湿地总面积的 21.20%。其中，巢湖为全国第五大淡水湖；升金湖同时被列为亚洲重要湿地和中国人与生物圈保护区。

图 **6-1** 升金湖国家级自然保护区(束从余摄)

图 **6-2** 扬子鳄国家级自然保护区(John T. 摄)

图 **6-3** 渔舟唱晚——巢湖风光(谢峰摄)

图 **6-4** 太平湖国家湿地公园(唐勇摄)

**表 6-1 安徽省国家重要湿地基本情况**(公顷)

| 湿地名称 | 湿地类型 | 所在县(市、区) | 面　积 | 主要保护对象 |
|---|---|---|---|---|
| 巢湖 | 永久性淡水湖 | 巢湖市、肥西县、肥东县、庐江县、包河区 | 78795.53 | 湿地生态系统 |
| 升金湖 | 永久性淡水湖 | 池州市贵池区和东至县 | 33400.00 | 湿地生态系统及白头鹤、白鹤、白枕鹤、灰鹤、东方白鹳、黑鹳、白琵鹭、小天鹅等珍稀水禽 |
| 太平湖 | 库塘 | 黄山区 | 9850.00 | 湿地生态系统 |
| 石臼湖 | 永久性淡水湖 | 当涂县 | 10666.70 | 湿地生态系统及其珍稀水禽 |
| 扬子鳄栖息地 | 永久性淡水湖、永久性河流、库塘 | 宣州区、郎溪县、广德县、泾县、南陵县 | 18565.00 | 扬子鳄及其栖息地 |
| 合　计 | | | 151277.23 | |

## 2.2　湿地类型自然保护区

截至2013年年底，全省已建湿地类型自然保护区23处，总面积301882.8公顷(表6-2、图6-5至图6-7)，占省国土面积的2.17%，占省天然湿地总面积的43.71%。其中，国家级3处，面积83483公顷；省级12处，面积187969.5公顷；市级2处，面积12054公顷；县区级6处，面积18376.3公顷。

**表6-2　安徽省湿地类型自然保护区基本情况**

| 序号 | 名　称 | 级别 | 所在县(市、区) | 面积(公顷) | 主要保护对象 | 批建时间 | 隶属行政主管部门 |
|---|---|---|---|---|---|---|---|
| 1 | 扬子鳄国家级自然保护区 | 国家级 | 宣州区、郎溪、广德、泾县、南陵 | 18565.0 | 扬子鳄及栖息地 | 1982年6月 | 安徽省林业厅 |
| 2 | 升金湖国家级自然保护区 | 国家级 | 池州市 | 33400.0 | 湿地生态系统，白头鹤、白鹤、白枕鹤、灰鹤、东方白鹳、黑鹳、白琵鹭、小天鹅、白额雁、鸳鸯等。 | 1986年2月 | 池州市林业局 |
| 3 | 淡水豚国家级自然保护区 | 国家级 | 枞阳、无为、贵池、铜陵 | 31518.0 | 淡水豚类及湿地生态系统 | 2000年12月 | 安徽省环保厅 |
| 4 | 安庆沿江湿地省级自然保护区 | 省级 | 太湖、望江、枞阳、宿松、宜秀区 | 50332.0 | 湿地生态系统和珍稀水禽 | 1995年成立，2013年调整 | 安庆市林业局 |
| 5 | 宿松华阳河湖群省级自然保护区 | 省级 | 宿松 | 50496.0 | 湿地生态系统和珍稀水禽 | 1995年成立，2013年调整 | 宿松县林业局 |
| 6 | 贵池十八索省级自然保护区 | 省级 | 贵池区 | 3651.6 | 白头鹤、白鹳、黑鹳、白琵鹭、小天鹅、卷羽鹈鹕、白额雁、鸳鸯等 | 2001年 | 贵池区林业局 |
| 7 | 颍上八里河省级自然保护区 | 省级 | 颍上县 | 14600.0 | 湿地生态系统及鹤类、鹳类、雁鸭类等 | 2001年4月 | 颍上县林业局 |
| 8 | 霍邱东西湖省级自然保护区 | 省级 | 霍邱县 | 14200.0 | 珍稀水禽及其湿地生态系统 | 2001年4月 | 霍邱县林业局 |
| 9 | 当涂石臼湖省级自然保护区 | 省级 | 当涂县 | 10666.7 | 珍稀水禽及其湿地生态系统 | 2001年4月 | 当涂县农业委员会 |
| 10 | 五河沱湖省级自然保护区 | 省级 | 蚌埠市五河县 | 4180.2 | 湿地生态系统及其珍稀物种，包括珍稀濒危候鸟和珍贵淡水水产种质资源 | 2000年12月 | 五河县环保局 |
| 11 | 明光女山湖省级自然保护区 | 省级 | 明光市 | 21000.0 | 珍稀水禽及其湿地生态系统 | 2006年 | 明光市林业局 |

（续）

| 序号 | 名　称 | 级别 | 所在县（市、区） | 面积（公顷） | 主要保护对象 | 批建时间 | 隶属行政主管部门 |
|---|---|---|---|---|---|---|---|
| 12 | 颍州西湖省级自然保护区 | 省级 | 阜阳市颍州区 | 11000.0 | 珍稀水禽及其湿地生态系统 | 2002 年 4 月 | 阜阳市林业局 |
| 13 | 泗县沱河省级自然保护区 | 省级 | 泗县 | 2463.0 | 湿地生态系统 | 2012 年 2 月 | 泗县林业局 |
| 14 | 砀山黄河故道省级自然保护区 | 省级 | 砀山 | 2180.0 | 湿地生态系统 | 2012 年 2 月 | 砀山县林业局 |
| 15 | 萧县黄河故道省级自然保护区 | 省级 | 萧县 | 3200.0 | 湿地生态系统 | 2012 年 2 月 | 萧县林业局 |
| 16 | 固镇县两河湿地市级自然保护区 | 市级 | 固镇县 | 2000.0 | 珍稀水禽及其湿地生态系统 | 2006 年 4 月 | 固镇县林业局 |
| 17 | 怀远县四方湖市级自然保护区 | 市级 | 蚌埠怀远县 | 10054.0 | 珍稀水禽及其湿地生态系统 | 2004 年 2 月 | 怀远县林业局 |
| 18 | 黟县清溪县级自然保护区 | 县级 | 黟县 | 3000.0 | 金头闭壳龟等 | 2007 年 8 月 | 黟县林业局 |
| 19 | 黄山区西溪湿地县级保护区 | 县级 | 黄山区乌石乡 | 4710.0 | 湿地生态系统 | 2007 年 10 月 | 黄山区林业局 |
| 20 | 徽州区鸳鸯湖县级自然保护区 | 县级 | 徽州区西溪南镇 | 505.0 | 鸳鸯等水禽及其湿地生态系统 | 2007 年 6 月 | 徽州区林业局 |
| 21 | 芜湖县长港扬子鳄县级自然保护区 | 县级 | 芜湖县红杨镇 | 21.3 | 扬子鳄及栖息地 | 2009 年 11 月 | 芜湖县林业局 |
| 22 | 芜湖和平鹭鸟县级自然保护区 | 县级 | 芜湖县和平乡 | 6870.0 | 湿地生态系统 | 2002 年 11 月 | 芜湖市环保局 |
| 23 | 芜湖陶辛水韵县级自然保护区 | 县级 | 芜湖县陶辛镇 | 3270.0 | 湿地生态系统 | 2003 年 3 月 | 芜湖市环保局 |
| 总　计 | | | | 301882.8 | | | |

图 **6-5** 萧县黄河故道省级自然保护区（许良刚摄）

图 **6-6** 女山湖湿地古火山口(纪会生摄)

图 **6-7** 泗县沱河省级自然保护区(许良刚摄)

## 2.3 湿地公园

截至2013年年底，安徽省已建立湿地公园试点单位(图6-8至图6-19)15处，总面积53106.7公顷(表6-3)，占省天然湿地总面积的7.4%。其中，国家级12处，面积51471.1公顷；省级2处，面积746.2公顷；市级1处，面积889.4公顷。

**表 6-3 安徽省湿地公园基本情况**

| 序号 | 名称 | 级别 | 所在县(市、区) | 面积(公顷) | 主要保护对象 | 批建时间 | 管理部门 |
|---|---|---|---|---|---|---|---|
| 1 | 黄山区太平湖国家湿地公园 | 国家级 | 黄山区 | 9850 | 湿地生态系统 | 2007年11月 | 林业 |
| 2 | 蚌埠三汊河国家湿地公园 | 国家级 | 淮上区 | 800 | 湿地生态系统 | 2009年12月 | 林业 |
| 3 | 颍上迪沟国家湿地公园 | 国家级 | 颍上县 | 2800 | 湿地生态系统 | 2009年2月 | 迪沟镇政府 |
| 4 | 泗县石龙湖国家湿地公园 | 国家级 | 泗县 | 1485 | 湿地生态系统 | 2009年12月 | 林业 |
| 5 | 淮南焦岗湖国家湿地公园 | 国家级 | 毛集实验区 | 3267 | 湿地生态系统 | 2009年12月 | 区管委会 |
| 6 | 太和沙颍河国家湿地公园 | 国家级 | 太和县 | 714 | 湿地生态系统 | 2009年12月 | 林业 |
| 7 | 太湖花亭湖国家湿地公园 | 国家级 | 太湖县 | 21841 | 湿地生态系统 | 2009年12月 | 林业 |
| 8 | 颍州西湖国家湿地公园 | 国家级 | 颍州区 | 666 | 湿地生态系统 | 2009年12月 | 林业 |
| 9 | 石台秋浦河源国家湿地公园 | 国家级 | 石台县 | 1850 | 湿地生态系统 | 2011年3月 | 林业 |
| 10 | 六安淠河国家湿地公园 | 国家级 | 六安市 | 4448 | 湿地生态系统 | 2011年12月 | 水利 |
| 11 | 涡阳道源国家湿地公园 | 国家级 | 涡阳县 | 849.1 | 湿地生态系统 | 2011年12月 | 林业 |
| 12 | 池州平天湖国家湿地公园 | 国家级 | 池州市 | 2901 | 湿地生态系统 | 2011年12月 | 市政府 |
| 13 | 界首两湾省级湿地公园 | 省级 | 界首市 | 603 | 湿地生态系统 | 2013年5月 | 林业 |
| 14 | 来安池杉湖省级湿地公园 | 省级 | 来安县 | 143.2 | 湿地生态系统 | 2013年5月 | 林业 |
| 15 | 肥东龙栖地市级湿地公园 | 市级 | 肥东县 | 889.4 | 湿地生态系统 | 2013年8月 | 林业 |
| 合计 | | | | 53106.7 | | | |

图 **6-8** 太平湖国家湿地公园(陈雪君摄)

图 **6-9** 三汊河国家湿地公园(刘敏摄)

图 **6-10** 迪沟国家湿地公园(谢超任摄)

图 **6-11** 石龙湖国家湿地公园(刘嵩摄)

图 **6-12** 焦岗湖国家湿地公园

图 **6-13** 沙颍河国家湿地公园(张磊摄)

图 **6-14** 花亭湖国家湿地公园(束从余摄)

图 **6-15** 颍州西湖国家湿地公园

图 6-16 秋浦河源国家湿地公园(陈方明摄)

图 6-17 淠河国家湿地公园(周小春摄)

图 6-18 道源国家湿地公园(周小春摄)

图 6-19 平天群岛(方再能摄)

### 2.4 湿地保护小区

已建湿地保护小区 2 处,总面积 825 公顷。其中,贵池丰收湖面积 625 公顷;绩溪华阳翠湖面积 200 公顷。

### 2.5 其他保护形式

全省已建森林公园 72 处,总面积 153070.08 公顷;已建风景名胜区 38 处,此外,还建有一些水源保护地和水利风景区。这些保护地均以不同形式保护了其中分布的湿地资源。

## 3 湿地保护工程稳步实施

安徽省先后在升金湖、安庆沿江、霍邱东西湖等 10 处湿地类型自然保护区和湿地公园实施了湿地恢复与重建工程(图 6-20 至图 6-22),总投资 1.2 亿元。在石台秋浦河源、蚌埠三汊河等 12 处国家湿地公园和湿地类型自然保护区实施中央财政湿地保护补助资金项目,共投入 3650 万元。通过项目实施,有效保护了湿地资源,逐步恢复了湿地生态功能,增强了湿地管理机构的监测监控能力,提高了项目区全社会的湿地保护意识。

在《全国湿地保护工程"十二五"规划》中,安徽省有 25 个项目列入其中,内容包括湿地保护工程、湿地恢复与综合治理工程、可持续利用示范工程以及能力建设工程,总投资达 4.22 亿元。其中,中央投资 2.02 亿元,地方配套投资 2.2 亿元。

目前，安徽省林业厅正在组织编制《安徽省湿地保护规划》(2016～2030 年)，为进一步推动全省湿地保护工程建设奠定了坚实的基础。

图 **6-20** 河道疏浚(周小春摄)

图 **6-21** 湿地生态驳岸构建(周小春摄)

图 **6-22** 湿地修复(周小春摄)

## 4 保护管理机构相继建立

1988 年，安徽省编委批准成立安徽省自然保护管理站。此后，全省 17 个市都相继成立了野生动植物保护管理机构，部分县(市、区)也成立了自然保护站。省、市、县(市、区)三级自然保护站成为保护全省野生动植物资源的专门机构，这标志着全省自然保护管理网络初步形成。2011 年 7 月，经安徽省编制委员会批准，成立了安徽省湿地保护中心，负责开展湿地保护技术标准和规范研究，组织全省湿地资源调查与监测，实施湿地保护区管理等具体工作，成为负责全省湿地保护组织、协调、指导和监督管理工作的专门机构。

已建的省级以上湿地类型自然保护区和湿地公园均设有专门的管理机构，行政级别从正处级到股级不等。市、县级的湿地类型自然保护区和湿地公园均没有专门的机构和管理人员，由所在地林业管理部门兼管。

已建国家级野生动物疫源疫病监测站 10 处，省级 42 处。

## 5 科研监测逐步展开

安徽省分别于 1999～2000 年和 2011 年开展了两次全省范围内的湿地资源调查，分别于 2005

年1～2月和2011年1～2月份开展两次大规模的沿江湖泊越冬水鸟调查工作，编写了成果报告，为制定湿地保护相关政策措施提供了科学依据。升金湖、扬子鳄、安庆沿江、十八索等自然保护区作为长江中下游湿地保护网络的重要组成成员，积极开展水鸟调查与监测，为共同推动长江流域的湿地保护工作发挥了积极的作用。

近年来，湿地保护管理机构积极与高校合作，利用高校师资力量，开展湿地保护管理科学研究（图6-23至图6-25）。如升金湖国家级自然保护区管理局与安徽大学、安徽师范大学合作，开展升金湖水生植被调查，发现了粗梗水蕨、水茫草和裸柱菊3种新分布植物和蓼科蓼属一个新变种。该保护区还与中国科技大学、安徽大学合作，开展了白琵鹭越冬生态研究和白头鹤越冬生态及环境容纳量研究等，相继发表了数十篇论文。扬子鳄国家级自然保护区与安徽师范大学合作，出版了《安徽扬子鳄国家级自然保护区综合研究》专著。安庆沿江水禽自然保护区与安徽大学等省内外院校合作，进行科学考察，完成了保护区综合考察报告，发现玄参科水茫草属一新记录。开展了白头鹤种群动态监测与栖息地环境特征等项目研究等，出版了《安庆沿江湖泊湿地生物多样性及其保护与管理》专著。

图 **6-23**　野外考察（焦岗湖国家湿地公园）

图 **6-24**　扬子鳄野外放归（顾长明摄）

图 **6-25**　扬子鳄繁殖研究中心（洪小卫摄）

## 6　对外合作继续深化

安庆沿江水禽自然保护区成功实施了中国—欧盟生物多样性安庆市示范项目，欧盟赠款115万美元用于湿地恢复，较好地改善了示范区的生态环境。升金湖国家级自然保护区实施全球环境基金项目(GEF 项目)，申请项目获外资 265 万美元，已经启动实施。扬子鳄国家级自然保护区与美国野生动物保护组织、华东师范大学、安徽师范大学等科研单位合作，开展扬子鳄野外生态调查、野外放归等研究。同时，作为长江中下游湿地保护网络的重要组成成员，安徽省升金湖、扬子鳄、安庆沿江、十八索等自然保护区开展了水鸟调查与监测，在安庆成功举办了长江湿地保护网络年会；参与编辑《长江中下游湿地保护有效管理案例分析》，为整个流域的湿地保护工作发挥了积极的作用。先后与日本合作开展鹤类基因多样性研究；与美国、澳大利亚等国合作，进行扬子鳄生态学研究。

### 7 科普宣传不断加强

利用"世界湿地日""爱鸟周"等时机，在全省范围内开展了湿地和水禽保护宣传活动，并与世界自然基金会合作，连续 5 年开展了"湿地使者行动"，旨在提高公众湿地保护意识。出版了《安徽湿地》《安徽省自然保护区》《扬子鳄的故事》《安徽省陆生野生动植物资源》《绿色的瑰宝》等书籍和 DVD 宣传片。组织拍摄了未成年人生态道德教育专题片《扬子鳄》《东方白鹳》等，在中央电视台少儿频道"绿野寻踪"栏目中播出，对加强青少年生态道德意识发挥了重要作用。

## 第二节 湿地保护面临的形势

党的十八大将生态文明建设纳入"五位一体"战略布局，并首次明确提出"扩大森林、湖泊、湿地面积"。党的十八届三中全会，提出的自然资源资产产权制度、用途管制制度、生态保护红线制度、国家公园制度、生态补偿制度等，对湿地保护工作提出了更高的要求和更明确的目标。安徽湿地保护管理工作虽然取得了一定的成绩，但与湿地生态系统在生态文明建设中担负的历史重任相比，仍有很大的差距，主要表现在以下几个方面。

### 1 改善湿地生态环境

#### 1.1 湿地服务功能下降

湿地作为重要的生态产品已纳入了党和国家的基本决策之中。然而，湿地污染、湿地萎缩、湿地破碎、水系紊乱、生物入侵、湿地产出下降等一系列问题，以及水少、水差、水涝等水患现象仍困扰着人们的生产生活。

#### 1.2 湿地景观退化

湿地驳岸固化、基建和城市化、生物多样性丧失、人工化和趋同化加剧，导致湿地景观退化和异质化程度下降。

## 2　健全完善湿地管理体制机制

### 2.1　法规机制不健全

目前，国家层面尚无湿地保护专项法规，地方法规配套文件也尚不健全。而湿地保护管理涉及多个部门，部门职能交叉重叠现象严重，造成管理执法不力，工作协调难度大，严重影响了湿地保护工程的顺利实施。

### 2.2　管理体系尚未建立健全

目前，安徽省、市、县三级湿地保护管理工作仅由林业部门的自然保护、森防、林政、森林公安等机构承担，人力十分有限，专业人才尤为缺乏。

### 2.3　机构队伍建设不完善

已建湿地类型自然保护区和湿地公园机构编制与人员配置不到位，保护管理能力亟待加强。

## 3　创新湿地保护的技术手段

### 3.1　湿地技术理念落后

从正在建设的部分国家湿地公园来看，未能很好地体现湿地公园建设的自身特色，许多理念仍按照一般城市公园建设的路子。一是湿地保护优先理念体现不够。人造景观、人工痕迹较明显，商业活动过多。二是湿地修复理念体现不够。水是湿地的灵魂，植被是湿地的初级生产者，湿地公园内的水少、水差和植被退化现象，在湿地公园建设中未能很好解决。三是湿地生态系统完整性理念体现不够。湿地公园建设过程中，造成了湿地破碎、驳岸固化等。

### 3.2　湿地保护建设技术支撑较薄弱

湿地生态系统具有复杂性和特殊性，湿地生态环境极为脆弱，一旦遭到破坏很难恢复。湿地保护是一门年轻的学科，湿地保护基础研究开展不多，本底不清现象依然存在。目前在湿地植被修复、湿地需水量、湿地水治理、湿地生态安全等方面研究滞后，一定程度上制约了湿地公园的建设。

# 第三节
# 湿地保护管理措施

坚持“保护优先、科学恢复、合理利用、持续发展”的方针，认真贯彻落实湿地保护相关法规，健全湿地保护管理制度，完善湿地保护管理体系，加强湿地保护宣传教育，大力实施保护和恢复工程，努力扩大湿地面积，增强湿地生态功能，努力为建设生态文明和美丽中国提供良好的生态保障。

## 1 完善湿地保护法规

自20世纪80年代以来，安徽省先后颁布了《安徽省森林和野生动物类型自然保护区管理办法》《安徽省淮河流域水污染防治条例》《安徽省农业生态环境保护条例》《安徽省实施〈中华人民共和国野生动物保护法〉办法》等许多与湿地保护有关的法规，这些地方性法规为保护安徽湿地资源提供了一定的法制保障。

但目前，国家层面尚没有一部湿地保护的专项法规。完善的法制体系是湿地保护和实现湿地资源可持续利用的关键。因此，安徽省要尽快按照《安徽省湿地保护条例》，制定相关配套文件，依法规范和协调湿地保护与利用活动；明确湿地在国民经济建设和社会发展中的地位及作用；确定湿地保护与利用的方针，明确有关部门在湿地保护中的职责。启动湿地保护"十三五"规划编制工作，科学谋划好湿地保护项目布局、优先方向和重点建设内容。建立科学的湿地确认、界定和评价指标体系，制定湿地保护相关的技术规范。

## 2 严格湿地资源保护管理制度

### 2.1 划定湿地生态保护红线

坚定不移地实施主体功能区制度，严格遵守《中华人民共和国自然保护区条例》《湿地保护管理规定》《湿地公园管理办法》关于自然保护区和湿地公园功能分区的有关管理规定。严格重要湿地认证制度，划定湿地生态保护红线，将湿地空间保护和恢复任务落实到地块，确保全省湿地面积不减少，实现湿地"零净损失"。努力扩大湿地面积，确保湿地保护面积不断增加，也即是确保安徽104万公顷湿地生态红线安全。其中，一是严格保护一批湿地，包括国家重要湿地、自然保护区、湿地公园、保护小区等保护地；二是合理利用一批湿地，主要是开展生态旅游、利用示范工程等，但不改变湿地自然属性；三是适度放开一批湿地，实行湿地资源利用许可制度，可改变湿地属性，但须维持区域湿地"零"损失。

### 2.2 设立湿地资源资产产权制度

对湿地资源进行统一确权登记，形成归属清晰、权责明确、监管有效的湿地资源资产产权制度。自然保护区和湿地公园可通过调整、置换、赎买、租赁、补偿、移民等形式，取得湿地的使用权和管理权。

### 2.3 健全湿地用途管制制度

根据湿地资源的禀赋差异，划定自然保护区、湿地公园、湿地保护小区和湿地多功能区，以及重要湿地和一般湿地等类型，建立空间规划体系，划定生产、生活、生态空间开发管制界限，落实用途管制。

### 2.4 探索实行湿地资源有偿使用制度和生态效益补偿制度

开展湿地价值评估，全面反映资源稀缺程度、生态环境损害成本和修复效益。逐步实行湿地生态效益补偿制度。科学设计补偿条件、补偿范围、补偿主体、补偿对象、补偿标准、补偿方式和补偿机制等，确保利益受损群众得到相应补偿，推进人与自然、人与野生动物和谐相处。

### 2.5　建立湿地保护考核机制

逐步把湿地指标纳入党委政府的政绩考核范围，引导各地加强湿地保护与恢复。对湿地生态区位十分重要、天然湿地面积大的县区，将其湿地面积变化和湿地生态服务功能变化等情况，纳入政府考核范围。

## 3　扩大湿地保护面积

### 3.1　新建重要湿地

争取将池州升金湖、宿松华阳河湖群等湿地晋升为国际重要湿地，划定安徽省和市、县级重要湿地，构建体系健全的重要湿地保护网络体系。

### 3.2　新建湿地类型自然保护区和湿地公园

实践证明，建立湿地类型自然保护区是保护湿地最积极、最直接、最有效的措施。建立湿地公园是保护湿地资源、展示湿地自然景观、推进科普宣教、体验湿地文化、开展湿地生态旅游的重要阵地。要依照《安徽省湿地保护规划(2016～2030)》的总体布局，通盘考虑，突出重点，分步实施。对安徽省典型独特的湿地类型区和生态敏感区、脆弱区，抢救性地建立一批自然保护区、湿地公园或保护小区，进一步扩大湿地保护面积。

## 4　实施湿地保护生态修复工程

### 4.1　减负修复

将湿地已不堪承受的重负减下来，严禁酷捕滥捞和过度养殖；在湿地周边大力发展绿色经济、低碳经济、循环经济；严格环境准入，促进产业结构调整和发展方式转变；严格控制和减少污染排放；对功能退化的沼泽、河流、湖泊等湿地，通过植被恢复、鸟类栖息地恢复、生态补水、水污染防治等措施进行综合治理，逐步恢复湿地生态功能。

### 4.2　消阻扩容

减少大坝和闸门的阻隔，增加江湖河库的生态联系，为鱼类洄游、鸟类迁徙构建通道；维护湖泊的正常吞吐规律，让水连起来、让水动起来，维护湿地生态系统的稳定性和完整性。通过封山育林、人造湿地、围堰蓄水、退田还湿、河湖清淤等措施，防止湿地萎缩，扩大湿地面积，充分发挥湿地的多种功能。

## 5 提高湿地保护管理能力

### 5.1 健全协调机制建设

完善湿地保护法制体系和政策体系，出台《安徽省湿地保护条例》，做到有法可依，执法有力；充分发挥全省湿地保护管理部门联席会议作用，形成统一监管、分工负责、良性互动、优势互补、协调一致的工作机制。

### 5.2 加强湿地资源保护管理队伍建设

建立健全湿地类型自然保护区和湿地公园管理机构，落实人员编制，完善管理制度，开展人员培训，做到人员到位、职责明确、管理科学。

### 5.3 加大湿地科技支撑

围绕湿地保护模式、湿地退化机理和修复关键技术、湿地资源可持续利用模式，开展重点领域科学研究，研究推广湿地保护和恢复的关键技术，为大规模开展重大生态修复工程提供科技支撑。建立科学决策咨询机制，为湿地保护决策提供技术咨询服务。

### 5.4 建立湿地资源监测网络

建立健全安徽省湿地资源监测网络，掌握各类湿地动态变化、发展趋势，定期提供监测数据与监测报告，分析变化的原因，提出湿地保护与合理利用对策，为各级政府提供决策依据。

## 6 拓宽湿地保护融资渠道

### 6.1 继续争取政府投入

一是实施好“十二五”湿地保护工程，编制“十三五”湿地保护工程，继续争取中央财政湿地保护投入；二是加大省市县政府预算投入，争取设立湿地保护省级专项资金，确保基础设施建设和社会公益事业建设资金；三是整合农业、林业、水利、交通等部门项目资金。

### 6.2 大力开展招商引资

按照“谁投资，谁建设，谁受益”的建设机制，引导和鼓励社会各界和个人积极投资湿地保护，使安徽湿地保护工作有较完善的资金来源渠道。

## 7 构建湿地保护良好环境

### 7.1 探索共管共建模式

正确处理好湿地资源保护与利用关系，协调处理好湿地公园与社区居民之间的关系，构建湿地公园社区共管共建机制。通过自然保护区和湿地公园建设，拓宽群众就业渠道。除了发展生态旅游业、养殖业、农家乐和向社会提供更多的生态产品外，还要提供湿地保护特有的就业渠道，如野外巡护、监测、野生动植物救护和种植水生植物等。

### 7.2　加大宣传力度

通过广播、电视、报纸、网络等媒体，多角度、多层次，大力宣传保护湿地、建立自然保护区和湿地公园的意义和作用，加大对公众的湿地保护意识和资源忧患意识的教育，树立“尊重自然、顺应自然、保护自然”的生态文明理念，增强全民生态保护意识，形成全社会保护湿地的良好氛围。

# 附录1　安徽湿地调查区域植物名录

| 序号 | 科 | 属 | 种 | | 保护等级 |
|---|---|---|---|---|---|
| | | | 中文名 | 拉丁名 | |
| （一）蕨类植物 | | | | | |
| 1 | 卷柏科 | 卷柏属 | 江南卷柏 | *Selaginella moellendorffii* | |
| 2 | | | 兖州卷柏 | *Selaginella involvens* | |
| 3 | | | 翠云草 | *Selaginella uncinata* | |
| 4 | | | 小卷柏 | *Selaginella helvetica* | |
| 5 | | | 伏地卷柏 | *Selaginella nipponica* | |
| 6 | 木贼科 | 问荆属 | 问荆 | *Equisetum arvense* | |
| 7 | | 木贼属 | 节节草 | *Hippochaete ramosissmum* | |
| 8 | 水韭科 | 水韭属 | 中华水韭 | *Isoetes sinensis* | 国家Ⅰ级 |
| 9 | 紫萁科 | 紫萁属 | 紫萁 | *Osmunda japonica* | |
| 10 | 海金沙科 | 海金沙属 | 海金沙 | *Lygodium japonicum* | |
| 11 | 凤尾蕨科 | 凤尾蕨属 | 井口栏边草 | *Pteris multifida* | |
| 12 | 水蕨科 | 水蕨属 | 水蕨 | *Ceratopteris thalictroides* | 国家Ⅱ级 |
| 13 | | | 粗梗水蕨 | *Ceratopteris pteridoides* | 国家Ⅱ级 |
| 14 | 苹科 | 苹属 | 苹 | *Marsilea quadrifolia* | |
| 15 | 槐叶苹科 | 槐叶苹属 | 槐叶苹 | *Salvinia natans* | |
| 16 | 满江红科 | 满江红属 | 满江红 | *Azolla pinnata* | |
| （二）裸子植物 | | | | | |
| 17 | 松科 | 松属 | 马尾松 | *Pinus massoniana* | |
| 18 | | | 湿地松 | *Pinus elliottii* | |
| 19 | 杉科 | 水松属 | 水松 | *Glyptostrobus pensilis* | |
| 20 | | 柳杉属 | 柳杉 | *Cryptomeria fortunei* | |
| 21 | | 水杉属 | 水杉 | *Metasequoia glyptostroboides* | |
| 22 | | 落羽杉属 | 池杉 | *Taxodium ascendens* | |
| 23 | | | 落羽杉 | *Taxodium distichum* | |
| （三）被子植物 | | | | | |
| 24 | 杨柳科 | 杨属 | 加杨 | *Populus canadensis* | |
| 25 | | | 响叶杨 | *Populus adenopoda* | |
| 26 | | | 钻天杨 | *Populus nigra* var. *italica* | |
| 27 | | 柳属 | 垂柳 | *Salix babylonica* | |

（续）

| 序号 | 科 | 属 | 种 | | 保护等级 |
|---|---|---|---|---|---|
| | | | 中文名 | 拉丁名 | |
| 28 | 杨柳科 | 柳属 | 腺柳 | *Salix chaenomeloides* | |
| 29 | | | 银叶柳 | *Salix chienii* | |
| 30 | | | 红皮柳 | *Salix sinopurpurea* | |
| 31 | | | 紫柳 | *Salix wilsonii* | |
| 32 | | | 旱柳 | *Salix matsudana* | |
| 33 | | | 皂柳 | *Salix wallichiana* | |
| 34 | 桦木科 | 桤木属 | 江南桤木 | *Alnus trabeculosa* | |
| 35 | | | 桤木 | *Alnus cremastogyne* | |
| 36 | 胡桃科 | 枫杨属 | 枫杨 | *Pterocarya stenoptera* | |
| 37 | 榆科 | 朴属 | 朴 | *Celtis tetrandra* | |
| 38 | | 榆属 | 榆树 | *Ulmus pumila* | |
| 39 | | | 榔榆 | *Ulmus parvifolia* | |
| 40 | | 刺榆属 | 刺榆 | *Hemiptelea davidii* | |
| 41 | 桑科 | 柘树属 | 柘树 | *Cudrania tricuspidat* | |
| 42 | | 构树属 | 构树 | *Broussonetia papyrifera* | |
| 43 | | 葎草属 | 葎草 | *Humulus scandens* | |
| 44 | | 桑属 | 桑 | *Morus alba* | |
| 45 | 荨麻科 | 花点草属 | 花点草 | *Nanocnide japonica* | |
| 46 | | 糯米团属 | 糯米团 | *Gonostegia hirta* | |
| 47 | | 冷水花属 | 透茎冷水花 | *Pilea pumila* | |
| 48 | | | 冷水花 | *Pilea notata* | |
| 49 | | | 粗齿冷水花 | *Pilea sinofasiata* | |
| 50 | | | 三角冷水花 | *Pilea swinglei* | |
| 51 | | | 矮冷水花 | *Pilea peploides* | |
| 52 | | | 小叶冷水花 | *Pilea microphylla* | |
| 53 | | 楼梯草属 | 庐山楼梯草 | *Elatostema stewardii* | |
| 54 | 蓼科 | 蓼属 | 尼泊尔蓼 | *Polyvgonum nepalense* | |
| 55 | | | 两栖蓼 | *Polygonum amphibium* | |
| 56 | | | 萹蓄 | *Polygonum aviculare* | |
| 57 | | | 显花蓼 | *Polygonum conspicum* | |
| 58 | | | 虎杖 | *Polygonum cuspidatum* | |
| 59 | | | 稀花蓼 | *Polygonum dissitivflorum* | |
| 60 | | | 水蓼 | *Polygonum hydropiper* | |
| 61 | | | 蚕茧草 | *Polygonum japonicum* | |
| 62 | | | 酸模叶蓼 | *Polygonum lapathifolium* | |
| 63 | | | 绵毛酸模叶蓼 | *Polygonum lapathifolium* var. *salicifolium* | |
| 64 | | | 何首乌 | *Polygonum multiflorum* | |
| 65 | | | 红蓼 | *Polygonum orientale* | |
| 66 | | | 杠板归 | *Polygonum perfoliatum* | |

（续）

| 序号 | 科 | 属 | 种 | | 保护等级 |
|---|---|---|---|---|---|
| | | | 中文名 | 拉丁名 | |
| 67 | 蓼科 | 蓼属 | 丛枝蓼 | *Polygonum posumbu* | |
| 68 | | | 无辣蓼 | *Polygonum pubescens* | |
| 69 | | | 赤胫散 | *Polygonum runcinatum* | |
| 70 | | | 刺蓼 | *Polygonum senticosum* | |
| 71 | | | 支柱蓼 | *Polygonum suffultum* | |
| 72 | | | 戟叶蓼 | *Polygonum thunbergii* | |
| 73 | | | 腋花蓼 | *Polygonum plebeium* | |
| 74 | | | 锦毛酸膜叶蓼 | *Polygonum lapathifolium* var. *salicifolium* | |
| 75 | | | 粘毛蓼 | *Polygonum viscosum* | |
| 76 | | | 长尾叶蓼 | *Polygonum posumb* | |
| 77 | | | 愉悦蓼 | *Polygonum jucundum* | |
| 78 | | | 圆基愉叶蓼 | *Polygonum jucundum* var. *rotundum* | |
| 79 | | | 圆基长鬃蓼 | *Polygonum longisetum* var. *rotundatum* | |
| 80 | | | 长鬃蓼 | *Polygonum longisetum* | |
| 81 | | | 蓼蓝 | *Polygonum tinctorium* | |
| 82 | | | 大箭叶蓼 | *Polygonum darrisii* | |
| 83 | | | 细叶蓼 | *Polygonum taquetii* | |
| 84 | | | 粘蓼 | *Polygonum viscoferum* | |
| 85 | | | 箭叶蓼 | *Polygonum sieboldii* | |
| 86 | | | 小花蓼 | *Polygonum muricatum* | |
| 87 | | | 长箭叶蓼 | *Polygonum hastato-sagittatum* | |
| 88 | | | 疏忽蓼 | *Polygonum praetermissum* | |
| 89 | | | 长戟叶蓼 | *Polygonum maackianum* | |
| 90 | | | 蓼子草 | *Polygonum criopolitanum* | |
| 91 | | 酸模属 | 酸模 | *Rumex acetosa* | |
| 92 | | | 齿果酸模 | *Rumex dentatus* | |
| 93 | | | 长刺酸模 | *Rumex trisetifer* | |
| 94 | | | 羊蹄 | *Rumex japonicus* | |
| 95 | | | 中亚酸模 | *Rumex popovii* | |
| 96 | 藜科 | 藜属 | 藜 | *Chenopodium album* | |
| 97 | | | 小藜 | *Chenopodium serotinum* | |
| 98 | | | 灰绿藜 | *Chenopodium glaucum* | |
| 99 | | | 细穗藜 | *Chenopodium gracilispicum* | |
| 100 | | | 土荆芥 | *Chenopodium ambrosioides* | |
| 101 | | 地肤属 | 地肤 | *Kochia scoparia* | |
| 102 | | 碱蓬属 | 盐地碱蓬 | *Suaeda salsa* | |
| 103 | | | 平卧碱蓬 | *Suaeda prostrata* | |
| 104 | 苋科 | 牛膝属 | 牛膝 | *Achyranthes bidentata* | |
| 105 | | | 少毛牛膝 | *Achyranthes bidentata* var. *japonica* | |

（续）

| 序号 | 科 | 属 | 种 | | 保护等级 |
|---|---|---|---|---|---|
| | | | 中文名 | 拉丁名 | |
| 106 | 苋科 | 牛膝属 | 柳叶牛膝 | *Achyranthes longifolia* | |
| 107 | | 苋属 | 刺苋 | *Amaranthus spinosus* | |
| 108 | | | 绿穗苋 | *Amaranthus hybridus* | |
| 109 | | | 皱果苋 | *Amaranthus viridis* | |
| 110 | | | 苋 | *Amaranthus tricolor* | |
| 111 | | | 凹头苋 | *Amaranthus lividus* | |
| 112 | | | 繁穗苋 | *Amaranthus paniculatus* | |
| 113 | | 青葙属 | 青葙 | *Celosia agentea* | |
| 114 | | 莲子草属 | 喜旱莲子草 | *Alternanthera philoxeroides* | |
| 115 | | | 莲子草 | *Alternanthera sessilis* | |
| 116 | 商陆科 | 商陆属 | 商陆 | *Phytolacca acinosa* | |
| 117 | | | 美洲商陆 | *Phytolacca americana* | |
| 118 | 马齿苋科 | 马齿苋属 | 马齿苋 | *Portulaca oleracea* | |
| 119 | 粟米草科 | 粟米草属 | 粟米草 | *Mollugo pentaphylla* | |
| 120 | 石竹科 | 蚤缀属 | 蚤缀 | *Arenaria serpyllifolia* | |
| 121 | | 卷耳属 | 簇生卷耳 | *Cerastium fontanum* subsp. *triviale* | |
| 122 | | | 球序卷耳 | *Cerastium glomeratum* | |
| 123 | | 漆姑草属 | 漆姑草 | *Sagina japonica* | |
| 124 | | 繁缕属 | 繁缕 | *Stellaria media* | |
| 125 | | | 安徽繁缕 | *Stellaria anhweiensis* | |
| 126 | | | 中国繁缕 | *Stellaria chinensis* | |
| 127 | | | 湿地繁缕 | *Stellaria palustris* | |
| 128 | | | 雀舌草 | *Stellaria uliginosa* | |
| 129 | | 鹅肠属 | 鹅肠菜 | *Malachium aquaticum* | |
| 130 | | 狗筋蔓属 | 狗筋蔓 | *Cucubalus baccifer* | |
| 131 | | 石竹属 | 瞿麦 | *Dianthus superbus* | |
| 132 | 毛茛科 | 翠雀属 | 还亮草 | *Delphinium anthriscifolium* | |
| 133 | | 毛茛属 | 石龙芮 | *Ranunculus sceleratus* | |
| 134 | | | 茴茴蒜 | *Ranunculus chinensis* | |
| 135 | | | 刺果毛茛 | *Ranunculus muricatus* | |
| 136 | | | 禺毛茛 | *Ranunculus cantoniensis* | |
| 137 | | | 毛茛 | *Ranunculus japonicus* | |
| 138 | | | 扬子毛茛 | *Ranunculus sieboldii* | |
| 139 | | | 猫爪草 | *Ranunculus ternatus* | |
| 140 | | | 肉根毛茛 | *Ranunculus polii* | |
| 141 | | 驴蹄草属 | 华东驴蹄草 | *Caltha palustris* | |
| 142 | | 天葵属 | 天葵 | *Semiaqulegia adoxoides* | |
| 143 | | 水毛茛属 | 水毛茛 | *Batrachium bungei* | |
| 144 | | 银莲花属 | 秋牡丹 | *Anemone hupehensis* | |

（续）

| 序号 | 科 | 属 | 种 | | 保护等级 |
|---|---|---|---|---|---|
| | | | 中文名 | 拉丁名 | |
| 145 | 毛茛科 | 铁线莲属 | 短柱铁线莲 | *Clematis cadmia* | |
| 146 | 杉叶藻科 | 杉叶藻属 | 杉叶藻 | *Hippuris vulgaris* | |
| 147 | 防己科 | 木防己属 | 木防己 | *Cocculus orbiculatus* | |
| 148 | | 蝙蝠葛属 | 蝙蝠葛 | *Menispermum dauricum* | |
| 149 | | 千金藤属 | 千金藤 | *Stephannia japonica* | |
| 150 | 睡莲科 | 莲属 | 莲 | *Nelumbo nucifera* | 国家Ⅱ级 |
| 151 | | 莼菜属 | 莼菜 | *Brasenia schreberi* | 国家Ⅰ级 |
| 152 | | 萍蓬草属 | 萍蓬草 | *Nuphar pumila* | |
| 153 | | 芡属 | 芡实 | *Euryale ferox* | |
| 154 | | 睡莲属 | 睡莲 | *Nymphaea tetragona* var. *rubra* | |
| 155 | | | 红睡莲 | *Nymphaea alba* | |
| 156 | | | 黄睡莲 | *Nymphaea mexicana* | |
| 157 | | | 白睡莲 | *Nymphaea alba* | |
| 158 | 金鱼藻科 | 金鱼藻属 | 金鱼藻 | *Ceratophyllum demersum* | |
| 159 | | | 五刺金鱼藻 | *Ceratophyllum oryzetorum* | |
| 160 | 三白草科 | 蕺菜属 | 蕺菜 | *Houttuynia cordata* | |
| 161 | | 三百草属 | 三白草 | *Saururus chinensis* | |
| 162 | 白花菜科 | 白花菜属 | 黄花草 | *Cleome viscosa* | |
| 163 | 十字花科 | 荠菜属 | 荠菜 | *Capsella bursapastoris* | |
| 164 | | 碎米荠属 | 碎米荠 | *Cardamine hirsuta* | |
| 165 | | | 弯曲碎米荠 | *Cardamine flexuosa* | |
| 166 | | | 弹裂碎米荠 | *Cardamine impatiens* | |
| 167 | | | 水田碎米荠 | *Cardamine lyrata* | |
| 168 | | | 光头山碎米荠 | *Cardamine engleriana* | |
| 169 | | | 华中碎米荠 | *Cardamine urbaniana* | |
| 170 | | 豆瓣菜属 | 豆瓣菜 | *Nasturtium officinale* | |
| 171 | | 独行菜属 | 北美独行菜 | *Lepidium virginicum* | |
| 172 | | | 独行菜 | *Lepidium apetalum* | |
| 173 | | 蔊菜属 | 球果蔊菜 | *Rorippa globosa* | |
| 174 | | | 无瓣蔊菜 | *Rorippa dubia* | |
| 175 | | | 沼生蔊菜 | *Rorippa islandica* | |
| 176 | | | 印度蔊菜 | *Rorippa indica* | |
| 177 | | | 广州蔊菜 | *Rorippa cantoniensis* | |
| 178 | | 臭荠属 | 臭荠 | *Coronopus didymus* | |
| 179 | 茅膏菜科 | 茅膏菜属 | 茅膏菜 | *Drosera peltata* | |
| 180 | | | 光萼茅膏菜 | *Drosera peltata* var. *glabrata* | |
| 181 | 景天科 | 景天属 | 垂盆草 | *Sedum sarmentosum* | |
| 182 | | | 珠芽景天 | *Sedum bulbiferum* | |
| 183 | | | 凹叶景天 | *Sedum emarginatum* | |

（续）

| 序号 | 科 | 属 | 种 | | 保护等级 |
|---|---|---|---|---|---|
| | | | 中文名 | 拉丁名 | |
| 184 | 景天科 | 景天属 | 佛甲草 | *Sedum lineare* | |
| 185 | 虎耳草科 | 扯根菜属 | 扯根菜 | *Penthorum chinense* | |
| 186 | | 虎耳草属 | 虎耳草 | *Saxifraga stolonifera* | |
| 187 | 蔷薇科 | 龙芽草属 | 龙芽草 | *Agrimonia pilosa* | |
| 188 | | 蛇莓属 | 蛇莓 | *Duchesnea indica* | |
| 189 | | 路边青属 | 柔毛路边青 | *Geum japonicum* var. *chinense* | |
| 190 | | 委陵菜属 | 蛇含委陵菜 | *Potentilla kleiniana* | |
| 191 | | | 三叶委陵菜 | *Potentilla freyniana* | |
| 192 | | | 中华三叶委陵菜 | *Potentilla freyniana* var. *sinica* | |
| 193 | | | 朝天委陵菜 | *Potentilla supina* | |
| 194 | | | 翻白草 | *Potentilla discolor* | |
| 195 | | | 皱叶委陵菜 | *Potentilla ancistrifolia* | |
| 196 | | | 绢毛匍匐委陵菜 | *Potentilla reptans* | |
| 197 | | | 莓叶委陵菜 | *Potentilla fragarioides* | |
| 198 | | 地榆属 | 地榆 | *Sanguisorba officinalis* | |
| 199 | | 蔷薇属 | 野蔷薇 | *Rosa multiflora* | |
| 200 | | | 小果蔷薇 | *Rosa cymosa* | |
| 201 | | | 粉花野蔷薇 | *Rosa multiflora* var. *cathayensis* | |
| 202 | | 悬钩子属 | 高粱泡 | *Rubus lambertianus* | |
| 203 | | | 蓬蘽 | *Rubus hirsutus* | |
| 204 | 豆科 | 合萌属 | 合萌 | *Aeschynomene indica* | |
| 205 | | 决明属 | 短叶决明 | *Cassia leschenaultiana* | |
| 206 | | | 豆茶决明 | *Cassia nomame* | |
| 207 | | 猪屎豆属 | 猪屎豆 | *Crotalaria pallida* | |
| 208 | | 黄耆属 | 紫云英 | *Astragalus sinicus* | |
| 209 | | 大豆属 | 野大豆 | *Glycine soja* | 国家Ⅱ级 |
| 210 | | 鸡眼草属 | 鸡眼草 | *Kummerowia striata* | |
| 211 | | | 长萼鸡眼草 | *Kummerowia stipulacea* | |
| 212 | | 野豌豆属 | 野豌豆 | *Vicia sepium* | |
| 213 | | | 小巢菜 | *Vicia hirsuta* | |
| 214 | | | 窄叶野豌豆 | *Vicia angustifolia* | |
| 215 | | | 救荒野豌豆 | *Vicia sativa* | |
| 216 | | | 三萼齿野豌豆 | *Vicia bungei* | |
| 217 | | | 长柔毛野豌豆 | *Vicia villosa* | |
| 218 | | | 广布野豌豆 | *Vicia cracca* | |
| 219 | | 草木犀属 | 白花草木犀 | *Melilotus albus* | |
| 220 | | | 草木犀 | *Melilotus officinalis* | |
| 221 | | 苜蓿属 | 紫苜蓿 | *Medicago sativa* | |

（续）

| 序号 | 科 | 属 | 种 | | 保护等级 |
|---|---|---|---|---|---|
| | | | 中文名 | 拉丁名 | |
| 222 | 豆科 | 南苜蓿 | 南苜蓿 | *Medicago polymorpha* | |
| 223 | 豆科 | 南苜蓿 | 天蓝苜蓿 | *Medicago lupulina* | |
| 224 | 豆科 | 紫穗槐属 | 紫穗槐 | *Amorpha fruticosa* | |
| 225 | 豆科 | 刺槐属 | 刺槐 | *Robinia pseudoacacia* | |
| 226 | 豆科 | 胡枝子属 | 圆叶胡枝子 | *Lespedeza bicolor* | |
| 227 | 豆科 | 胡枝子属 | 毛叶胡枝子 | *Lespedeza tomentosa* | |
| 228 | 豆科 | 胡枝子属 | 细梗胡枝子 | *Lespedeza virgata* | |
| 229 | 豆科 | 胡枝子属 | 截叶铁扫帚 | *Lespedeza cuneata* | |
| 230 | 酢浆草科 | 酢浆草属 | 酢浆草 | *Oxalis corniculata* | |
| 231 | 牻牛儿苗科 | 老鹳草属 | 老鹳草 | *Geranium wilfordii* | |
| 232 | 牻牛儿苗科 | 老鹳草属 | 野老鹳草 | *Geranium carolinianum* | |
| 233 | 苦木科 | 臭椿属 | 臭椿 | *Ailanthus altissima* | |
| 234 | 楝科 | 楝属 | 苦楝 | *Melia azedarach* | |
| 235 | 大戟科 | 铁苋菜属 | 铁苋菜 | *Acalypha australis* | |
| 236 | 大戟科 | 铁苋菜属 | 短穗铁苋菜 | *Acalypha brachystachya* | |
| 237 | 大戟科 | 大戟属 | 大戟 | *Euphorbia pekinensis* | |
| 238 | 大戟科 | 大戟属 | 泽漆 | *Euphorbia helioscopia* | |
| 239 | 大戟科 | 大戟属 | 地锦 | *Euphorbia humifusa* | |
| 240 | 大戟科 | 大戟属 | 斑地锦 | *Euphorbia maculata* | |
| 241 | 大戟科 | 大戟属 | 通奶草 | *Euphorbia hypericifolia* | |
| 242 | 大戟科 | 大戟属 | 飞扬草 | *Euphorbia hirta* | |
| 243 | 大戟科 | 叶下珠属 | 蜜甘草 | *Phyllanthus ussuriensis* | |
| 244 | 大戟科 | 叶下珠属 | 叶下珠 | *Phyllanthus urinaria* | |
| 245 | 大戟科 | 乌桕属 | 乌桕 | *Sapium sebiferum* | |
| 246 | 卫矛科 | 卫矛属 | 丝绵木 | *Euonymus maackii* | |
| 247 | 卫矛科 | 卫矛属 | 扶芳藤 | *Euonymus fortunei* | |
| 248 | 葡萄科 | 蛇葡萄属 | 蛇葡萄 | *Ampelopsis glandulosa* | |
| 249 | 葡萄科 | 乌蔹莓属 | 乌蔹莓 | *Cayratia japonica* | |
| 250 | 葡萄科 | 爬山虎属 | 爬山虎 | *Parthenocissus tricuspidata* | |
| 251 | 葡萄科 | 爬山虎属 | 五叶地锦 | *Parthenocissus quinquefolia* | |
| 252 | 葡萄科 | 爬山虎属 | 异叶爬山虎 | *Parthenocissus heterophylla* | |
| 253 | 葡萄科 | 葡萄属 | 蘡薁 | *Vitis bryoniifolia* | |
| 254 | 葡萄科 | 葡萄属 | 葛藟 | *Vitis flexuosa* | |
| 255 | 椴树科 | 田麻属 | 田麻 | *Corchoropsis tomentosa* | |
| 256 | 椴树科 | 田麻属 | 光果田麻 | *Corchoropsis psilocarpa* | |
| 257 | 椴树科 | 黄麻属 | 甜麻 | *Corchorus aestuans* | |
| 258 | 锦葵科 | 苘麻属 | 苘麻 | *Abutilon theophrasti* | |
| 259 | 锦葵科 | 木槿属 | 野西瓜苗 | *Hibiscus trionum* | |
| 260 | 藤黄科 | 金丝桃属 | 地耳草 | *Hypericum japonicum* | |

（续）

| 序号 | 科 | 属 | 种 | | 保护等级 |
|---|---|---|---|---|---|
| | | | 中文名 | 拉丁名 | |
| 261 | 藤黄科 | 金丝桃属 | 赶山鞭 | *Hypericum attenuatum* | |
| 262 | | | 黄海棠 | *Hypericum ascyron* | |
| 263 | 堇菜科 | 堇菜属 | 蔓茎堇菜 | *Viola diffusa* | |
| 264 | | | 紫花地丁 | *Viola philippica* | |
| 265 | | | 堇菜 | *Viola verecunda* | |
| 266 | | | 庐山堇菜 | *Viola stewardiana* | |
| 267 | | | 鸡腿堇菜 | *Viola acuminata* | |
| 268 | | | 三角叶堇菜 | *Viola triangulifolia* | |
| 269 | | | 毛果堇菜 | *Viola collina* | |
| 270 | | | 长萼堇菜 | *Viola inconspicua* | |
| 271 | | | 白花堇菜 | *Viola lactiflora* | |
| 272 | 千屈菜科 | 节节菜属 | 节节菜 | *Rotala indica* | |
| 273 | | | 圆叶节节菜 | *Rotala rotundifolia* | |
| 274 | | | 轮叶节节菜 | *Rotala mexicana* | |
| 275 | | 水苋菜属 | 耳基水苋 | *Ammannia arenaria* | |
| 276 | | | 多花水苋 | *Ammannia multiflora* | |
| 277 | | | 水苋菜 | *Ammannia baccifera* | |
| 278 | | 千屈菜属 | 千屈菜 | *Lythrum salicaria* | |
| 279 | 菱科 | 菱属 | 细果野菱 | *Trapa maximowiczii* | |
| 280 | | | 乌菱 | *Trapa bicornis* | |
| 281 | | | 菱 | *Trapa bispinosa* | |
| 282 | | | 四角菱 | *Trapa quadrispinosa* | |
| 283 | | | 野菱 | *Trapa incisa* | 国家Ⅱ级 |
| 284 | | | 丘角菱 | *Trapa japonica* | |
| 285 | 沟繁缕科 | 沟繁缕属 | 三蕊沟繁缕 | *Elatine triandra* | |
| 286 | 柳叶菜科 | 柳叶菜属 | 光滑柳叶菜 | *Epilobium amurense* | |
| 287 | | | 柳叶菜 | *Epilobium hirsutum* | |
| 288 | | | 长籽柳叶菜 | *Epilobium pyrricholophum* | |
| 289 | | 丁香蓼属 | 丁香蓼 | *Ludwigia prostrata* | |
| 290 | | | 卵叶丁香蓼 | *Ludwigia ovalis* | |
| 291 | | | 水龙 | *Ludwigia adscendens* | |
| 292 | | 山桃草属 | 小花山桃草 | *Gaura parviflora* | |
| 293 | | 月见草属 | 月见草 | *Oenothera biennis* | |
| 294 | 小二仙草科 | 狐尾藻属 | 穗状狐尾藻 | *Myriophyllum spicatum* | |
| 295 | | | 矮狐尾藻 | *Myriophyllum humile* | |
| 296 | | | 轮叶狐尾藻 | *Myriophyllum verticillatum* | |
| 297 | | | 穗状狐尾藻(原变种) | *Myriophyllum spicatum* var. *spicatum* | |
| 298 | | | 乌苏里狐尾藻 | *Myriophyllum propinquum* | 国家Ⅱ级 |

（续）

| 序号 | 科 | 属 | 种 | | 保护等级 |
|---|---|---|---|---|---|
| | | | 中文名 | 拉丁名 | |
| 299 | 伞形科 | 泽芹属 | 泽芹 | *Sium suave* | |
| 300 | | 蛇床属 | 蛇床 | *Cnidium monnieri* | |
| 301 | | 天胡荽属 | 天胡荽 | *Hydrocotyle sibthorpioides* | |
| 302 | | 水芹属 | 水芹 | *Oenanthe javanica* | |
| 303 | | | 中华水芹 | *Oenanthe sinensis* | |
| 304 | | 窃衣属 | 小窃衣 | *Torilis japonica* | |
| 305 | | | 窃衣 | *Torilis scabra* | |
| 306 | | 胡萝卜属 | 野胡萝卜 | *Daucus carota* | |
| 307 | 报春花科 | 珍珠菜属 | 大叶珍珠菜 | *Lysimachia stigmatosa* | |
| 308 | | | 泽珍珠菜 | *Lysimachia candida* | |
| 309 | | | 过路黄 | *Lysimachia christiniae* | |
| 310 | | | 星宿菜 | *Lysimachia fortunei* | |
| 311 | | | 黑腺珍珠菜 | *Lysimachia heterogenea* | |
| 312 | 马钱科 | 醉鱼草属 | 醉鱼草 | *Buddleja lindleyana* | |
| 313 | 龙胆科 | 荇菜属 | 荇菜 | *Nymphoides peltatum* | |
| 314 | | | 金银莲花 | *Nymphoides indica* | |
| 315 | 夹竹桃科 | 罗布麻属 | 罗布麻 | *Apocynum venetum* | |
| 316 | 旋花科 | 番薯属 | 空心菜 | *Ipomoea aquatica* | |
| 317 | | | 白星薯 | *Ipomoea lacunosa* | |
| 318 | | | 三裂叶薯 | *Ipomoea triloba* | |
| 319 | | 打碗花属 | 打碗花 | *Calysyegia hederacea* | |
| 320 | | | 篱打碗花 | *Calystegia sepium* | |
| 321 | | | 毛打碗花 | *Calystegia dahurica* | |
| 322 | | | 藤长苗 | *Calystegia pellita* | |
| 323 | | 牵牛属 | 牵牛 | *Pharbitis nil* | |
| 324 | | | 圆叶牵牛 | *Pharbitis purpurea* | |
| 325 | 紫草科 | 斑种草属 | 柔弱斑种草 | *Bothriospermum tenellum* | |
| 326 | | 附地菜属 | 附地菜 | *Trigonotis peduncularis* | |
| 327 | 水马齿科 | 水马齿属 | 沼生水马齿 | *Callitriche palustris* | |
| 328 | 马鞭草科 | 过江藤属 | 过江藤 | *Phyla nodiflora* | |
| 329 | | 马鞭草属 | 马鞭草 | *Verbena officinalis* | |
| 330 | | 牡荆属 | 牡荆 | *Vitex negundo* | |
| 331 | | | 黄荆 | *Vitex negundo* var. *cannabifolia* | |
| 332 | 唇形科 | 风轮菜属 | 风轮菜 | *Clinopodium chinense* | |
| 333 | | | 细风轮菜 | *Clinopodium gracile* | |
| 334 | | | 灯笼草 | *Clinopodium polycephalum* | |
| 335 | | | 邻近风轮菜 | *Clinopodium confine* | |
| 336 | | 活血丹属 | 活血丹 | *Glechoma longituba* | |

（续）

| 序号 | 科 | 属 | 种 | | 保护等级 |
|---|---|---|---|---|---|
| | | | 中文名 | 拉丁名 | |
| 337 | 唇形科 | 香茶菜属 | 香茶菜 | *Rabdosia amethystoides* | |
| 338 | | | 显脉香茶菜 | *Rabdosia nervosa* | |
| 339 | | | 溪黄草 | *Rabdosia serra* | |
| 340 | | 益母草属 | 益母草 | *Leonurus artemisia* | |
| 341 | | 地笋属 | 硬毛地笋(变种) | *Lycopus lucidus* var. *hirtus* | |
| 342 | | 薄荷属 | 薄荷 | *Mentha haplocalyx* | |
| 343 | | 石荠苧属 | 小鱼仙草 | *Mosla dianthera* | |
| 344 | | 紫苏属 | 紫苏 | *Perilla frutescens* | |
| 345 | | 夏枯草属 | 夏枯草 | *Prunella vulgaris* | |
| 346 | | 鼠尾草属 | 荔枝草 | *Salvia plebeia* | |
| 347 | | 水蜡烛属 | 水虎尾 | *Dysophylla stellata* | |
| 348 | | | 水蜡烛 | *Dysophylla yatabeana* | |
| 349 | | 黄芩属 | 韩信草 | *Scutellaria indica* | |
| 350 | | 水苏属 | 水苏 | *Stachys japonica* | |
| 351 | | | 长圆叶水苏 | *Stachys oblongifolia* | |
| 352 | 茄科 | 枸杞属 | 枸杞 | *Lycium chinense* | |
| 353 | | 曼陀罗属 | 曼陀罗 | *Datura stramonium* | |
| 354 | | 酸浆属 | 酸浆 | *Physalis alkekengi* | |
| 355 | | | 苦蘵 | *Physalis angulata* | |
| 356 | | | 挂金灯 | *Physalis alkekengi* var. *franchetii* | |
| 357 | | 茄属 | 龙葵 | *Solanum nigrum* | |
| 358 | | | 白英 | *Solanum lyratum* | |
| 359 | 玄参科 | 石龙尾属 | 石龙尾 | *Limnophila sessiliflora* | |
| 360 | | 母草属 | 母草 | *Lindernia crustacea* | |
| 361 | | | 泥花草 | *Lingdernia antipoda* | |
| 362 | | | 陌上菜 | *Lindernia procumbens* | |
| 363 | | | 长蒴母草 | *Lindernia anagallis* | |
| 364 | | | 狭叶母草 | *Lindernia angustifolia* | |
| 365 | | 通泉草属 | 通泉草 | *Mazus japonicus* | |
| 366 | | | 匍茎通泉草 | *Mazus miquelii* | |
| 367 | | | 弹刀子菜 | *Mazus stachydifolus* | |
| 368 | | | 毛果通泉草 | *Mazus spicatus* | |
| 369 | | | 纤细通泉草 | *Mazus gracilis* | |
| 370 | | 翼萼属 | 紫色翼萼 | *Torenia violacea* | |
| 371 | | 泡桐属 | 毛泡桐 | *Paulownia tomentosa* | |
| 372 | | 水八角属 | 白花水八角 | *Gratiola japonica* | |
| 373 | | 水茫草属 | 水茫草 | *Limosella aquatica* | |
| 374 | | 婆婆纳属 | 直立婆婆纳 | *Veronica arvensis* | |
| 375 | | | 婆婆纳 | *Veronica didyma* | |

（续）

| 序号 | 科 | 属 | 种 | | 保护等级 |
|---|---|---|---|---|---|
| | | | 中文名 | 拉丁名 | |
| 376 | 玄参科 | 婆婆纳属 | 阿拉伯婆婆纳 | *Veronica persica* | |
| 377 | | | 水苦荬 | *Veronica undulata* | |
| 378 | | | 北水苦荬 | *Veronica anagllis-aquatica* | |
| 379 | | | 水蔓青 | *Veronica linariifolia* subsp. *dilatata* | |
| 380 | | | 蚊母草 | *Veronica peregrina* | |
| 381 | 狸藻科 | 狸藻属 | 圆叶挖耳草 | *Utricularia striatula* | |
| 382 | | | 挖耳草 | *Utricularia bifida* | |
| 383 | | | 黄花狸藻 | *Utricularia aurea* | |
| 384 | | | 少花狸藻 | *Utricularia exoleta* | |
| 385 | | | 南方狸藻 | *Utricularia australis* | |
| 386 | 爵床科 | 水蓑衣属 | 水蓑衣 | *Hygrophila salicifolia* | |
| 387 | | 爵床属 | 爵床 | *Rostellularia procumbens* | |
| 388 | | 马蓝属 | 少花马蓝 | *Strobilanthes oligantha* | |
| 389 | | 白接骨属 | 白接骨 | *Asystasiella neesiana* | |
| 390 | 胡麻科 | 茶菱属 | 茶菱 | *Trapella sinensis* | |
| 391 | 车前科 | 车前属 | 车前 | *Plantago asiatica* | |
| 392 | | | 平车前 | *Plantago depressa* | |
| 393 | | | 北美车前 | *Plantago virginica* | |
| 394 | 茜草科 | 水团花属 | 细叶水团花 | *Adina rubella* | |
| 395 | | 拉拉藤属 | 四叶葎 | *Galium bungei* | |
| 396 | | | 六叶葎 | *Galium asperuloides* | |
| 397 | | | 猪殃殃 | *Galium aparine* | |
| 398 | | | 线叶拉拉藤 | *Galium linearifolium* | |
| 399 | | 鸡矢藤属 | 鸡矢藤 | *Paederia scandens* | |
| 400 | | | 毛鸡矢藤 | *Paederia scandens* var. *tomentosa* | |
| 401 | | 茜草属 | 茜草 | *Rubia cordifolia* | |
| 402 | 忍冬科 | 接骨木属 | 接骨草 | *Sambucus chinensis* | |
| 403 | 葫芦科 | 盒子草属 | 盒子草 | *Actinostemma tenerum* | |
| 404 | | 马瓟儿属 | 马瓟儿 | *Zehneria indica* | |
| 405 | | 黄瓜属 | 马泡瓜 | *Cucumis melo* | |
| 406 | 桔梗科 | 蓝花参属 | 蓝花参 | *Wahlenbergia marginata* | |
| 407 | | 半边莲属 | 半边莲 | *Lobelia chinensis* | |
| 408 | | 异檐花属 | 穿叶异檐花 | *Triodanis perfoliata* | |
| 409 | 菊科 | 豚草属 | 豚草 | *Ambrosia artemisiifolia* | |
| 410 | | 茼蒿属 | 南茼蒿 | *Chrysanthemum segetum* | |
| 411 | | 裸柱菊属 | 裸柱菊 | *Soliva anthemifolia* | |
| 412 | | 白酒草属 | 野塘蒿 | *Conyza bonariensis* | |
| 413 | | | 小飞蓬 | *Conyza canadensis* | |
| 414 | | 碱菀属 | 竹叶菊 | *Tripolium vulgare* | |

（续）

| 序号 | 科 | 属 | 种 | | 保护等级 |
|---|---|---|---|---|---|
| | | | 中文名 | 拉丁名 | |
| 415 | 菊科 | 三七草属 | 三七草 | *Gynura segetum* | |
| 416 | | 蒿属 | 青蒿 | *Artemisia caruifolia* | |
| 417 | | | 艾蒿 | *Artemisia argyi* | |
| 418 | | | 野艾蒿 | *Artemisia lavandulaefolia* | |
| 419 | | | 蒌蒿 | *Artemisia selengensis* | |
| 420 | | | 阴地蒿 | *Artemisia sylvatica* | |
| 421 | | | 黄花蒿 | *Artemisia annua* | |
| 422 | | | 茵陈蒿 | *Artemisia capillaris* | |
| 423 | | 紫菀属 | 三脉紫菀 | *Aster ageratoides* | |
| 424 | | | 钻叶紫菀 | *Aster subulatus* | |
| 425 | | 鬼针草属 | 鬼针草 | *Bidens pilosa* | |
| 426 | | | 狼杷草 | *Bidens tripartita* | |
| 427 | | | 婆婆针 | *Bidens bipinnata* | |
| 428 | | | 大狼杷草 | *Bidens frondosa* | |
| 429 | | | 金盏银盘 | *Bidens biternata* | |
| 430 | | 飞廉属 | 飞廉 | *Carduus nutans* | |
| 431 | | 天名精属 | 天名精 | *Carpesium abrotanoides* | |
| 432 | | | 烟管头草 | *Carpesium cernuum* | |
| 433 | | | 金挖耳 | *Carpesium divaricatum* | |
| 434 | | 石胡荽属 | 石胡荽 | *Centipeda minima* | |
| 435 | | 蓟属 | 蓟 | *Cirsium japonicum* | |
| 436 | | | 刺儿菜 | *Cirsium setosum* | |
| 437 | | | 牛口刺 | *Cirsium shansiense* | |
| 438 | | 菊属 | 野菊 | *Dendranthema indicum* | |
| 439 | | 鳢肠属 | 鳢肠 | *Eclipta prostrata* | |
| 440 | | 一点红属 | 一点红 | *Emilia sonchifolia* | |
| 441 | | 飞蓬属 | 一年蓬 | *Erigeron annuus* | |
| 442 | | 鼠曲草属 | 鼠曲草 | *Gnaphalium affine* | |
| 443 | | 三七属 | 革命草 | *Gynura crepidioides* | |
| 444 | | | 三七草 | *Gynura japonica* | |
| 445 | | 泥胡菜属 | 泥胡菜 | *Hemistepta lyrata* | |
| 446 | | 旋覆花属 | 旋覆花 | *Inula japonica* | |
| 447 | | | 条叶旋覆花 | *Inula lineariifolia* | |
| 448 | | 苦荬菜属 | 苦荬菜 | *Ixeris polycephala* | |
| 449 | | | 剪刀股 | *Ixeris japonica* | |
| 450 | | | 山苦荬 | *Ixeris sororia* | |
| 451 | | | 抱茎苦荬菜 | *Ixeris sonchifolia* | |
| 452 | | 马兰属 | 马兰 | *Kalimeris indica* | |
| 453 | | | 马兰（多型变种） | *Kalimeris indica* var. *ploymorpha* | |

（续）

| 序号 | 科 | 属 | 种 | | 保护等级 |
|---|---|---|---|---|---|
| | | | 中文名 | 拉丁名 | |
| 454 | 菊科 | 马兰属 | 毡毛马兰 | *Kalimeris shimadae* | |
| 455 | | | 全缘叶马兰 | *Kalimeris integrifolia* | |
| 456 | | 稻槎草属 | 稻槎草 | *Lapsana apogonoides* | |
| 457 | | 千里光属 | 千里光 | *Senecio scandens* | |
| 458 | | | 林荫千里光 | *Senecio nemorensis* | |
| 459 | | 豨莶属 | 豨莶 | *Siegesbeckia orientalis* | |
| 460 | | | 腺梗豨莶 | *Siegesbeckia pubescens* | |
| 461 | | 一枝黄花属 | 加拿大一枝黄花 | *Solidago canadensis* | |
| 462 | | 苦苣菜属 | 苦苣菜 | *Sonchus oleraceus* | |
| 463 | | 蒲公英属 | 蒲公英 | *Taraxacum mongolicum* | |
| 464 | | 橐吾属 | 蹄叶橐吾 | *Ligularia fischeri* | |
| 465 | | | 大头橐吾 | *Ligularia japonica* | |
| 466 | | | 窄头橐吾 | *Ligularia stenocephala* | |
| 467 | | 狗娃花属 | 狗娃花 | *Heteropappus hispidus* | |
| 468 | | 苍耳属 | 苍耳 | *Xanthium sibiricum* | |
| 469 | | 黄鹌菜属 | 黄鹌菜 | *Youngia japonica* | |
| 470 | | | 异叶黄鹌菜 | *Youngia heterophylla* | |
| 471 | | 虾须草属 | 虾须草 | *Sheareria nana* | |
| 472 | 泽泻科 | 慈姑属 | 矮慈姑 | *Sagittaria pygmaea* | |
| 473 | | | 弯喙慈姑 | *Sagittaria latifolia* | |
| 474 | | | 华夏慈姑 | *Sagittaria trifolia* var. *sinensis* | |
| 475 | | | 野慈姑 | *Sagittaria trifolia* | |
| 476 | | 冠果草属 | 冠果草 | *Lophotocarpus guyanensis* | |
| 477 | 花蔺科 | 花蔺属 | 花蔺 | *Butomus umbellatus* | |
| 478 | 水鳖科 | 黑藻属 | 黑藻 | *Hydrilla verticillata* | |
| 479 | | 苦草属 | 刺苦草 | *Vallisneria spinulosa* | |
| 480 | | | 长梗苦草 | *Vallisneria longipedunculata* | |
| 481 | | | 安徽苦草 | *Vallisneria anhuiensis* | |
| 482 | | | 苦草 | *Vallisneria natans* | |
| 483 | | 水车前属 | 水车前 | *Ottelia alismoides* | |
| 484 | | 水鳖属 | 水鳖 | *Hydrocharis dubia* | |
| 485 | | 水筛属 | 水筛 | *Blyxa japonica* | |
| 486 | | | 有尾水筛 | *Blyxa echinosperma* | |
| 487 | 水麦冬科 | 水麦冬属 | 水麦冬 | *Triglochin palustre* | |
| 488 | 眼子菜科 | 眼子菜属 | 尖叶眼子菜 | *Potamogeton oxyphyllus* | |
| 489 | | | 竹叶眼子菜 | *Potamogeton malaianus* | |
| 490 | | | 浮叶眼子菜 | *Potamogeton natans* | |
| 491 | | | 眼子菜 | *Potamogeton distinctus* | |
| 492 | | | 小叶眼子菜 | *Potamogeton cristatus* | |

（续）

| 序号 | 科 | 属 | 种 | | 保护等级 |
|---|---|---|---|---|---|
| | | | 中文名 | 拉丁名 | |
| 493 | 眼子菜科 | 眼子菜属 | 南方眼子菜 | *Potamogeton octandrus* | |
| 494 | | | 光叶眼子菜 | *Potamogeton lucens* | |
| 495 | | | 微齿眼子菜 | *Potamogeton maackianus* | |
| 496 | | | 菹草 | *Potamogeton crispus* | |
| 497 | | | 线叶眼子菜 | *Potamogeton pusillus* | |
| 498 | | | 篦齿眼子菜 | *Potamogeton pectinatus* | |
| 499 | 角果藻科 | 角果藻属 | 角果藻 | *Zannichellia palustris* | |
| 500 | 茨藻科 | 茨藻属 | 大茨藻 | *Najas marina* | |
| 501 | | | 草茨藻 | *Najas graminea* | |
| 502 | | | 小茨藻 | *Najas minor* | |
| 503 | | | 多孔茨藻 | *Najas foveolata* | |
| 504 | 石蒜科 | 石蒜属 | 石蒜 | *Lycoris radiata* | |
| 505 | 百合科 | 葱属 | 韭白 | *Allium macrostemon* | |
| 506 | | 沿阶草属 | 沿阶草 | *Ophiopogon bodinieri* | |
| 507 | | 萱草属 | 萱草 | *Hemerocallis fulva* | |
| 508 | 雨久花科 | 凤眼莲属 | 凤眼莲 | *Eichhornia crassipes* | |
| 509 | | 雨久花属 | 雨久花 | *Monochoria korsakowii* | |
| 510 | | | 鸭舌草 | *Monochoria vaginalis* | |
| 511 | | | 少花鸭舌草 | *Monochoria vaginalis* var. *plantaginea* | |
| 512 | 鸢尾科 | 射干属 | 射干 | *Belamcanda chinensis* | |
| 513 | | 鸢尾属 | 玉蝉花 | *Iris ensata* | |
| 514 | | | 蝴蝶花 | *Iris japonica* | |
| 515 | 灯心草科 | 灯心草属 | 灯心草 | *Juncus effusus* | |
| 516 | | | 星花灯心草 | *Juncus diastrophanthus* | |
| 517 | | | 野灯心草 | *Juncus setchuensis* | |
| 518 | | | 翅茎灯心草 | *Juncus alatus* | |
| 519 | 鸭跖草科 | 鸭跖草属 | 鸭跖草 | *Commelina communis* | |
| 520 | | | 饭包草 | *Commelina bengalensis* | |
| 521 | | 水竹叶属 | 疣草 | *Murdannia keisak* | |
| 522 | | | 水竹叶 | *Murdannia triquetra* | |
| 523 | 谷精草科 | 谷精草属 | 谷精草 | *Eriocaulon buergerianum* | |
| 524 | | | 白花谷精草 | *Eriocaulon sieboldianum* | |
| 525 | 禾本科 | 刚竹属 | 水竹 | *Phyllostachys heteroclada* | |
| 526 | | 千金子属 | 千金子 | *Leptochloa chinensis* | |
| 527 | | 芦苇属 | 芦苇 | *Phragmites australis* | |
| 528 | | 芦竹属 | 芦竹 | *Arundo donax* | |
| 529 | | 牛鞭草属 | 牛鞭草 | *Hemarthria altissima* | |
| 530 | | 看麦娘属 | 看麦娘 | *Alopecurus aequalis* | |
| 531 | | | 日本看麦娘 | *Alopecurus japonicus* | |

（续）

| 序号 | 科 | 属 | 种 | | 保护等级 |
|---|---|---|---|---|---|
| | | | 中文名 | 拉丁名 | |
| 532 | 禾本科 | 荩草属 | 荩草 | *Arthraxon hispidus* | |
| 533 | | 燕麦属 | 野燕麦 | *Avena fatua* | |
| 534 | | 伪针茅属 | 瘦脊伪针茅 | *Pseudoraphis spinescens* | |
| 535 | | 菵草属 | 菵草 | *Beckmannia syzigachne* | |
| 536 | | 狗牙根属 | 狗牙根 | *Cynodon dactylon* | |
| 537 | | 马唐属 | 马唐 | *Digitaria sanguinalis* | |
| 538 | | | 紫马唐 | *Digitaria violascens* | |
| 539 | | 稗属 | 孔雀稗 | *Echinochloa cruspavonis* | |
| 540 | | | 旱稗 | *Echinochloa hispidula* | |
| 541 | | | 稗 | *Echinochloa crusgalli* | |
| 542 | | | 光头稗 | *Echinochloa colonum* | |
| 543 | | | 无芒稗 | *Echinochloa crusgalli* var. *mitis* | |
| 544 | | | 长芒稗 | *Echinochloa caudata* | |
| 545 | | | 水田稗 | *Echinochloa oryzoides* | |
| 546 | | 穇属 | 牛筋草 | *Eleusine indica* | |
| 547 | | 画眉草属 | 大画眉草 | *Eragrostis cilianensis* | |
| 548 | | | 小画眉草 | *Eragrostis minor* | |
| 549 | | | 乱草 | *Eragrostis japonica* | |
| 550 | | | 知风草 | *Eragrostis ferruginea* | |
| 551 | | | 画眉草 | *Eragrostis pilosa* | |
| 552 | | 蜈蚣草属 | 假俭草 | *Eremochloa ophiuroides* | |
| 553 | | 甜茅属 | 甜茅 | *Glyceria acutiflora* | |
| 554 | | 白茅属 | 白茅 | *Imperata cylindrica* | |
| 555 | | 柳叶箬属 | 柳叶箬 | *Isachne globosa* | |
| 556 | | 鸭嘴草属 | 鸭嘴草 | *Ischaemum aristatum* var. *glaucum* | |
| 557 | | | 有芒鸭嘴草 | *Ischaemum aristatum* | |
| 558 | | 假稻属 | 假稻 | *Leersia japonica* | |
| 559 | | | 秕壳草 | *Leersia sayanuka* | |
| 560 | | 菰属 | 菰 | *Zizania latifolia* | |
| 561 | | 芒属 | 芒 | *Miscanthus sinensis* | |
| 562 | | | 五节芒 | *Miscanthus floridulus* | |
| 563 | | 荻属 | 荻 | *Triarrhena sacchariflora* | |
| 564 | | 虉草属 | 虉草 | *Phalaris arundinacea* | |
| 565 | | 雀稗属 | 雀稗 | *Paspalum thunbergii* | |
| 566 | | | 双穗雀稗 | *Paspalum paspaloides* | |
| 567 | | 狼尾草属 | 狼尾草 | *Pennisetum alopecuroides* | |
| 568 | | 早熟禾属 | 早熟禾 | *Poa annua* | |
| 569 | | 棒头草属 | 长芒棒头草 | *Polypogon monspeliensis* | |
| 570 | | | 棒头草 | *Ploypogon fugax* | |

（续）

| 序号 | 科 | 属 | 种 |  | 保护等级 |
|---|---|---|---|---|---|
|  |  |  | 中文名 | 拉丁名 |  |
| 571 | 禾本科 | 鹅观草属 | 纤毛鹅观草 | *Roegneria ciliaris* |  |
| 572 |  |  | 鹅观草 | *Roegneria kamoji* |  |
| 573 |  | 狗尾草属 | 狗尾草 | *Setaria viridis* |  |
| 574 |  |  | 大狗尾草 | *Setaria faberi* |  |
| 575 |  |  | 金色狗尾草 | *Setaria glauca* |  |
| 576 |  | 鼠尾粟属 | 鼠尾粟 | *Sporobolus fertilis* |  |
| 577 |  | 菅草属 | 黄背草 | *Themeda japonica* |  |
| 578 |  | 结缕草属 | 结缕草 | *Zoysia japonica* |  |
| 579 |  | 薏苡属 | 薏苡 | *Coix lacryma-jobi* |  |
| 580 | 天南星科 | 菖蒲属 | 菖蒲 | *Acorus calamus* |  |
| 581 |  |  | 石菖蒲 | *Acorus tatarinowii* |  |
| 582 |  | 芋属 | 野芋 | *Colocasia antiquorum* |  |
| 583 |  | 大薸属 | 大薸 | *Pistia stratiotes* |  |
| 584 | 紫萍科 | 紫萍属 | 紫萍 | *Spirodela polyrrhiza* |  |
| 585 |  | 浮萍属 | 品藻 | *Lemna trisulca* |  |
| 586 |  |  | 浮萍 | *Lemna minor* |  |
| 587 |  |  | 稀脉浮萍 | *Lemna perpusilla* |  |
| 588 |  | 芜萍属 | 芜萍 | *Wolffia arrhiza* |  |
| 589 | 黑三棱科 | 黑三棱属 | 黑三棱 | *Sparganium stoloniferum* |  |
| 590 | 香蒲科 | 香蒲属 | 香蒲 | *Typha orientalis* |  |
| 591 |  |  | 长苞香蒲 | *Typha angustata* |  |
| 592 |  |  | 水烛 | *Typha angustifolia* |  |
| 593 | 莎草科 | 荆三棱属 | 荆三棱 | *Bolboschoenus yagara* |  |
| 594 |  |  | 扁杆荆三棱 | *Bolboschoenus planiculmis* |  |
| 595 |  | 球柱草属 | 丝叶球柱草 | *Bulbostylis densa* |  |
| 596 |  |  | 球柱草 | *Bulbostylis barbata* |  |
| 597 |  | 薹草属 | 松叶薹草 | *Carex biwensis* |  |
| 598 |  |  | 翼果薹草 | *Carex neurocarpa* |  |
| 599 |  |  | 穹隆薹草 | *Carex gibba* |  |
| 600 |  |  | 垂穗薹草 | *Carex brachyanthera* |  |
| 601 |  |  | 皱苞薹草 | *Carex chungii* |  |
| 602 |  |  | 长梗薹草 | *Carex glossostigma* |  |
| 603 |  |  | 灰绿薹草 | *Carex pallens* |  |
| 604 |  |  | 弯喙薹草 | *Carex laticeps* |  |
| 605 |  |  | 隐匿薹草 | *Carex infossa* |  |
| 606 |  |  | 杯鳞薹草 | *Carex poculisquama* |  |
| 607 |  |  | 弯囊薹草 | *Carex dispalata* |  |
| 608 |  |  | 亚大薹草 | *Carex brownii* |  |

（续）

| 序号 | 科 | 属 | 种 | | 保护等级 |
|---|---|---|---|---|---|
| | | | 中文名 | 拉丁名 | |
| 609 | 莎草科 | 薹草属 | 短尖薹草 | *Carex brevicuspis* | |
| 610 | | | 红穗薹草 | *Carex vargyi* | |
| 611 | | | 锈点薹草 | *Carex pseudoligulata* | |
| 612 | | | 青绿薹草 | *Carex breviculmis* | |
| 613 | | | 栗褐薹草 | *Carex brunnea* | |
| 614 | | | 中华薹草 | *Carex chinensis* | |
| 615 | | | 芒尖薹草 | *Carex doniana* | |
| 616 | | | 穿孔薹草 | *Carex foraminata* | |
| 617 | | | 密叶薹草 | *Carex maubertiana* | |
| 618 | | | 乳突薹草 | *Carex maximowiczii* | |
| 619 | | | 丝引薹草 | *Carex remotiuscula* | |
| 620 | | | 硬果薹草 | *Carex sclerocarpa* | |
| 621 | | | 宽叶薹草 | *Carex siderosticta* | |
| 622 | | | 褐绿薹草 | *Carex stipinux* | |
| 623 | | | 柔菅 | *Carex transversa* | |
| 624 | | | 三穗薹草 | *Carex tristachya* | |
| 625 | | | 匍枝薹草 | *Carex cinerascens* | |
| 626 | | | 尖嘴薹草 | *Carex leiorhyncha* | |
| 627 | | | 单蕊薹草 | *Carex subtumida* | |
| 628 | | | 卵果薹草 | *Carex maackii* | |
| 629 | | | 尖嘴薹草 | *Carex leiorhyncha* | |
| 630 | | | 阿穆尔薹草 | *Cyperus amuricus* | |
| 631 | | | 陌上菅 | *Carex thunbergii* | |
| 632 | | 莎草属 | 聚穗莎草 | *Cyperus glomeratus* | |
| 633 | | | 矮莎草 | *Cyperus pygmaeus* | |
| 634 | | | 畦畔莎草 | *Cyperus haspan* | |
| 635 | | | 莎草 | *Cyperus rotundus* | |
| 636 | | | 扁穗莎草 | *Cyperus compressus* | |
| 637 | | | 异型莎草 | *Cyperus difformis* | |
| 638 | | | 碎米莎草 | *Cyperus iria* | |
| 639 | | | 旋鳞莎草 | *Cyperus michelianus* | |
| 640 | | | 具芒碎米莎草 | *Cyperus microiria* | |
| 641 | | | 毛轴莎草 | *Cyperus pilosus* | |
| 642 | | 水莎草属 | 水莎草 | *Juncellus serotinus* | |
| 643 | | 荸荠属 | 荸荠 | *Heleocharis dulcis* | |
| 644 | | | 龙师草 | *Heleocharis tetraquetra* | |
| 645 | | | 透明鳞荸荠 | *Heleocharis pellucida* var. *pellucida* | |
| 646 | | | 刚毛荸荠 | *Heleocharis valleculosa* | |

（续）

| 序号 | 科 | 属 | 种 | | 保护等级 |
|---|---|---|---|---|---|
| | | | 中文名 | 拉丁名 | |
| 647 | 莎草科 | 荸荠属 | 牛毛毡 | *Heleocharis yokoscensis* | |
| 648 | | | 渐尖穗荸荠 | *Heleocharis attenuta* | |
| 649 | | | 江南荸荠 | *Heleocharis migoana* | |
| 650 | | | 密花荸荠 | *Heleocharis congesta* | |
| 651 | | | 羽毛荸荠 | *Heleocharis wichurae* | |
| 652 | | 飘拂草属 | 五棱秆飘拂草 | *Fimbristylis quinquangularis* | |
| 653 | | | 黑果飘拂草 | *Fimbristylis cymosa* | |
| 654 | | | 结壮飘拂草 | *Fimbristylis rigidula* | |
| 655 | | | 水虱草 | *Fimbristylis miliacea* | |
| 656 | | | 拟二叶飘拂草 | *Fimbristylis diphylloides* | |
| 657 | | | 两歧飘拂草 | *Fimbristylis dichotoma* | |
| 658 | | | 宜昌飘拂草 | *Fimbristylis henryi* | |
| 659 | | | 畦畔飘拂草 | *Fimbristylis squarrosa* | |
| 660 | | | 复序飘拂草 | *Fimbristylis bisumbellata* | |
| 661 | | | 烟台飘拂草 | *Fimbristylis stauntoni* | |
| 662 | | | 丝草 | *Fimbristylis sieboldii* | |
| 663 | | 水蜈蚣属 | 水蜈蚣 | *Kyllinga brevifolia* | |
| 664 | | | 光鳞水蜈蚣 | *Kyllinga brevifolia* var. *leiolepis* | |
| 665 | | 砖子苗属 | 砖子苗 | *Mariscus umbellatus* | |
| 666 | | 藨草属 | 百球藨草 | *Scrirpus rosthornii* | |
| 667 | | | 华东藨草 | *Scrirpus karuizawensis* | |
| 668 | | | 庐山藨草 | *Scrirpus lushanensis* | |
| 669 | | | 百穗藨草 | *Scrirpus ternatanus* | |
| 670 | | | 萤蔺 | *Scrirpus juncoides* | |
| 671 | | | 猪毛草 | *Scrirpus wallichii* | |
| 672 | | | 藨莞 | *Scrirpus triqueter* | |
| 673 | | | 水葱 | *Scrirpus validus* | |
| 674 | | | 水毛花 | *Scrirpus mucronatus* | |
| 675 | | 扁莎属 | 球穗扁莎 | *Pycreus globosus* | |
| 676 | 兰科 | 绶草属 | 绶草 | *Spiranthes sinensis* | |

# 附录 2　安徽湿地调查区域动物名录

| 序号 | 目 | 科 | 种 | |
|---|---|---|---|---|
| | | | 中文名 | 拉丁名 |
| (一)鱼　类 | | | | |
| 1 | 鲟形目 | 鲟科 | 中华鲟 | *Acipenser sinensis* |
| 2 | | | 达氏鲟 | *Acipenser dabryanus* |
| 3 | | 匙吻鲟科 | 白鲟 | *Psephurus gladius* |
| 4 | 鲱形目 | 鳀科 | 刀鲚 | *Coilia nasus* |
| 5 | | | 短颌鲚 | *Coilia brachygnathus* |
| 6 | | 鲱科 | 鲥 | *Tenulosa reevesii* |
| 7 | 鲑形目 | 银鱼科 | 寡齿新银鱼 | *Neosalanx oligodontis* |
| 8 | | | 太湖新银鱼 | *Neosalanx tangkahkeii* |
| 9 | | | 大银鱼 | *Protosalanx hyalocranius* |
| 10 | | | 前颌间银鱼 | *Hemisalanx prognathus* |
| 11 | | | 短吻间银鱼 | *Hemisalanx brachyrostralis* |
| 12 | 鳗鲡目 | 鳗鲡科 | 鳗鲡 | *Anguilla japonica* |
| 13 | 鲤形目 | 胭脂鱼科 | 胭脂鱼 | *Myxocyprinus asiaticus* |
| 14 | | 鲤科 | 宽鳍鱲 | *Zacco platypus* |
| 15 | | | 马口鱼 | *Opsariichthys bidens* |
| 16 | | | 中华细鲫 | *Aphyocypris chinensis* |
| 17 | | | 青鱼 | *Mylopharyngodon piceus* |
| 18 | | | 鯮 | *Luciobrama macrocephalus* |
| 19 | | | 草鱼 | *Ctenopharyngodon idellus* |
| 20 | | | 拉氏鲅 | *Phoxinus lagowskii* |
| 21 | | | 赤眼鳟 | *Squaliobarbus curriculus* |
| 22 | | | 黑线鳘 | *Atrilinea roulei* |
| 23 | | | 鳤 | *Ochetobius elongatus* |
| 24 | | | 鳡 | *Elopichthys bambusa* |
| 25 | | | 银飘鱼 | *Pseudolaubuca sinensis* |
| 26 | | | 寡鳞飘鱼 | *Pseudolaubuca engraulis* |
| 27 | | | 伍氏华鳊 | *Sinibrama wui* |
| 28 | | | 大眼华鳊 | *Sinibrama macrops* |
| 29 | | | 高体近红鲌 | *Ancherythroculter kurematsui* |
| 30 | | | 四川半鳘 | *Hemiculterella sauvagei* |
| 31 | | | 南方拟鳘 | *Pseudohemiculter dispar* |
| 32 | | | 似鲚 | *Toxabramis swinhonis* |
| 33 | | | 鳘 | *Hemiculter leucisculus* |
| 34 | | | 黑尾鳘 | *Hemiculter leucisculus* |
| 35 | | | 贝氏鳘 | *Hemiculter bleekeri* |

（续）

| 序号 | 目 | 科 | 种 | |
|---|---|---|---|---|
| | | | 中文名 | 拉丁名 |
| 36 | 鲤形目 | 鲤科 | 红鳍鲌 | *Culter erythropterus* |
| 37 | | | 翘嘴红鲌 | *Erythroculter ilishaeformis* |
| 38 | | | 蒙古红鲌 | *Erythroculter mongolicus* |
| 39 | | | 尖头红鲌 | *Erythroculter oxycephalus* |
| 40 | | | 青梢红鲌 | *Erythroculter dabryi* |
| 41 | | | 拟尖头红鲌 | *Erythroculter oxycephaloides* |
| 42 | | | 鳊 | *Parabramis pekinensis* |
| 43 | | | 鲂 | *Megalobrama skolkovii* |
| 44 | | | 团头鲂 | *Megalobrama amblycephala* |
| 45 | | | 银鲴 | *Xenocypris argentea* |
| 46 | | | 黄尾鲴 | *Xenocypris davidi* |
| 47 | | | 细鳞斜颌鲴 | *Xenocypris microlepis* |
| 48 | | | 圆吻鲴 | *Distoechidon tumirostris* |
| 49 | | | 湖北圆吻鲴 | *Distoechodon hupeinensis* |
| 50 | | | 似鳊 | *Pseudobrama simoni* |
| 51 | | | 中华鳑鲏 | *Rhodeus sinensis* |
| 52 | | | 高体鳑鲏 | *Rhodeus ocellatus* |
| 53 | | | 彩石鳑鲏 | *Rhodeus lighti* |
| 54 | | | 大鳍鱊 | *Acheilognathus macropterus* |
| 55 | | | 巨口鱊 | *Acheilognathus tabira* |
| 56 | | | 越南鱊 | *Acheilognathus tonkinensis* |
| 57 | | | 短须鱊 | *Acheilognathus barbatulus* |
| 58 | | | 多鳞鱊 | *Acheilognathus polylepis* |
| 59 | | | 斑条鱊 | *Acheilognathus taenianalis* |
| 60 | | | 寡鳞鱊 | *Acheilognathus hypselonotus* |
| 61 | | | 无须鱊 | *Acheilognathus gracilis* |
| 62 | | | 兴凯鱊 | *Acheilognathus chankaensis* |
| 63 | | | 白河鱊 | *Acheilognathus peihoensis* |
| 64 | | | 彩副鱊 | *Paracheilognathus imberbis* |
| 65 | | | 广西副鱊 | *Paracheilognathus meridianus* |
| 66 | | | 革条副鱊 | *Paracheilognathus himantegus* |
| 67 | | | 刺鲃 | *Spinibarbus caldwelli* |
| 68 | | | 厚唇光唇鱼 | *Acrossocheilus labiatus* |
| 69 | | | 侧条光唇鱼 | *Acrossocheilus parallens* |
| 70 | | | 温州光唇鱼 | *Acrossocheilus wenchowensis* |
| 71 | | | 薄颌光唇鱼 | *Acrossocheilus kreyenbergii* |
| 72 | | | 光唇鱼 | *Acrossocheilus fasciatus* |
| 73 | | | 多鳞铲颌鱼 | *Uaricorhinus macrolepis* |

（续）

| 序号 | 目 | 科 | 种 | |
|---|---|---|---|---|
| | | | 中文名 | 拉丁名 |
| 74 | 鲤形目 | 鲤科 | 台湾铲颌鱼 | *Uaricorhinus barbatulus* |
| 75 | | | 四川白甲鱼 | *Onychostoma angustistomata* |
| 76 | | | 小口白甲鱼 | *Onychostoma lini* |
| 77 | | | 异华鲮 | *Parasinilabeo assimilis* |
| 78 | | | 唇䱻 | *Hemibarbus labeo* |
| 79 | | | 花䱻 | *Hemibarbus maculatus* |
| 80 | | | 长吻䱻 | *Hemibarbus longirostris* |
| 81 | | | 似刺鳊𬶋 | *Paracanthobrama guichenoti* |
| 82 | | | 条纹似白𬶋 | *Paraleucogobio strigatus* |
| 83 | | | 似䱻 | *Belligobio nummifer* |
| 84 | | | 彭县似䱻 | *Belligobio pengxianensis* |
| 85 | | | 麦穗鱼 | *Pseudorasbora parva* |
| 86 | | | 稀有麦穗鱼 | *Pseudorasbora fowleri* |
| 87 | | | 长麦穗鱼 | *Pseudorasbora elongata* |
| 88 | | | 华鳈 | *Sarcocheilichthys sinensis* |
| 89 | | | 小鳈 | *Sarcocheilichthys parvus* |
| 90 | | | 江西鳈 | *Sarcocheilichthys kiangsiensis* |
| 91 | | | 黑鳍鳈 | *Sarcocheilichthys nigripinnis* |
| 92 | | | 多纹颌须𬶋 | *Gnathopogon polytaenia* |
| 93 | | | 短须颌须𬶋 | *Gnathopogon imberbis* |
| 94 | | | 细纹颌须𬶋 | *Gnathopogon taeniellus* |
| 95 | | | 隐须颌须𬶋 | *Gnathopogon nicholsi* |
| 96 | | | 银𬶋 | *Squalidus argentatus* |
| 97 | | | 中间银𬶋 | *Squalidus intermedius* |
| 98 | | | 西湖银𬶋 | *Squalidus sihuensis* |
| 99 | | | 点纹银𬶋 | *Squalidus wolterstorffi* |
| 100 | | | 铜鱼 | *Coreius heterodon* |
| 101 | | | 北方铜鱼 | *Coreius septentrionalis* |
| 102 | | | 吻𬶋 | *Rhinogobio typus* |
| 103 | | | 圆筒吻𬶋 | *Rhinogobio cylindricus* |
| 104 | | | 长鳍吻𬶋 | *Rhinogobio ventralis* |
| 105 | | | 胡𬶋 | *Huigobio chenhsiensis* |
| 106 | | | 棒花鱼 | *Abbottina rivularis* |
| 107 | | | 建德小鳔𬶋 | *Microphysogobio tafangensis* |
| 108 | | | 福建小鳔𬶋 | *Microphysogobio fukiensis* |
| 109 | | | 乐山小鳔𬶋 | *Microphysogobio kiatingensis* |
| 110 | | | 似𬶋 | *Pseudogobio vaillanti* |
| 111 | | | 长蛇𬶋 | *Saurogobio dumerili* |

（续）

| 序号 | 目 | 科 | 种 | |
|---|---|---|---|---|
| | | | 中文名 | 拉丁名 |
| 112 | 鲤形目 | 鲤科 | 蛇鮈 | *Saurogobio dabryi* |
| 113 | | | 细尾蛇鮈 | *Saurogobio gracilicaudatus* |
| 114 | | | 湘江蛇鮈 | *Saurogobio xiangjiangensis* |
| 115 | | | 光唇蛇鮈 | *Saurogobio gymnocheilus* |
| 116 | | | 鲤 | *Cyprinus carpio* |
| 117 | | | 鲫 | *Carassius auratus* |
| 118 | | | 银鲫 | *Carassius gibelio* |
| 119 | | | 裸胸鳅鮀 | *Gobiobotia tungi* |
| 120 | | | 长须鳅鮀 | *Gobiobotia longibarba* |
| 121 | | | 潘氏鳅鮀 | *Gobiobotia pappenheimi* |
| 122 | | | 鳙 | *Aristichthys nobilis* |
| 123 | | | 鲢 | *Hypophthalmichthys molitrix* |
| 124 | | 鳅科 | 花斑副沙鳅 | *Parabotia fasciata* |
| 125 | | | 武昌副沙鳅 | *Parabotia banarescui* |
| 126 | | | 点面副沙鳅 | *Parabotia maculosa* |
| 127 | | | 长薄鳅 | *Leptobotia elongata* |
| 128 | | | 紫薄鳅 | *Leptobotia taeniops* |
| 129 | | | 薄鳅 | *Leptobotia pellegrini* |
| 130 | | | 宽斑薄鳅 | *Leptobotia tchangi* |
| 131 | | | 红唇薄鳅 | *Leptobotia rubrilabris* |
| 132 | | | 中华花鳅 | *Cobitis sinensis* |
| 133 | | | 大斑花鳅 | *Cobitis macrostigma* |
| 134 | | | 泥鳅 | *Misgurnus anguillicaudatus* |
| 135 | | | 大鳞副泥鳅 | *Pararmisgurnus dabryanus* |
| 136 | | 平鳍鳅科 | 原缨口鳅 | *Vanmanenia stenosoma* |
| 137 | | | 犁头鳅 | *Lepturichthys fimbriata* |
| 138 | 鲇形目 | 鲇科 | 鲇 | *Silurus asotus* |
| 139 | | | 大口鲇 | *Silurus meridionalis* |
| 140 | | 胡鲇科 | 胡鲇 | *Clarias batrachus* |
| 141 | | 鲿科 | 黄颡鱼 | *Pelteobagrus fulvidraco* |
| 142 | | | 中间黄颡鱼 | *Pelteobagrus intermedius* |
| 143 | | | 长须黄颡鱼 | *Pelteobagrus eupogon* |
| 144 | | | 瓦氏黄颡鱼 | *Pelteobagrus vachelli* |
| 145 | | | 光泽黄颡鱼 | *Pelteobagrus nitidus* |
| 146 | | | 长吻鮠 | *Leiocassis longirostris* |
| 147 | | | 粗唇鮠 | *Leiocassis crassilabris* |
| 148 | | | 盎堂拟鲿 | *Pseudobagrus ondon* |
| 149 | | | 长臀拟鲿 | *Pseudobagrus analis* |

（续）

| 序号 | 目 | 科 | 种 | |
|---|---|---|---|---|
| | | | 中文名 | 拉丁名 |
| 150 | 鲇形目 | 鲿科 | 圆尾拟鲿 | *Pseudobagrus tenuis* |
| 151 | | | 乌苏拟鲿 | *Pseudobagrus ussuriensis* |
| 152 | | | 切尾拟鲿 | *Pseudobagrus truncates* |
| 153 | | | 细体拟鲿 | *Pseudobagrus pratti* |
| 154 | | | 长脂拟鲿 | *Pseudobagrus adiposalis* |
| 155 | | | 短尾拟鲿 | *Pseudobagrus brevicaudatus* |
| 156 | | | 大鳍鳠 | *Mystus macropterus* |
| 157 | | 钝头鮠科 | 白缘䱀 | *Liobagrus marginatus* |
| 158 | | | 黑尾䱀 | *Liobagrus nigricauda* |
| 159 | | | 司氏䱀 | *Liobagrus styani* |
| 160 | | 鮡科 | 宽鳍纹胸鮡 | *Glyptothorax fukiensis* |
| 161 | | | 中华纹胸鮡 | *Glyptothorax sinensis* |
| 162 | 鳉形目 | 青鳉科 | 青鳉 | *Oryzias latipes* |
| 163 | 颌针鱼目 | 鱵科 | 久留未鱵 | *Hemiramphus kurumeus* |
| 164 | 合鳃鱼目 | 合鳃鱼科 | 黄鳝 | *Monopterus albus* |
| 165 | 鲈形目 | 鮨科 | 花鲈 | *Lateolabrax japonicus* |
| 166 | | | 长身鳜 | *Coreosiniperca roulei* |
| 167 | | | 中国少鳞鳜 | *Coreoperca whiteheadi* |
| 168 | | | 鳜 | *Siniperca chuatsi* |
| 169 | | | 大眼鳜 | *Siniperca kneri* |
| 170 | | | 斑鳜 | *Siniperca scherzeri* |
| 171 | | | 波纹鳜 | *Siniperca undulata* |
| 172 | | | 暗鳜 | *Siniperca obscura* |
| 173 | | 塘鳢科 | 暗色沙塘鳢 | *Odontobutis obscura* |
| 174 | | | 黄黝鱼 | *Hypseleotris swinhonis* |
| 175 | | 鰕虎鱼科 | 粘皮栉鰕虎鱼 | *Ctenogobius myxodermus* |
| 176 | | | 普栉鰕虎 | *Ctenogobius giurinus* |
| 177 | | | 波氏栉鰕虎鱼 | *Ctenogobius cliffordpopei* |
| 178 | | | 红狼牙鰕虎鱼 | *Odontamblyopus rubicundus* |
| 179 | | | 须鳗鰕虎鱼 | *Taenioides cirratus* |
| 180 | | 斗鱼科 | 圆尾斗鱼 | *Macropodus chinensis* |
| 181 | | 鳢科 | 乌鳢 | *Channa argus* |
| 182 | | | 斑鳢 | *Channa maculata* |
| 183 | | | 月鳢 | *Channa asiatica* |
| 184 | | 刺鳅科 | 刺鳅 | *Mastacembelus aculeatus* |
| 185 | 鲽形目 | 舌鳎科 | 窄体舌鳎 | *Cynoglossus gracilis* |
| 186 | | | 褐斑三线舌鳎 | *Cynoglossus trigrammus* |
| 187 | 鲀形目 | 鲀科 | 弓斑东方鲀 | *Takifugu ocellatus* |

（续）

| 序号 | 目 | 科 | 种 | |
|---|---|---|---|---|
| | | | 中文名 | 拉丁名 |
| 188 | 鲀形目 | 鲀科 | 红鳍东方鲀 | *Takifugu rubripes* |
| 189 | | | 暗色东方鲀 | *Takifugu obscurus* |
| **（二）两栖类** | | | | |
| 1 | 有尾目 | 小鲵科 | 商城肥鲵 | *Pachyhynobius shangchengensis* |
| 2 | | 隐鳃鲵科 | 大鲵 | *Andrias davidianus* |
| 3 | | 蝾螈科 | 细痣疣螈 | *Tylototriton asperrimus* |
| 4 | | | 中国瘰螈 | *Paramesotriton chinensis* |
| 5 | | | 无斑肥螈 | *Pachytriton labiatus* |
| 6 | | | 东方蝾螈 | *Cynops orientalis* |
| 7 | 无尾目 | 角蟾科 | 淡肩角蟾 | *Megophrys boettgeri* |
| 8 | | | 小角蟾 | *Megophrys minor* |
| 9 | | 蟾蜍科 | 中华蟾蜍 | *Bufo gargarizans* |
| 10 | | | 花背蟾蜍 | *Bufo raddei* |
| 11 | | 雨蛙科 | 三港雨蛙 | *Hyla sanchiangensis* |
| 12 | | | 秦岭雨蛙 | *Hyla tsinlingensis* |
| 13 | | | 无斑雨蛙 | *Hyla immaculata* |
| 14 | | | 中国雨蛙 | *Hyla chinensis* |
| 15 | | 蛙科 | 湖北侧褶蛙 | *Pelophylax hubeiensis* |
| 16 | | | 黑斑侧褶蛙 | *Pelophylax nigromaculatus* |
| 17 | | | 金线侧褶蛙 | *Pelophylax plancyi* |
| 18 | | | 弹琴水蛙 | *Nidirana adenopleura* |
| 19 | | | 沼水蛙 | *Sylvirana guentheri* |
| 20 | | | 阔褶水蛙 | *Sylvirana latouchii* |
| 21 | | | 泽陆蛙 | *Fejervarya limnocharis* |
| 22 | | | 虎纹蛙 | *Hoplobatrachus rugulosa* |
| 23 | | | 天台粗皮蛙 | *Rugosa tientaiensis* |
| 24 | | | 花臭蛙 | *Odorrana schmackeri* |
| 25 | | | 大绿臭蛙 | *Odorrana livida* |
| 26 | | | 竹叶蛙 | *Bamburana versabilis* |
| 27 | | | 隆肛蛙 | *Feirana quadranus* |
| 28 | | | 棘胸蛙 | *Paa spinosa* |
| 29 | | | 凹耳湍蛙 | *Amolops tormotus* |
| 30 | | | 武夷湍蛙 | *Amolops wuyiensis* |
| 31 | | | 镇海林蛙 | *Rana zhenhaiensis* |
| 32 | | 树蛙科 | 大泛树蛙 | *Polypedates dennysi* |
| 33 | | | 斑腿泛树蛙 | *Polypedates megacephalus* |
| 34 | | | 黑点树蛙 | *Rhacophorus nigropunctatus* |
| 35 | | 姬蛙科 | 小弧斑姬蛙 | *Microhyla heymonsi* |

（续）

| 序号 | 目 | 科 | 种 | |
|---|---|---|---|---|
| | | | 中文名 | 拉丁名 |
| 36 | 无尾目 | 姬蛙科 | 合征姬蛙 | *Microhyla mixtura* |
| 37 | | | 饰纹姬蛙 | *Microhyla ornata* |
| 38 | | | 北方狭口蛙 | *Kaloula borealis* |
| **（三）爬行类** | | | | |
| 1 | 龟鳖目 | 平胸龟科 | 平胸龟 | *Platysternon megacephalum* |
| 2 | | 龟科 | 眼斑龟 | *Sacalia bealei* |
| 3 | | | 黄喉拟水龟 | *Mauremys mutica* |
| 4 | | | 黄缘闭壳龟 | *Cuora flavomarginata* |
| 5 | | | 金头闭壳龟 | *Cuora aurocapitata* |
| 6 | | | 大头乌龟 | *Chinemys megalocephala* |
| 7 | | | 乌龟 | *Chinemys reevesii* |
| 8 | | 鳖科 | 鳖 | *Pelodiscus sinensis* |
| 9 | 有鳞目 | 壁虎科 | 多疣壁虎 | *Gekko japonica* |
| 10 | | 石龙子科 | 石龙子 | *Eumeces chinensis* |
| 11 | | | 蝘蜓 | *Lygosoma indicus* |
| 12 | | 蜥蜴科 | 北草蜥 | *Takydromus septentrionalis* |
| 13 | | | 白条草蜥 | *Takydromus wolteri* |
| 14 | | 游蛇科 | 钝尾两头蛇 | *Calamaria septentrionalis* |
| 15 | | | 中国水蛇 | *Enhydris chinensis* |
| 16 | | | 赤链蛇 | *Dinodon rufozonatum* |
| 17 | | | 双斑锦蛇 | *Elaphe bimaculata* |
| 18 | | | 王锦蛇 | *Elaphe carinata* |
| 19 | | | 红点锦蛇 | *Elaphe rufodorsata* |
| 20 | | | 黑眉锦蛇 | *Elaphe taeniura* |
| 21 | | | 棕黑锦蛇 | *Elaphe schrenckii* |
| 22 | | | 赤链华游蛇 | *Sinonatrix annularis* |
| 23 | | | 乌华游蛇 | *Sinonatrix percarinata* |
| 24 | | | 渔游蛇 | *Xenochrophis piscator* |
| 25 | | | 草腹链蛇 | *Amphiesma stolata* |
| 26 | | | 虎斑颈槽蛇 | *Rhabdophis tigrina* |
| 27 | | | 滑鼠蛇 | *Ptyas mucosus* |
| 28 | | | 乌梢蛇 | *Zoacys dhumnades* |
| 29 | | 眼镜蛇科 | 眼镜蛇 | *Naja naja* |
| 30 | | | 银环蛇 | *Bungarus multicinctus* |
| 31 | | 蝰科 | 短尾蝮 | *Gloydius brevicaudus* |
| 32 | | | 竹叶青 | *Trimeresurus stejneyeri* |
| 33 | 鳄目 | 鼍科 | 扬子鳄 | *Alligator sinensis* |
| **（四）鸟　类** | | | | |
| 1 | 鹏鹛目 | 鹏鹛科 | 小鹏鹛 | *Tachybaptus ruficollis* |

（续）

| 序号 | 目 | 科 | 种 | |
|---|---|---|---|---|
| | | | 中文名 | 拉丁名 |
| 2 | 䴙䴘目 | 䴙䴘科 | 角䴙䴘 | *Podiceps auritus* |
| 3 | | | 凤头䴙䴘 | *Podiceps cristatus* |
| 4 | 鹈形目 | 鹈鹕科 | 卷羽鹈鹕 | *Pelecanus crispus* |
| 5 | | | 斑嘴鹈鹕 | *Pelecanus philippensis* |
| 6 | | 鸬鹚科 | 普通鸬鹚 | *Phalacrocorax carbo* |
| 7 | 鹳形目 | 鹭科 | 苍鹭 | *Ardea cinerea* |
| 8 | | | 草鹭 | *Ardea purpurea* |
| 9 | | | 池鹭 | *Ardeola bacchus* |
| 10 | | | 绿鹭 | *Butorides striata* |
| 11 | | | 牛背鹭 | *Bubulcus ibis* |
| 12 | | | 大白鹭 | *Egretta alba* |
| 13 | | | 中白鹭 | *Egretta intermedia* |
| 14 | | | 白鹭 | *Egretta garzetta* |
| 15 | | | 黄嘴白鹭 | *Egretta eulophotes* |
| 16 | | | 夜鹭 | *Nycticorax nycticorax* |
| 17 | | | 黄苇鳽 | *Ixobrychus sinensis* |
| 18 | | | 栗苇鳽 | *Ixobrychus cinnamomeus* |
| 19 | | | 紫背苇鳽 | *Ixobrychus eurhythmus* |
| 20 | | | 黑鳽 | *Ixobrychus flavicollis* |
| 21 | | | 大麻鳽 | *Botaurus stellaris* |
| 22 | | 鹳科 | 东方白鹳 | *Ciconia boyciana* |
| 23 | | | 黑鹳 | *Ciconia nigra* |
| 24 | | 鹮科 | 白琵鹭 | *Platalea leucorodia* |
| 25 | 雁形目 | 鸭科 | 鸿雁 | *Anser cygnoides* |
| 26 | | | 豆雁 | *Anser fabalis* |
| 27 | | | 白额雁 | *Anser albifrons* |
| 28 | | | 小白额雁 | *Anser erythropus* |
| 29 | | | 灰雁 | *Anser anser* |
| 30 | | | 大天鹅 | *Cygnus cygnus* |
| 31 | | | 小天鹅 | *Cygnus columbianus* |
| 32 | | | 赤麻鸭 | *Tadorna ferruginea* |
| 33 | | | 翘鼻麻鸭 | *Tadorna tadorna* |
| 34 | | | 赤颈鸭 | *Anas penelope* |
| 35 | | | 罗纹鸭 | *Anas falcata* |
| 36 | | | 赤膀鸭 | *Anas strepera* |
| 37 | | | 花脸鸭 | *Anas formosa* |
| 38 | | | 绿翅鸭 | *Anas crecca* |
| 39 | | | 绿头鸭 | *Anas platyrhynchos* |

（续）

| 序号 | 目 | 科 | 种 | |
|---|---|---|---|---|
| | | | 中文名 | 拉丁名 |
| 40 | 雁形目 | 鸭科 | 斑嘴鸭 | *Anas poecilorhyncha* |
| 41 | | | 针尾鸭 | *Anas acuta* |
| 42 | | | 白眉鸭 | *Anas querquedula* |
| 43 | | | 琵嘴鸭 | *Anas clypeata* |
| 44 | | | 红头潜鸭 | *Aythya ferina* |
| 45 | | | 青头潜鸭 | *Aythya baeri* |
| 46 | | | 凤头潜鸭 | *Aythya fuligula* |
| 47 | | | 斑背潜鸭 | *Aythya marila* |
| 48 | | | 棉凫 | *Nettapus coromandelianus* |
| 49 | | | 鸳鸯 | *Aix galericulata* |
| 50 | | | 斑脸海番鸭 | *Melanitta fusca* |
| 51 | | | 鹊鸭 | *Bucephala clangula* |
| 52 | | | 斑头秋沙鸭 | *Mergellus albellus* |
| 53 | | | 红胸秋沙鸭 | *Mergus serrator* |
| 54 | | | 普通秋沙鸭 | *Mergus merganser* |
| 55 | | | 中华秋沙鸭 | *Mergus squamatus* |
| 56 | 隼形目 | 鹰科 | 赤腹鹰 | *Accipiter soloensis* |
| 57 | | | 黑耳鸢 | *Milvus migrans* |
| 58 | | | 白肩雕 | *Aquila heliaca* |
| 59 | | | 乌雕 | *Aquila clanga* |
| 60 | | | 白腹隼雕 | *Hieraaetus fasciata* |
| 61 | | | 白尾海雕 | *Haliaeetus albicilla* |
| 62 | | | 白尾鹞 | *Circus cyaneus* |
| 63 | | | 白腹鹞 | *Circus spilonotus* |
| 64 | | | 鹊鹞 | *Circus melanoleucos* |
| 65 | | | 蛇雕 | *Spilornis cheela* |
| 66 | | 隼科 | 红隼 | *Falco tinnunculus* |
| 67 | | | 游隼 | *Falco peregrinus* |
| 68 | | | 燕隼 | *Falco subbuteo* |
| 69 | 鸡形目 | 雉科 | 环颈雉 | *Phasianus colchicus* |
| 70 | | | 鹌鹑 | *Coturnix coturnix* |
| 71 | | | 灰胸竹鸡 | *Bambusicola thoracicus* |
| 72 | 鹤形目 | 三趾鹑科 | 黄脚三趾鹑 | *Turnix tanki* |
| 73 | | 鹤科 | 白鹤 | *Grus leucogeranus* |
| 74 | | | 白头鹤 | *Grus monacha* |
| 75 | | | 白枕鹤 | *Grus vipio* |
| 76 | | | 灰鹤 | *Grus grus* |
| 77 | | 秧鸡科 | 普通秧鸡 | *Rallus aquaticus* |

（续）

| 序号 | 目 | 科 | 种 | |
|---|---|---|---|---|
| | | | 中文名 | 拉丁名 |
| 78 | 鹤形目 | 秧鸡科 | 蓝胸秧鸡 | *Rallus striatus* |
| 79 | | | 小田鸡 | *Porzana pusilla* |
| 80 | | | 红胸田鸡 | *Porzana fusca* |
| 81 | | | 斑胁田鸡 | *Porzana paykullii* |
| 82 | | | 红脚苦恶鸟 | *Amaurornis akool* |
| 83 | | | 白胸苦恶鸟 | *Amaurornis phoenicurus* |
| 84 | | | 董鸡 | *Gallicrex cinerea* |
| 85 | | | 黑水鸡 | *Gallinula chloropus* |
| 86 | | | 白骨顶 | *Fulica atra* |
| 87 | 鸻形目 | 雉鸻科 | 水雉 | *Hydrophasianus chirurgus* |
| 88 | | 鸻科 | 凤头麦鸡 | *Vanellus vanellus* |
| 89 | | | 灰头麦鸡 | *Vanellus cinereus* |
| 90 | | | 长嘴剑鸻 | *Charadrius placidus* |
| 91 | | | 金斑鸻 | *Pluvialis fulva* |
| 92 | | | 灰斑鸻 | *Pluvialis squatarola* |
| 93 | | | 金眶鸻 | *Charadrius dubius* |
| 94 | | | 环颈鸻 | *Charadrius alexandrinus* |
| 95 | | | 铁嘴沙鸻 | *Charadrius leschenaultii* |
| 96 | | 鹬科 | 小杓鹬 | *Numenius minutus* |
| 97 | | | 中杓鹬 | *Numenius phaeopus* |
| 98 | | | 白腰杓鹬 | *Numenius arquata* |
| 99 | | | 黑尾塍鹬 | *Limosa limosa* |
| 100 | | | 斑尾塍鹬 | *Limosa lapponcia* |
| 101 | | | 鹤鹬 | *Tringa erythropus* |
| 102 | | | 红脚鹬 | *Tringa totanus* |
| 103 | | | 泽鹬 | *Tringa stagnatilis* |
| 104 | | | 青脚鹬 | *Tringa nebularia* |
| 105 | | | 白腰草鹬 | *Tringa ochropus* |
| 106 | | | 林鹬 | *Tringa glareola* |
| 107 | | | 矶鹬 | *Tringa hypoleucos* |
| 108 | | | 大沙锥 | *Gallinago megala* |
| 109 | | | 扇尾沙锥 | *Gallinago gallinago* |
| 110 | | | 针尾沙锥 | *Gallinago stenura* |
| 111 | | | 丘鹬 | *Scolopax rusticola* |
| 112 | | | 大滨鹬 | *Calidris tenuirostris* |
| 113 | | | 乌脚滨鹬 | *Calidris temminckii* |
| 114 | | | 尖尾滨鹬 | *Calidris acuminata* |
| 115 | | | 黑腹滨鹬 | *Calidris alpina* |

（续）

| 序号 | 目 | 科 | 种 | |
|---|---|---|---|---|
| | | | 中文名 | 拉丁名 |
| 116 | 鸻形目 | 鹬科 | 弯嘴滨鹬 | *Calidris ferruginea* |
| 117 | | | 红胸滨鹬 | *Calidris ruficollis* |
| 118 | | 反嘴鹬科 | 反嘴鹬 | *Recurvirostra avosetta* |
| 119 | | | 黑翅长脚鹬 | *Himantopus himantopus* |
| 120 | | 燕鸻科 | 普通燕鸻 | *Glareola maldivarum* |
| 121 | 鸥形目 | 鸥科 | 黑尾鸥 | *Larus crassirostris* |
| 122 | | | 银鸥 | *Larus argentatus* |
| 123 | | | 红嘴鸥 | *Larus ridibundus* |
| 124 | | 燕鸥科 | 须浮鸥 | *Chlidonias hybrida* |
| 125 | | | 白翅浮鸥 | *Chlidonias leucopterus* |
| 126 | | | 白额燕鸥 | *Sterna albifrons* |
| 127 | | | 鸥嘴噪鸥 | *Gelochelidon nilotica* |
| 128 | | | 红嘴巨鸥 | *Hydroprogne caspia* |
| 129 | | | 普通燕鸥 | *Sterna hirundo* |
| 130 | 鸽形目 | 鸠鸽科 | 山斑鸠 | *Streptopelia orientalis* |
| 131 | | | 珠颈斑鸠 | *Streptopelia chinensis* |
| 132 | | | 火斑鸠 | *Streptopelia tranquebarica* |
| 133 | 鹃形目 | 杜鹃科 | 小鸦鹃 | *Centropus bengalensis* |
| 135 | | | 四声杜鹃 | *Cuculus micropterus* |
| 136 | | | 大杜鹃 | *Cuculus canorus* |
| 137 | 鸮形目 | 草鸮科 | 草鸮 | *Tyto longimembris* |
| 138 | | 鸱鸮科 | 斑头鸺鹠 | *Glaucidium cuculoides* |
| 139 | 雨燕目 | 雨燕科 | 白腰雨燕 | *Apus pacificus* |
| 140 | 佛法僧目 | 翠鸟科 | 冠鱼狗 | *Ceryle lugubrus* |
| 141 | | | 斑鱼狗 | *Ceryle rudis* |
| 142 | | | 普通翠鸟 | *Alcedo atthis* |
| 143 | | | 白胸翡翠 | *Halcyon smyrnensis* |
| 144 | | | 蓝翡翠 | *Halcyon pileata* |
| 145 | 戴胜目 | 戴胜科 | 戴胜 | *Upupa epops* |
| 146 | 䴕形目 | 啄木鸟科 | 大斑啄木鸟 | *Dendrocopos major* |
| 147 | | | 灰头绿啄木鸟 | *Picus canus* |
| 148 | 雀形目 | 百灵科 | 小云雀 | *Alauda gulgula* |
| 149 | | | 云雀 | *Alauda arvensis* |
| 150 | | 燕科 | 家燕 | *Hirundo rustica* |
| 151 | | | 金腰燕 | *Cecropis daurica* |
| 152 | | | 烟腹毛脚燕 | *Delichon nipalensis* |
| 153 | | | 崖沙燕 | *Riparia riparia* |
| 154 | | 鹡鸰科 | 黄鹡鸰 | *Motacilla flava* |

（续）

| 序号 | 目 | 科 | 种 | |
|---|---|---|---|---|
| | | | 中文名 | 拉丁名 |
| 155 | 雀形目 | 鹡鸰科 | 灰鹡鸰 | *Motacilla cinerea* |
| 156 | | | 白鹡鸰 | *Motacilla alba* |
| 157 | | | 红喉鹨 | *Anthus cervinus* |
| 158 | | | 田鹨 | *Anthus richardi* |
| 159 | | | 树鹨 | *Anthus hodgsoni* |
| 160 | | | 水鹨 | *Anthus spinoletta* |
| 161 | | 鹎科 | 白头鹎 | *Pycnonotus sinensis* |
| 162 | | | 领雀嘴鹎 | *Spizixos semitorques* |
| 163 | | 河乌科 | 褐河乌 | *Cinclus pallasii* |
| 164 | | 鸫科 | 白额燕尾 | *Enicurus leschenaulti* |
| 165 | | | 蓝歌鸲 | *Luscinia cyane* |
| 166 | | | 红胁蓝尾鸲 | *Tarsiger cyanurus* |
| 167 | | | 北红尾鸲 | *Phoenicurus auroreus* |
| 168 | | | 红尾水鸲 | *Rhyacornis fuliginosa* |
| 169 | | | 黑喉石䳭 | *Saxicola torquata* |
| 170 | | | 白顶溪鸲 | *Chaimarrornis leucocephalus* |
| 171 | | | 鹊鸲 | *Copsychus saularis* |
| 172 | | | 蓝矶鸫 | *Monticola solitarius* |
| 173 | | | 白眉地鸫 | *Zoothera sibirica* |
| 174 | | | 灰背鸫 | *Turdus hortulorum* |
| 175 | | | 乌鸫 | *Turdus merula* |
| 176 | | | 白腹鸫 | *Turdus pallidus* |
| 177 | | | 斑鸫 | *Turdus eunomus* |
| 178 | | 扇尾莺科 | 棕扇尾莺 | *Cisticola juncidis* |
| 179 | | | 金头扇尾莺 | *Cisticola exilis* |
| 180 | | | 纯色山鹪莺 | *Prinia inornata* |
| 181 | | 莺科 | 斑背大尾莺 | *Megalurus pryeri* |
| 182 | | | 黑眉苇莺 | *Acrocephalus bistrigiceps* |
| 183 | | | 东方大苇莺 | *Acrocephalus orientalis* |
| 184 | | | 钝翅稻田苇莺 | *Acrocephalus concinens* |
| 185 | | | 厚嘴苇莺 | *Acrocephalus aedon* |
| 185 | | | 日本树莺 | *Cettia diphone* |
| 186 | | | 强脚树莺 | *Cettia fortipes* |
| 187 | | | 黄眉柳莺 | *Phylloscopus inornatus* |
| 188 | | | 黄腰柳莺 | *Phyllosopus proregulus* |
| 189 | | | 极北柳莺 | *Phylloscopus borealis* |
| 190 | | | 淡脚柳莺 | *Phylloscopus tenellipes* |
| 191 | | | 冕柳莺 | *Phylloscopus coronatus* |

（续）

| 序号 | 目 | 科 | 种 | |
|---|---|---|---|---|
| | | | 中文名 | 拉丁名 |
| 192 | 雀形目 | 莺科 | 鸲 | *Ficedula mugimaki* |
| 193 | | 鹟科 | 寿带 | *Terpsiphone paradisi* |
| 194 | | 画眉科 | 黑脸噪鹛 | *Garrulax perspicillatus* |
| 195 | | | 画眉 | *Garrulax canorus* |
| 195 | | 鸦雀科 | 棕头鸦雀 | *Paradoxornis webbianus* |
| 196 | | | 震旦鸦雀 | *Paradoxornis heudei* |
| 197 | | 长尾山雀科 | 银喉长尾山雀 | *Aegithalos caudatus* |
| 198 | | | 红头长尾山雀 | *Aegithalos concinnus* |
| 199 | | 山雀科 | 黄腹山雀 | *Parus venustulus* |
| 200 | | | 大山雀 | *Parus major* |
| 201 | | | 沼泽山雀 | *Parus palustris* |
| 202 | | 黄鹂科 | 黑枕黄鹂 | *Oriolus chinensis* |
| 203 | | 伯劳科 | 红尾伯劳 | *Lanius cristatus* |
| 204 | | | 棕背伯劳 | *Lanius schach* |
| 205 | | | 楔尾伯劳 | *Lanius sphenocercus* |
| 206 | | 卷尾科 | 黑卷尾 | *Dicrurus macrocercus* |
| 207 | | 鸦科 | 红嘴蓝鹊 | *Urocissa erythrorhyncha* |
| 208 | | | 喜鹊 | *Pica pica* |
| 209 | | 鹟科 | 秃鼻乌鸦 | *Corvus frugilegus* |
| 210 | | | 大嘴乌鸦 | *Corvus macrorhynchos* |
| 211 | | | 白颈鸦 | *Corvus torquatus* |
| 212 | | 椋鸟科 | 灰椋鸟 | *Sturnus cineraceus* |
| 213 | | | 黑领椋鸟 | *Sturnus nigricollis* |
| 214 | | | 丝光椋鸟 | *Sturnus sericeus* |
| 215 | | | 八哥 | *Acridotheres cristatellus* |
| 216 | | 攀雀科 | 攀雀 | *Remiz consobrinus* |
| 217 | | 绣眼鸟科 | 暗绿绣眼 | *Zosterops japonicus* |
| 218 | | 梅花雀科 | 白腰文鸟 | *Lonchura striata* |
| 219 | | | 斑文鸟 | *Lonchura punctulata* |
| 220 | | 雀科 | 树麻雀 | *Passer montanus* |
| 221 | | 燕雀科 | 燕雀 | *Fringilla montifringilla* |
| 222 | | | 金翅雀 | *Carduelis sinica* |
| 223 | | | 黑尾蜡嘴雀 | *Eophona migratoria* |
| 224 | | | 锡嘴雀 | *Coccothraustes coccothraustes* |
| 225 | | 鹀科 | 灰头鹀 | *Emberiza spodocephala* |
| 226 | | | 田鹀 | *Emberiza rustica* |
| 227 | | | 小鹀 | *Emberiza pusilla* |
| 228 | | | 苇鹀 | *Emberiza pallasi* |

（续）

| 序号 | 目 | 科 | 种 | |
|---|---|---|---|---|
| | | | 中文名 | 拉丁名 |
| 229 | 雀形目 | 鹀科 | 红颈苇鹀 | *Emberiza yessoensis* |
| 230 | | | 黄眉鹀 | *Emberiza chrysophrys* |
| 231 | | | 三道眉草鹀 | *Emberiza cioides* |
| 232 | | | 栗耳鹀 | *Emberiza fucata* |
| 233 | | | 黄喉鹀 | *Emberiza elegans* |
| 234 | | | 黄胸鹀 | *Emberiza aureola* |
| （五）哺乳类 | | | | |
| 1 | 食虫目 | 刺猬科 | 东北刺猬 | *Erinaceus amurensis* |
| 2 | | 鼩鼱科 | 山东小麝鼩 | *Crocidura shantungensis* |
| 3 | | | 灰麝鼩 | *Crocidura attenuata* |
| 4 | | | 喜马拉雅水麝鼩 | *Chimarogale himalayica* |
| 5 | 鳞甲目 | 鲮鲤科 | 穿山甲 | *Manis pentadactyla* |
| 6 | 兔形目 | 兔科 | 草兔 | *Lepus capensis* |
| 7 | | | 华南兔 | *Lepus sinensis* |
| 8 | 啮齿目 | 仓鼠科 | 黑线仓鼠 | *Cricetulus barabensis* |
| 9 | | | 东方田鼠 | *Microtus fortis* |
| 10 | | | 棕色毛足田鼠 | *Lasiopodomys mandarinus* |
| 11 | | 鼠科 | 小家鼠 | *Mus musculus* |
| 12 | | | 黑线姬鼠 | *Apodemus agrarius* |
| 13 | | | 巢鼠 | *Micromys minutus* |
| 14 | | | 大足鼠 | *Rattus nitidus* |
| 15 | | 豪猪科 | 豪猪 | *Hystrix hodgsoni* |
| 16 | 鲸目 | 鼠海豚科 | 江豚 | *Neophocaena phoaenoides* |
| 17 | | 白鳍豚科 | 白鳍豚 | *Lipotes vexillifer* |
| 18 | 食肉目 | 鼬科 | 黄鼬 | *Mustela sibirica* |
| 19 | | | 鼬獾 | *Melogale moschata* |
| 20 | | | 狗獾 | *Meles meles* |
| 21 | | | 猪獾 | *Arctonyx collaris* |
| 22 | | | 水獭 | *Lutra lutea* |
| 23 | | 獴科 | 食蟹獴 | *Herpestes urva* |
| 24 | | 猫科 | 豹猫 | *Prionailurus bengalensis* |
| 25 | 偶蹄目 | 鹿科 | 獐 | *Hydropotes inermis* |
| 26 | | 猪科 | 野猪 | *Sus scrofa* |

# 附录3　安徽重点调查湿地概况

**1. 巢湖湿地**

巢湖重点调查湿地范围面积79230公顷，湿地面积为78795.53公顷。主要湿地类为湖泊湿地(面积78186.17公顷)、沼泽湿地(面积311.84公顷)和人工湿地(面积297.52公顷)；主要湿地型包括永久性淡水湖、草本沼泽和水产养殖场。地理坐标为东经117°16′54″～117°51′46″，北纬31°25′28″～31°43′28″；位于合肥市南部，涉及巢湖市、肥东县、肥西县、庐江县和合肥市区。

调查中记录到维管束植物60科205种。记录到外来植物2科2属2种。

调查中记录到脊椎动物5纲33目68科183种。其中，鱼类9目16科54种，两栖类1目4科6种，爬行类2目7科15种，鸟类15目33科99种，哺乳类6目8科12种。

记录到国家Ⅱ级重点保护野生动物4种。在国家重点保护野生动物中，有湿地鸟类3种。

受合肥市政府管理，于2011年成立了巢湖管理局。

主要受江湖隔绝、环境污染、基建和城市化等威胁，植被盖度甚低。

**2. 扬子鳄国家级自然保护区**

扬子鳄国家级自然保护区重点调查湿地范围面积18565公顷，湿地面积为682.01公顷。主要湿地类为河流湿地(面积99.58公顷)、湖泊湿地(面积26.23公顷)、人工湿地(面积556.20公顷)；主要湿地型包括永久性淡水湖、永久性河流、洪泛平原湿地、水产养殖场、库塘、运河/输水河。地理坐标为东经118°21′18″～119°27′55″，北纬30°37′54″～31°04′12″；位于宣城市和芜湖市境内，由宣州区、郎溪县、广德县、泾县和南陵县的部分区域组成。

调查中记录到湿地维管束植物3门108科237属410种。记录到国家重点保护野生植物5种，其中，国家Ⅰ级重点保护野生植物1种，国家Ⅱ级重点保护野生植物4种。记录到外来入侵植物14科31属38种。

湿地植被可划分为6个植被型组，10个植被型，22个群系。

调查中记录到脊椎动物5纲34目85科337种。其中，鱼类5目14科54种，两栖类2目7科24种，爬行类4目10科50种，鸟类16目41科176种，哺乳类7目13科33种。

记录到国家重点保护野生动物27种。其中，国家Ⅰ级重点保护野生动物2种，国家Ⅱ级重点保护野生动物25种。在国家重点保护野生动物中，有国家Ⅱ级重点保护鸟类21种。

于1982年建立省级自然保护区，1986年晋升为国家级自然保护区。受安徽省林业厅管理，成立了安徽扬子鳄国家级自然保护区管理局。

主要受到栖息地破碎化、农业面源污染、湿地面积小、人鳄争水矛盾突出等威胁。

### 3. 升金湖国家级自然保护区

升金湖国家级自然保护区重点调查湿地范围面积33400公顷，湿地面积为14238.57公顷。湿地类包括湖泊湿地(11520.43公顷)、河流湿地(288.72公顷)、沼泽湿地(885.84公顷)、人工湿地(1543.58公顷)；主要湿地型为永久性淡水湖、永久性河流、草本沼泽、库塘、运河/输水河、水产养殖场。地理坐标为东经116°55′~117°15′，北纬30°15′~30°30′；位于池州市，涉及东至县、贵池区。

调查中记录到湿地维管束植物3门38科63属94种。记录到国家重点保护野生植物4种，皆为国家Ⅱ级重点保护野生植物。记录到外来入侵植物3科3属3种。

湿地植被可划分为5个植被型组，11个植被型，37个群系。

调查中记录到脊椎动物9纲36目91科291种。其中，鱼类10目19科62种，两栖类2目3科8种，爬行类2目5科13种，鸟类16目46科176种，哺乳类6目13科32种。

记录到国家重点保护野生动物34种。其中，国家Ⅰ级重点保护野生动物7种，国家Ⅱ级重点保护野生动物27种。在国家重点保护野生动物中，有湿地鸟类29种。其中，国家Ⅰ级重点保护鸟类6种，国家Ⅱ级重点保护鸟类23种。记录到外来入侵动物1目1科1种。

于1986年建立省级自然保护区，1997年晋升为国家级自然保护区，2000年池州市人民政府成立了安徽升金湖国家级自然保护区管理局，受池州市林业局管理。

主要受到围垦、违法捕猎、泥沙淤积、污染、过度养殖等威胁。

### 4. 铜陵淡水豚国家级自然保护区

铜陵淡水豚国家级自然保护区重点调查湿地范围面积31518公顷，湿地面积为17308.66公顷。湿地类包括湖泊湿地(26.30公顷)、河流湿地(13103.29公顷)、沼泽湿地(4091.84公顷)、人工湿地(87.23公顷)；主要湿地型包括永久性河流、洪泛平原湿地、永久性淡水湖、草本沼泽、库塘、水产养殖场。地理坐标为东经117°39′30″~117°55′25″，北纬30°46′20″~31°05′25″；位于长江下游铜陵江段，涉及池州市、安庆市和芜湖市的部分江段，上始安庆市枞阳县老洲下至铜陵市铜陵县金牛渡。

调查中记录到湿地维管束植物3门97科247属378种。记录到国家重点保护野生植物6种，其中，国家Ⅰ级重点保护野生植物2种，国家Ⅱ级重点保护野生植物4种。

调查中记录到脊椎动物5纲37目95科376种。其中，鱼类11目20科86种，两栖类1目4科8种，爬行类2目8科26种，鸟类16目49科213种，哺乳类7目14科43种。国家重点保护野生动物32种。其中，国家Ⅰ级重点保护野生动物6种，国家Ⅱ级重点保护野生动物26种。在国家重点保护野生动物中，湿地鸟类28种，其中，国家Ⅰ级重点保护鸟类4种，国家Ⅱ级重点保护鸟类24种。

于2000年建立国家级自然保护区，受安徽省环保厅管理，成立了铜陵淡水豚国家级自然保护区管理局。

主要受到航运、采沙、污染等威胁。

**5. 当涂石臼湖省级自然保护区**

当涂石臼湖国家重要湿地重点调查湿地范围面积11688公顷，湿地面积为11355.80公顷。湿地类包括湖泊湿地(5687.22公顷)、沼泽湿地(154.25公顷)、人工湿地(5514.33公顷)；主要湿地型包括永久性淡水湖、草本沼泽和水产养殖场。地理坐标为东经118°46′16″~118°51′16″，北纬31°26′07″~31°44′32″；位于马鞍山市当涂县境内。

调查中记录到湿地维管束植物3门47科97属113种。记录到国家重点保护野生植物3种。其中，国家Ⅰ级重点保护野生植物2种，国家Ⅱ级重点保护野生植物1种。

湿地植被可划分为5个植被型组，5个植被型，21个群系。

调查中记录到脊椎动物28目50科232种。其中，鱼类9目16科50种，两栖类1目3科6种，爬行类3目5科12种，鸟类14目41科163种，哺乳类1目1科1种。

记录到国家重点保护野生动物29种。其中，国家Ⅰ级重点保护野生动物3种，国家Ⅱ级重点保护野生动物26种。在国家重点保护野生动物中，有湿地鸟类27种，其中，国家Ⅰ级重点保护鸟类3种，国家Ⅱ级重点保护鸟类24种。

于2001年建立省级自然保护区。受当涂县林业局管理，成立了当涂县石臼湖省级自然保护区管理站。

主要受到围垦、违法捕猎、泥沙淤积、污染、过度捕捞等威胁。

**6. 安庆沿江水禽自然保护区**

安庆沿江水禽省级自然保护区重点调查湿地范围面积120000公顷，湿地面积为110253.60公顷。湿地类包括河流湿地(1532.58公顷)、湖泊湿地(95761.13公顷)、沼泽湿地(7194.81公顷)、人工湿地(5765.11公顷)；湿地型包括永久性河流、永久性淡水湖、草本沼泽、运河/输水河、人工养殖场。范围包括菜子湖、泊湖、武昌湖、破罡湖、白兔湖、白荡湖、枫沙湖和陈瑶湖。地理坐标为东经116°18′30″~117°42′11″，北纬30°03′46″~30°58′04″；涉及安庆市的枞阳县、宜秀区、望江县、太湖县、宿松县。2013年12月6日，经省人民政府批准，将其范围调整为50332公顷，更名为安庆沿江湿地省级自然保护区。

调查中记录到湿地维管束植物3门53科130属221种。记录到国家重点保护野生植物8种。其中，国家Ⅰ级重点保护野生植物1种，国家Ⅱ级重点保护野生植物5种。记录到外来入侵植物2科2属2种。

湿地植被可划分为2个植被型，48个群系。

调查中记录到脊椎动物5纲36目89科315种。其中，鱼类10目20科91种，两栖类2目6科12种，爬行类2目8科20种，鸟类15目42科166种，哺乳类7目13科26种。国家重点保护野生动物26种。其中，国家Ⅰ级重点保护野生动物3种，国家Ⅱ级重点保护野生动物23种。在国家重点保护野生动物中，有湿地鸟类20种。其中，国家Ⅰ级重点保护鸟类3种，国家Ⅱ级重点保护鸟类17种。

于1995年建立安庆沿江水禽自然保护区，2013年更名为安庆沿江湿地省级自然保护区。受安庆市林业局管理，成立了安庆沿江水禽自然保护区管理处。

主要受到围垦、违法捕猎、泥沙淤积、污染、过度捕捞等威胁。

**7. 贵池十八索省级自然保护区**

贵池十八索省级自然保护区重点调查湿地范围面积3651.60公顷。湿地面积1633.76公顷。湿地类包括河流湿地(190.73公顷)、湖泊湿地(1314.68公顷)、沼泽湿地(30.71公顷)、人工湿地(97.64公顷);主要湿地型包括永久性河流、永久性淡水湖、草本沼泽、运河/输水河、水产养殖场。地理坐标为东经117°43′53″~117°47′56″,北纬30°41′45″~30°45′39″。位于池州市贵池区。

调查中记录到湿地维管束植物48科204种。记录到国家重点保护野生植物2种,其中,国家Ⅰ级重点保护野生植物1种,国家Ⅱ级重点保护野生植物1种。记录到外来入侵植物2科2属2种。

湿地植被可划分为9个群系。

调查中记录到脊椎动物193种。其中,鱼类39种,两栖类6种,爬行类9种,鸟类121种,哺乳类18种。记录到国家重点保护野生动物8种。其中,国家Ⅰ级重点保护野生动物3种,国家Ⅱ级重点保护野生动物5种。在国家重点保护野生动物中,有湿地鸟类8种。其中,国家Ⅰ级重点保护鸟类3种,国家Ⅱ级重点保护鸟类5种。

于2001年建立省级自然保护区。主管部门为贵池区林业局,成立了安徽贵池十八索自然保护区管理站。

主要受到高速公路和九华机场噪音干扰、水产养殖、水面减少等威胁。

**8. 颍上八里河省级自然保护区**

颍上八里河省级自然保护区重点调查湿地范围面积14600公顷,湿地面积为7062.38公顷。湿地类包括河流湿地(3524.91公顷)、湖泊湿地(2006.45公顷)、人工湿地(1531.03公顷);主要湿地型包括永久性河流、洪泛平原湿地、永久性淡水湖、水产养殖场、运河/输水河。地理坐标为东经116°01′~116°40′,北纬32°27′~32°54′;位于阜阳市颍上县。

调查中记录到湿地维管束植物2门25科35属45种。记录到外来入侵植物1科1属1种。

湿地植被可划分为3个植被型组,5个植被型,16个群系。

调查中记录到脊椎动物4纲28目62科185种。其中,鱼类6目11科42种,两栖类1目2科5种,爬行类2目3科5种,鸟类16目42科124种,哺乳类3目4科9种。记录到国家重点保护野生动物16种。其中,国家Ⅰ级重点保护野生动物2种,国家Ⅱ级重点保护野生动物14种。在国家重点保护野生动物中,有湿地鸟类15种。其中,国家Ⅰ级重点保护鸟类2种,国家Ⅱ级重点保护鸟类13种。

于2001年4月批准建立省级自然保护区。受颍上县林业局管理,成立了颍上八里河省级自然保护区管理局。

主要受到围垦、基建和城市化等威胁。

**9. 霍邱东西湖省级自然保护区**

霍邱东西湖省级自然保护区重点调查湿地范围面积15200公顷,湿地面积为15157.48公顷。

湿地类包括河流湿地（面积120.96公顷）、湖泊湿地（面积12131.75公顷）、沼泽湿地（面积1315.24公顷）和人工湿地（面积1589.53公顷）；主要湿地型包括永久性河流、永久性淡水湖、草本沼泽、水产养殖场、运河/输水河。地理坐标为东经116°15′~116°29′，北纬33°02′~32°26′；位于六安市霍邱县。

调查中记录到湿地维管束植物3门51科108属133种。记录到外来入侵植物2科2属2种。

湿地植被可划分15个群系。

调查中记录到脊椎动物5纲54科130种。其中，鱼类6目14科33种，两栖类1目1科4种，爬行类2目3科3种，鸟类29科79种，哺乳类5目7科11种。

记录到国家重点保护野生动物12种。其中，国家Ⅰ级重点保护野生动物1种，国家Ⅱ级重点保护野生动物11种。在国家重点保护野生动物中，有湿地鸟类11种。其中，国家Ⅰ级重点保护鸟类1种，国家Ⅱ级重点保护鸟类10种。

于2001年建立县级自然保护区。受霍邱县林业局管理，成立了霍邱东西湖省级自然保护区管理站。

主要受到围垦、养殖、污染等威胁。

**10. 明光女山湖省级自然保护区**

明光女山湖省级自然保护区重点调查湿地范围面积21000公顷，湿地面积为14709.61公顷。湿地类包括湖泊湿地（12534.46公顷）、沼泽湿地（367.25公顷）、人工湿地（1807.90公顷）；主要湿地型包括永久性淡水湖、草本沼泽、水产养殖场。地理坐标为东经117°58′~118°18′，北纬32°48′~33°02′；位于滁州市明光市。

调查中记录到湿地维管束植物3门21科32属42种。

调查中记录到脊椎动物5纲24目56科195种。其中，鱼类10目13科59种，两栖类8种，爬行类12种，鸟类14目43科104种，哺乳类12种。在国家重点保护野生动物中，有湿地鸟类13种。其中，国家Ⅰ级重点保护鸟类5种，国家Ⅱ级重点保护鸟类8种。

于2006年建立省级自然保护区。受明光市林业局管理，成立了女山湖省级自然保护区管理站。

主要受到围垦、生物入侵、江湖隔绝、生物资源过度利用等威胁。

**11. 五河沱湖省级自然保护区**

五河沱湖省级自然保护区重点调查湿地范围面积4180.2公顷，湿地面积为5759.64公顷，湿地类包括湖泊湿地（5353.13公顷）、沼泽湿地（406.51公顷）；主要湿地型包括永久性淡水湖、草本沼泽。地理坐标为东经117°39′35″~117°51′55″，北纬33°06′48″~33°17′10″；位于蚌埠市五河县。

调查中记录到湿地维管束植物3门60科133属177种。记录到外来入侵植物2科2属2种。

记录到国家Ⅱ级重点保护野生植物3种。

湿地植被可划分为2个植被型组，2个植被型，11个群系。

调查中记录到脊椎动物5纲26目54科117种。其中，鱼类7目14科39种，两栖类1目3科7种，爬行类2目7科10种，鸟类11目22科49种，哺乳类5目8科12种。

记录到国家重点保护野生动物8种。其中，国家Ⅰ级重点保护野生动物4种，国家Ⅱ级重点保护野生动物4种。在国家重点保护野生动物中，有湿地鸟类8种，其中，国家Ⅰ级重点保护鸟类4种，国家Ⅱ级重点保护鸟类4种。

于2000年建立省级自然保护区。受五河县环境保护局管理，成立了五河沱湖省级自然保护区管理处。

主要受到农田面源污染、围网养殖、外来物种入侵等威胁。

**12. 颍州西湖省级自然保护区**

颍州西湖省级自然保护区重点调查湿地范围面积11000公顷，湿地面积为954.88公顷。湿地类包括河流湿地(728.08公顷)、湖泊湿地(8.01公顷)、人工湿地(218.63公顷)；主要湿地型包括永久性河流、洪泛平原湿地、永久性淡水湖、库塘、运河/输水河、水产养殖场。地理坐标为东经115°11′08″~115°46′12″，北纬32°56′22″~32°91′06″；位于阜阳市颍州区、颍泉区、阜南县 。

调查中记录到湿地维管束植物3门74科190属234种。记录到外来入侵植物2科2属2种。

记录到国家Ⅱ级重点保护野生植物1种。

湿地植被可划分为4个植被型组，6个植被型，13个群系。

调查中记录到脊椎动物5纲27目56科126种。其中，鱼类4目7科19种，两栖类1目3科5种，爬行类3目3科6种，鸟类14目38科89种，哺乳类5目5科7种。

记录到国家重点保护野生动物13种。其中，国家Ⅰ级重点保护野生动物3种，国家Ⅱ级重点保护野生动物10种。在国家重点保护野生动物中，有湿地鸟类13种。其中，国家Ⅰ级重点保护鸟类3种，国家Ⅱ级重点保护鸟类10种。

于2002年建立市级自然保护区，2008年晋升为省级自然保护区。受阜阳市林业局管理，成立了阜阳市颍州西湖省级自然保护区管理局。

主要受到围垦、违法捕猎、污染和过度捕捞等威胁。

**13. 泗县沱河省级自然保护区**

泗县沱河省级自然保护区重点调查湿地范围面积2463公顷，湿地面积为1167.33万公顷。湿地类包括湖泊湿地(176.16公顷)、河流湿地(816.78公顷)、沼泽湿地(120.17公顷)、人工湿地(54.22公顷)；主要湿地型包括永久性河流、洪泛平原湿地、永久性淡水湖、草本沼泽、水产养殖场。地理坐标为东经117°37′~118°10′，北纬33°16′~33°46′，位于宿州市泗县。

调查中记录到湿地维管束植物3门69科172属271种。国家Ⅱ级重点保护野生植物3种。

湿地植被可划分为3个植被型组，6个植被型，14个群系。

调查中记录到脊椎动物5纲31目72科195种。其中，鱼类5目12科34种，两栖类1目3科7种，爬行类3目7科15种，鸟类41科121种，哺乳类6目9科18种。国家重点保护野生动物12种。其中，国家Ⅰ级重点保护野生动物2种，国家Ⅱ级重点保护野生动物10种。在国家重点保护野生动物中，有湿地鸟类12种。其中，国家Ⅰ级重点保护鸟类2种，国家Ⅱ级重点保护鸟类10种。

于2009年建立县级自然保护区，2012年晋升为省级自然保护区。受泗县林业局管理，成立了泗县沱河省级自然保护区管理委员会。

主要受到农业面源污染等威胁。

**14. 砀山黄河故道省级自然保护区**

砀山黄河故道省级自然保护区重点调查湿地范围面积2180.00公顷，湿地面积为143.00公顷。主要湿地类为河流湿地(143.00公顷)；主要湿地型为永久性河流。地理坐标为东经116°11′31″~116°17′51″，北纬34°31′46″~34°34′22″；位于宿州市、砀山县。

调查中记录到湿地维管束植物3门101科322属490种。记录到国家Ⅱ级重点保护野生植物1种。

湿地植被可划分为3个植被型组，7个植被型，14个群系。

调查中记录到脊椎动物5纲27目55科151种。其中，鱼类5目10科34种，两栖类1目3科6种，爬行类2目3科6种，鸟类14目32科95种，哺乳类5目7科10种。记录到国家重点保护野生动物12种。其中，国家Ⅰ级重点保护野生动物1种，国家Ⅱ级重点保护野生动物11种。在国家重点保护野生动物中，有湿地鸟类12种。其中，国家Ⅰ级重点保护鸟类1种，国家Ⅱ级重点保护鸟类11种。

于2012年建立省级自然保护区。受砀山县林业局管理，成立了砀山黄河故道省级自然保护区管理局。

主要受到人为干扰、水资源缺乏等威胁。

**15. 萧县黄河故道省级自然保护区**

萧县黄河故道省级自然保护区重点调查湿地范围面积3200公顷，湿地面积为332.66公顷，湿地类为河流湿地(332.66公顷)；主要湿地型为永久性河流。地理坐标为东经116°42′51″~116°58′10″，北纬34°18′44″~34°28′22″；位于宿州市萧县。

调查中记录到湿地高等植物4门101科322属490种。

记录到国家Ⅱ级重点保护野生植物3种。

湿地植被可划分为3个植被型组，7个植被型，15个群系。

调查中记录到脊椎动物5纲27目55科143种。其中，鱼类5目10科30种，两栖类1目3科6种，爬行类2目3科6种，鸟类14目32科91种，哺乳类5目7科10种。

记录到国家重点保护野生动物10种，均为鸟类。

2012年建立省级自然保护区。受萧县林业局管理，成立了萧县黄河故道省级自然保护区管理机构。

主要受到过度开垦、水资源缺乏、污染等威胁。

**16. 固镇县两河湿地市级自然保护区**

固镇两河湿地市级自然保护区重点调查湿地范围面积3685.00公顷，湿地面积为3351.01公顷。湿地类包括河流湿地(2450.06公顷)、湖泊湿地(128.66公顷)、沼泽湿地(772.29公顷)；主要湿地型包括永久性河流、洪泛平原湿地、永久性淡水湖、草本沼泽。地理坐标为东经117°03′~

117°36′，北纬 33°10′～33°30′；位于蚌埠市固镇县。

调查中记录到湿地维管束植物 3 门 60 科 133 属 177 种。

湿地植被可划分为 2 个植被型组，2 个植被型，11 个群系。

调查中记录到脊椎动物 5 纲 26 目 56 科 175 种。其中，鱼类 6 目 10 科 27 种，两栖类 1 目 2 科 7 种，爬行类 2 目 5 科 12 种，鸟类 14 目 33 科 128 种，哺乳类 3 目 6 科 7 种。

记录到国家重点保护野生动物 13 种，为国家Ⅱ级重点保护野生动物。其中，鸟类 2 种。

于 2006 年建立市级自然保护区。受固镇县林业局管理。

主要受到农业开垦和生物入侵等威胁。

**17. 怀远四方湖市级自然保护区**

怀远四方湖市级自然保护区重点调查湿地范围面积 10054 公顷，湿地面积为 4291.77 公顷。湿地类包括湖泊湿地(1107.75 公顷)、河流湿地(3184.02 公顷)；主要湿地型包括永久性河流、永久性淡水湖。地理坐标为东经 116°43′17″～117°19′20″，北纬 32°43′18″～33°19′20″，位于蚌埠市怀远县。

调查中记录到湿地维管束植物 3 门 30 科 56 属 156 种。记录到国家重点保护野生植物 3 种。其中，国家Ⅰ级重点保护野生植物 1 种，国家Ⅱ级重点保护野生植物 2 种。记录到外来入侵植物 1 科 2 属 5 种。

湿地植被可划分为 1 个植被型组，2 个植被型，5 个群系。

调查中记录到脊椎动物 5 纲 10 目 21 科 83 种。其中，鱼类 2 目 5 科 25 种，两栖类 2 目 4 科 14 种，爬行类 1 目 3 科 9 种，鸟类 3 目 5 科 29 种，哺乳类 2 目 4 科 6 种。

记录到国家重点保护野生动物 6 种。其中，国家Ⅰ级重点保护野生动物 1 种，国家Ⅱ级重点保护野生动物 5 种。在国家重点保护野生动物中，有湿地鸟类 5 种。其中，国家Ⅰ级重点保护鸟类 1 种，国家Ⅱ级重点保护鸟类 4 种。

于 2004 年建立县级自然保护区。受怀远县林业局管理，成立了怀远县四方湖湿地管理局。

主要受到人工养殖的威胁。

**18. 黟县清溪县级自然保护区**

黟县清溪县级自然保护区重点调查湿地范围面积 3000 公顷，湿地面积为 58.56 公顷。主要湿地类有河流湿地(58.56 公顷)；主要湿地型为永久性河流。地理坐标为东经 117°38′～118°06′，北纬 29°47′～30°12′；位于黄山市黟县。

调查中记录到湿地维管束植物 3 门 46 科 106 属 138 种。湿地植被可划分为 7 个群系。

调查中记录到脊椎动物 5 纲 23 目 50 科 80 种。其中，鱼类 2 目 3 科 20 种，两栖类 1 目 3 科 6 种，爬行类 3 目 5 科 14 种，鸟类 11 目 29 科 119 种，哺乳类 6 目 10 科 21 种。

记录到国家重点保护野生动物 12 种，均为国家Ⅱ级重点保护野生动物。

于 2007 年批准建立县级自然保护区。受黟县林业局管理。

主要受到环境污染的威胁。

**19. 徽州区鸳鸯湖县级自然保护区**

徽州区鸳鸯湖县级自然保护区重点调查湿地范围面积505.00公顷，湿地面积为65.77公顷。湿地类为河流湿地(65.77公顷)；主要湿地型为永久性河流(丰乐河)。地理坐标为东经118°14′26″~118°16′03″，北纬29°50′14″~29°50′34″；位于黄山市徽州区。

调查中记录到湿地维管束植物3门34科79属107种。记录到外来入侵植物1科1属1种。湿地植被可划分为5个群系。

调查中记录到脊椎动物5纲27目57科181种。其中，鱼类6目10科21种，两栖类1目3科6种，爬行类3目5科14种，鸟类11目29科119种，哺乳类6目10科21种。

记录到国家Ⅱ级重点保护野生动物12种。

于2007年批准建立县级自然保护区。受区林业局和西溪南镇政府联合管理。

主要受到养殖和人为活动干扰等威胁。

**20. 芜湖县和平鹭鸟县级自然保护区**

芜湖县和平鹭鸟县级自然保护区重点调查湿地范围面积6870.00公顷，湿地面积为739.77公顷。湿地类包括河流湿地(583.74公顷)、湖泊湿地(92.51公顷)、人工湿地(63.52公顷)；主要湿地型包括永久性河流、洪泛平原湿地、永久性淡水湖、水产养殖场。地理坐标为东经118°28′30″~118°34′35″，北纬30°56′26″~31°04′39″；位于芜湖市芜湖县。

调查中记录到湿地维管束植物3门52科131属167种。

湿地植被可划分6个群系。

调查中记录到脊椎动物5纲32目66科220种。其中，鱼类8目15科47种，两栖类1目3科6种，爬行类3目7科26种，鸟类14目34科120种，哺乳类6目7科21种。

记录到国家重点保护野生动物14种，均为国家Ⅱ级重点保护野生动物。其中，有鸟类7种。记录到外来入侵动物3门4纲5目5科5种。其中，无脊椎动物3纲4目4科4种，脊椎动物1纲1目1科1种。

于2002年建立县级自然保护区。受芜湖市环保局管理。

主要受到环境污染的威胁。

**21. 芜湖县陶辛水韵县级自然保护区**

芜湖县陶辛水韵县级自然保护区重点调查湿地范围面积3270.00公顷，湿地面积为924.82公顷，湿地类包括河流湿地(264.83公顷)、沼泽湿地(90.52公顷)、人工湿地(569.47公顷)；主要湿地型包括永久性河流、洪泛平原湿地、草本沼泽、运河/输水河、水产养殖场。地理坐标为东经118°26′43″~118°31′58″，北纬31°07′51″~31°11′44″；位于芜湖市芜湖县。

调查中记录到湿地维管束植物52科128属157种。记录到外来入侵植物2科2属2种。

记录到国家重点保护野生植物2种，皆为国家Ⅱ级重点保护野生植物。

植物群落主要有意杨群系、蒿草群系、芦苇群系、莲群系、狗牙根群系。

记录到脊椎动物5纲32目66科228种。其中，鱼类8目15科47种，两栖类1目3科6种，爬行类3目7科21种，鸟类14目34科140种，哺乳类6目7科14种。

记录到国家重点保护野生动物12种，均为国家Ⅱ级重点保护野生动物。其中，有湿地鸟类6种。

记录到外来入侵动物3门4纲5目5科5种。其中，无脊椎动物3纲4目4科4种，脊椎动物1纲1目1科1种。

于2003年建立县级自然保护区。受芜湖市环保局管理。

主要受到环境污染、外来物种入侵等威胁。

### 22. 清凉峰国家级自然保护区野猪塘湿地

清凉峰国家级自然保护区野猪塘湿地重点调查湿地范围面积7811.20公顷，湿地面积为8.24公顷。湿地类包括沼泽湿地(8.24公顷)；主要湿地型包括草本沼泽。中心地理坐标约为东经118°50′，北纬30°06′；位于宣城市绩溪县。

调查中记录到湿地维管束植物2门15科28属40种。

湿地植被可划分为1个植被型组，1个植被型，10个群系。

于2011年建立清凉峰国家级自然保护区。受绩溪县林业局管理，成立了清凉峰国家级自然保护区管理机构。

### 23. 太平湖国家湿地公园

太平湖国家湿地公园重点调查湿地范围面积9850公顷，湿地面积为8421.97公顷。湿地类包括河流湿地(1040.03公顷)、人工湿地(7381.94公顷)；主要湿地型有永久性河流、库塘。地理坐标为东经117°54′43″～118°10′54″，北纬30°19′03″～30°25′18″；位于黄山市黄山区。

调查中记录到湿地维管束植物118科327属546种。

记录到国家重点保护野生植物2种，均为国家Ⅱ级重点保护野生植物。

湿地植被可划分为6个植被型组，6个植被型，18个群系。

调查中记录到脊椎动物5纲33目82科332种。其中，鱼类5目14科59种，两栖类2目7科18种，爬行类3目8科41种，鸟类16目39科186种，哺乳类7目11科28种。

记录到国家重点保护野生动物32种。其中，国家Ⅰ级重点保护野生动物4种，国家Ⅱ级重点保护野生动物28种。

于2007年11月批准建立国家湿地公园(试点)。受黄山区政府管理，成立了太平湖国家湿地公园管委会。

主要受到生活污水和农业生产的化肥、农药带来的污染，以及旅游设施建设带来的影响等威胁。

### 24. 安徽迪沟国家湿地公园

安徽迪沟国家湿地公园重点调查湿地范围面积2800公顷，湿地面积为506.43公顷，湿地类包括河流湿地(62.00公顷)、湖泊湿地(334.12公顷)、人工湿地(110.31公顷)；主要湿地型包括永久性河流、永久性湖泊、水产养殖场、运河/输水河。地理坐标为东经116°19′37″～116°26′13″，北纬 32°47′05″～32°49′36″；位于阜阳市颍上县。

调查中记录到湿地维管束植物3门32科61属71种。记录到外来入侵植物1科1属1种。湿地植被可划分为4个植被型组，5个植被型，10个群系。

调查中记录到脊椎动物5纲29目6科162种。其中，鱼类6目11科43种，两栖类1目2科5种，爬行类3目6科7种，鸟类14目33科92种，哺乳类5目8科15种。

记录到国家重点保护野生动物11种，均为湿地鸟类。其中，国家Ⅰ级重点保护野生动物1种，国家Ⅱ级重点保护野生动物10种。

于2008年11月批准建立国家湿地公园(试点)。受迪沟镇政府管理，成立了迪沟国家湿地管理委员会。

主要受到洪涝灾害、过度养殖、环境污染、过度捕捞等威胁。

### 25. 三汊河国家湿地公园

三汊河国家湿地公园重点调查湿地范围面积800公顷，湿地面积为493.01公顷，湿地类包括河流湿地(129.04公顷)、沼泽湿地(329.33公顷)、人工湿地(34.64公顷)；主要湿地型包括永久性河流、草本沼泽、运河/输水河。地理坐标为东经117°14′13″～117°25′56″、北纬33°00′02″～33°05′33″，位于蚌埠市淮上区。

调查中记录到湿地维管束植物3门74科198属310种。记录到外来入侵植物1科1属1种。湿地植被可划分为4个植被型组，4个植被型，16个群系。

调查中记录到脊椎动物5纲27目52科162种。其中，鱼类7目11科36种，两栖类1目3科7种，爬行类2目3科13种，鸟类12目27科88种，哺乳类5目8科18种。

记录到国家重点保护野生动物14种，均为湿地鸟类。其中，国家Ⅰ级重点保护野生动物3种，国家Ⅱ级重点保护野生动物11种。

于2009年批准为国家湿地公园试点建设单位。受淮上区农业委员会管理，成立了蚌埠三汊河国家湿地公园管理委员会。

主要受到违法捕猎、污染、生物入侵等威胁。

### 26. 颍州西湖国家湿地公园

颍州西湖国家湿地公园重点调查湿地范围面积666公顷，湿地面积为392.10公顷。湿地类包括沼泽湿地(196.65公顷)、人工湿地(195.45公顷)；主要湿地型包括草本沼泽、库塘等。地理坐标为东经115°38′20″～115°39′50″，北纬32°54′04″～32°56′33″；位于阜阳市颍州区。

调查中记录到湿地维管束植物3门74科190属234种。记录到外来入侵植物2科2属2种。

湿地植被可划分为4个植被型组，6个植被型，13个群系。

调查中记录到脊椎动物5纲27目56科126种。其中，鱼类4目7科19种，两栖类1目3科5种，爬行类3目3科6种，鸟类14目38科89种，哺乳类5目5科7种。

记录到国家重点保护野生动物13种，均为湿地鸟类。其中，国家Ⅰ级重点保护野生动物3种，国家Ⅱ级重点保护野生动物10种。

于2009年建立国家湿地公园试点单位。受阜阳市林业局管理，成立了颍州西湖国家湿地公园管理局。

主要受到围垦、违法捕猎和过度捕捞等威胁。

### 27. 石龙湖国家湿地公园

石龙湖国家湿地公园重点调查湿地范围面积1485公顷，湿地为149.32公顷，湿地类包括河流湿地(12.32公顷)、人工湿地(137.00公顷)；主要湿地型包括永久性河流、库塘。地理坐标为东经117°53′18″~117°56′20″，北纬33°20′02″~33°22′39″，位于宿州市泗县。

调查中记录到湿地维管束植物3门69科172属268种。记录到外来入侵植物1科1属1种。

记录到国家重点保护野生植物3种，均为国家Ⅱ级重点保护野生植物。

湿地植被可划分为3个植被型组，6个植被型，14个群系。

调查中记录到脊椎动物5纲32目73科210种。其中，鱼类6目13科37种，两栖类1目3科7种，爬行类3目7科15种，鸟类16目41科134种，哺乳类6目9科18种。

记录到国家重点保护野生动物11种，均为湿地鸟类。其中，国家Ⅰ级重点保护野生动物2种，国家Ⅱ级重点保护野生动物9种。

于2009年批准国家湿地公园试点建设。受泗县林业局管理，成立了泗县石龙湖国家湿地公园管理委员会 。

主要受到环境污染的威胁。

### 28. 沙颍河国家湿地公园

太和沙颍河国家湿地公园重点调查湿地范围面积714公顷，湿地面积为261.47万公顷，湿地类包括河流湿地(241.04公顷)、人工湿地(20.43公顷)；主要湿地型包括永久性河流、洪泛平原湿地、运河/输水河。地理坐标为东经115°25′~115°55′，北纬33°04′~33°35′；位于阜阳市太和县。

调查中记录到湿地维管束植物2门38科72属110种。记录到外来入侵植物1科1属1种。

湿地植被可划分为2个植被型组，2个植被型，15个群系。

调查中记录到脊椎动物5纲28目59科185种。其中，鱼类6目9科47种，两栖类1目3科7种，爬行类2目3科6种，鸟类14目36科110种，哺乳类5目8科15种。

记录到国家重点保护野生动物11种。其中，国家Ⅰ级重点保护野生动物1种；国家Ⅱ级重点保护野生动物10种，均为湿地鸟类。

记录到外来入侵动物物种2门2纲2目2科2种。其中，无脊椎动物1纲1目1科1种，脊椎动物1纲1目1科1种。

于2009年12月批准建立国家湿地公园(试点)。受太和县林业局管理，成立了太和县沙颍河国家湿地公园管理局。

主要受到环境污染的威胁。

### 29. 焦岗湖国家湿地公园

焦岗湖国家湿地公园重点调查湿地范围面积3267公顷，湿地总面积3064.30公顷。湿地类包括湖泊湿地(面积2590公顷)、人工湿地(面积148.54公顷)和沼泽湿地(面积325.12公顷);主要湿地型包括永久性淡水湖、草本沼泽、水产养殖场和运河/输水河。地理坐标为东经116°31′~116°40′,北纬32°30′~32°32′;位于淮南市毛集实验区。

调查中记录到湿地维管束植物3门31科61属75种。记录到外来入侵植物2科2属2种。

调查中记录到脊椎动物5纲30目52科225种。其中,鱼类8目14科65种,两栖类1目3科7种,爬行类2目4科8种,鸟类14目38科131种,哺乳类5目7科14种。记录到外来入侵动物2目2科2种。

记录到国家重点保护动物16种。其中,国家Ⅰ级重点保护动物1种,国家Ⅱ级重点保护动物15种。

于2009年12月批准建立安徽焦岗湖国家湿地公园。主管部门为毛集实验区管委会,成立了焦岗湖国家湿地公园管理委员会。

主要受到过度养殖、旅游开发、环境污染和生物入侵等威胁。

**30. 花亭湖国家湿地公园**

花亭湖国家湿地公园重点调查湿地范围面积21841公顷,湿地面积为5361.09公顷。湿地类包括河流湿地(830.38公顷)、沼泽湿地(14.73公顷)、人工湿地(4515.98公顷);主要湿地型包括永久性河流、洪泛平原湿地、草本沼泽、库塘、运河/输水河。地理坐标为东经115°45′~116°30′,北纬30°09′~30°46′;位于安庆市太湖县。

调查中记录到湿地维管束植物3门41科111属162种。记录到外来入侵植物5科5属5种(喜旱莲子草、土荆芥、大薸、凤眼莲、刺苋)。

记录到国家重点保护野生植物7种。其中,国家Ⅰ级重点保护野生植物1种,国家Ⅱ级重点保护野生植物6种。

湿地植被可划分为6个植被型组,10个植被型,58个群系。

调查中记录到脊椎动物5纲32目54科206种。其中,鱼类6目10科40种,两栖类2目4科6种,爬行类2目7科14种,鸟类16目33科127种,哺乳类6目10科19种。

记录到国家重点保护野生动物28种,均为国家Ⅱ级重点保护野生动物。其中,湿地鸟类13种。

于2009年建立花亭湖国家湿地公园(试点)。隶属太湖县林业局管理,成立了安徽花亭湖国家湿地公园管理局。

主要受到围垦、违法捕猎、泥沙淤积、污染、过度捕捞等威胁。

**31. 秋浦河源国家湿地公园**

秋浦河源国家湿地公园重点调查湿地范围面积1850公顷,湿地面积为400.01公顷。湿地类包括河流湿地(400.01公顷);主要湿地型包括永久性河流、洪泛平原湿地。地理坐标为东经117°16′38″~117°35′30″,北纬30°02′05″~30°11′41″;位于池州市石台县。

调查中记录到湿地维管束植物3门92科231属310种。记录到外来入侵植物12科19属23种。

记录到国家重点保护野生植物5种。其中，国家Ⅰ级重点保护野生植物1种，国家Ⅱ级重点保护野生植物4种。

湿地植被可划分为5个植被型组，8个植被型，24个群系。

调查中记录到脊椎动物5纲31目80科307种。其中，鱼类4目10科29种，两栖类2目8科26种，爬行类3目10科49种，鸟类15目38科170种，哺乳类7目14科33种。

记录到国家重点保护野生动物21种。其中，国家Ⅰ级重点保护野生动物3种，国家Ⅱ级重点保护野生动物18种。在国家重点保护野生动物中，有湿地鸟类17种，其中，国家Ⅰ级重点保护鸟类3种，国家Ⅱ级重点保护鸟类14种。

于2011年建立国家湿地公园(试点)。受石台县林业局管理，成立了秋浦河源国家湿地公园管理委员会。

主要受到生产、生活垃圾和污水以及农业面源污染、河道清淤、采沙等威胁。

### 32. 平天湖国家湿地公园

平天湖国家湿地公园重点调查湿地范围面积2901公顷，湿地面积为2083公顷。湿地类包括湖泊湿地(1097.72公顷)、人工湿地(35.84公顷)；主要湿地型包括永久性湖泊、库塘。地理坐标为东经117°29′28″~117°34′20″，北纬30°37′31″~30°41′59″；位于池州市主城区。

调查中记录到湿地维管束植物6门70科175属230种。记录到外来入侵植物1科1属1种。

记录到国家重点保护野生植物2种，均为国家Ⅱ级重点保护野生植物。

湿地植被可划分为3个植被型组，6个植被型，25个群系。

调查中记录到脊椎动物8纲33目73科243种。其中，鱼类7目14科38种，两栖类1目3科6种，爬行类2目7科15种，鸟类16目37科164种，哺乳类7目12科20种。

记录到国家重点保护野生动物8种，均为国家Ⅱ级重点保护野生动物。其中，湿地鸟类6种。

于2011年批准国家湿地公园试点建设。受池州市政府管理，成立了平天湖国家湿地公园管理机构。

主要受到人为干扰和基建与城市化建设等威胁。

### 33. 长江干流安徽段

长江干流安徽段重点调查湿地范围面积147557.14公顷，湿地面积为93529.83公顷。湿地类包括湖泊湿地(1266.79公顷)、河流湿地(80329.07公顷)、沼泽湿地(10905.30公顷)、人工湿地(1028.67公顷)；主要湿地型包括永久性河流、洪泛平原湿地、永久性淡水湖、草本沼泽、运河/输水河、水产养殖场。地理坐标为东经116°16′~118°30′，北纬29°46′~31°50′；分属于马鞍山、芜湖、铜陵、安庆、池州6市。

调查中记录到湿地维管束植物3门37科86属107种。

调查中记录到脊椎动物5纲62科208种。其中，鱼类16科76种，两栖类4科6种，爬行类7科15种，鸟类27科99种，哺乳类8科12种。

记录到国家重点保护野生动物10种，均为国家Ⅱ级重点保护野生动物，均为湿地鸟类。

长江干流安徽段重点调查湿地管理涉及林业、渔业、环保、农业、水利、交通等部门。主要受到航运、围垦、过度捕捞和采沙、围网养殖、污染，以及水利工程建设带来的负面影响等威胁。

**34. 淮河干流安徽段**

淮河干流安徽段重点调查湿地范围面积78962.56公顷，湿地面积为46091.73公顷。湿地类包括河流湿地(40496.49公顷)、湖泊湿地(1590.79公顷)、沼泽湿地(2393.42公顷)、人工湿地(1611.03公顷)；主要湿地型包括永久性河流、洪泛平原湿地、永久性淡水湖、草本沼泽、运河/输水河、水产养殖场。地理坐标为东经116°01′~118°18′，北纬32°10′~33°18′；分属于阜阳、六安、淮南、蚌埠、滁州5市。

调查中记录到湿地维管束植物3门36科93属130种。

调查中记录到脊椎动物5纲47科89种。其中，鱼类17科39种，两栖类2科7种，爬行类5科9种，鸟类15科20种，哺乳类8科14种。

安徽省淮河河道管理局负责安徽省境内淮河干流河道的统一管理工作。水利部淮河水利委员会负责保障流域水资源的合理开发利用、管理、监督和保护工作。此外，淮河湿地管理工作还涉及林业、渔业、环保、农业、交通等部门。

主要受到工业废水、生活污水和化肥农药、除草剂的使用等威胁。

**35. 新安江干流安徽段**

新安江干流安徽段重点调查湿地范围面积5270.78公顷，湿地面积为2616.97公顷。湿地类为河流湿地(2616.97公顷)；主要湿地型包括永久性河流和洪泛平原湿地。地理坐标为东经117°38′~118°56′，北纬29°25′~30°16′；新安江自西向东流经安徽省黄山市的休宁县、屯溪区和歙县。

调查中记录到湿地维管束植物3门61科153属241种。

调查中记录到脊椎动物5纲28目63科215种。其中，鱼类8目15科49种，两栖类1目3科6种，爬行类3目5科12种，鸟类12目36科136种，哺乳类4目4科12种。

新安江干流安徽段湿地管理涉及林业、渔业、环保、农业、水利、交通等部门。

主要受到工业污染和生活污染等威胁。

**36. 南漪湖湿地**

南漪湖重点调查湿地范围面积18580.18公顷，湿地面积为18262.16公顷。湿地类包括湖泊湿地(13862.55公顷)、河流湿地(37.58公顷)、沼泽湿地(220.59公顷)、人工湿地(4141.44公顷)；主要湿地型包括永久性河流、永久性淡水湖、草本沼泽和水产养殖场。地理坐标为东经118°50′42″~119°03′08″，北纬31°03′35″~31°11′27″，位于宣州区和郎溪交界处。

调查中记录到湿地维管束植物3门54科136属163种。

调查中记录到脊椎动物5纲31目69科218种。其中，鱼类7目14科38种，两栖类1目3科6种，爬行类3目7科16种，鸟类14目34科140种，哺乳类6目11科18种。

南漪湖湿地管理涉及林业、渔业、环保、农业、水利等部门。

主要受到过度捕捞、围网养殖、污染等威胁。

**37. 瓦埠湖湿地**

瓦埠湖重点调查湿地范围面积16068.53公顷，湿地面积为15874.37公顷，湿地类包括湖泊湿地(15707.07公顷)、沼泽湿地(167.30公顷)；主要湿地型包括永久性淡水湖和草本沼泽。地理坐标为东经116°48′~117°02′，北纬32°10′~32°24′；跨六安市寿县、淮南谢家集和田家庵两区。

调查中记录到湿地维管束植物3门42科91属124种。

调查中记录到脊椎动物5纲142种。其中，鱼类33种，两栖爬行类15种，鸟类86种，哺乳类8种。

目前瓦埠湖湿地尚未成立专门的保护管理机构。

主要受到围垦、过度捕捞、围网养殖、水土流失、污染等威胁。

# 参考文献


[1] 安徽省地图集编纂委员会．安徽省地图集[M]．北京：中国地图出版社，2011.

[2] 安徽省林业厅．安徽省陆生野生动植物资源[M]．合肥：合肥工业大学出版社，2006.

[3] 安徽省林业厅．安徽省自然保护区[M]．合肥：合肥工业大学出版社，2005.

[4] 安徽省生物多样性保护战略研究课题组编．安徽省生物多样性保护战略研究[M]．北京：中国科学技术出版社，2002.

[5] 安徽省统计局，国家统计局．2010安徽统计年鉴[M]．北京：中国统计出版社，2010.

[6]《安徽植被》协作组．安徽植被[M]．合肥：安徽科学技术出版社，1981.

[7] 安徽植物志编委会．安徽植物志[M]．合肥：安徽科学技术出版社，1986.

[8] 长江中下游湿地保护网络水鸟工作组编写．长江中下游湿地保护网络水鸟调查与检测手册[Z]．2008.

[9] 陈壁辉．安徽两栖爬行动物志[M]．合肥：安徽科学技术出版社，1991.

[10] 陈加宽，雷光春，王学雷．长江中下游湿地自然保护区有效管理十佳案例分析[M]．上海：复旦大学出版社，2010.

[11] 陈锦云，周立志．安徽沿江浅水湖泊越冬水鸟群落的集团结构[J]．生态学报，2011，31(18)：5323～5331.

[12] 陈军林，周立志，许仁鑫，等．巢湖湖岸带鸟类多样性的初步研究[J]．动物学杂志，2010，45(3)：139～147.

[13] 陈明林，刘玲玲，张小平．安徽省水生植物资源的调查与分析[J]．安庆师范学院学报(自然科学版)，2004，10(2)：99～101.

[14] 何家庆．安徽枞阳湿地植被及植物资源的研究[J]．武汉植物学研究，2000，18(4)：291～301.

[15] 胡菊英，姚闻卿．长江下游安徽江段的鱼类[J]．安徽大学学报(自然科学版)，1996，23(1).

[16] 姜加虎，窦鸿身，苏守德．江淮中下游淡水湖群[M]．武汉：长江出版社，2009.

[17] 郎惠卿，赵魁义，陈克林．中国湿地植物[M]．北京：科学出版社，1999.

[18] 李锡文．中国种子植物区系统计分析[J]．云南植物研究，1996，18(4)：363～384.

[19] 梁士楚．广西湿地植被分类系统[J]．广西植物，2011，31(1)：47～51.

[20] 罗子君，周立志，顾长明．阜阳市重要湿地夏季鸟类多样性研究[J]．生态科学，2012，31(5)：530～537.

[21] 马克·巴特，陈立伟，曹磊，等．长江中下游水鸟调查报告(2004年1～2月)[M]．北京：中国林业出版社，2004.

[22] 潘云芬，徐庆，程元启，等．安徽升金湖自然保护区湿地草本种子植物区系研究[J]．湿地科学，2008，6(2)：304～309.

[23] 施葵初．安徽湿地[M]．合肥：合肥工业大学出版社，2003.

[24] 万文静，周立志，平磊．采煤沉陷对鸟类群落组成及多样性的影响[J]．四川动物，2015，34(5)：773～779.

[25] 王春景，周守标，杨海军，等．安徽水生维管植物的多样性[J]．南京林业大学学报：自然科学版，2006，30(5)：87～90.

[26] 王立龙，陆林，戴建生．太平湖国家湿地公园生态保育区草本植物区系及其在不同干扰下的多样性动态[J]．自然与资源学报，2010，25(8)：1306～1319.

[27] 王岐山．安徽兽类志[M]．合肥：安徽科学技术出版社．，1990.

[28] 王苏民，窦鸿身，等．中国湖泊志[M]．北京：科学出版社，1998.

[29] 吴征镒．中国种子植物属的分布区类型[J]．云南植物研究，1993．(增刊Ⅳ)：141～178.

[30] 吴征镒．中国种子植物属的分布区类型[J]．云南植物研究，1991，12(增刊Ⅳ)：1～139.

[31] 颜素珠．中国水生高等植物图说[M]．北京：科学出版社，1983.

[32] 杨陈，周立志，朱文中，等．越冬地东方白鹳繁殖生物学的初步研究[J]．动物学报，2007，53(2)：215～226.

[33] 杨二艳，周立志，方建民．长江安庆段滩地鸟类群落多样性及其季节动态[J]．林业科学，2014，50(4)：77～82.

[34] 姚闻卿．安徽鱼类系统检索[M]．北京：北京师范大学出版集团，安徽大学出版社出版，2010.

[35] 张荣祖．中国动物地理[M]．北京：科学出版社，1999.

[36] 张树仁．中国常见湿地植物[M]．北京：科学出版社，2009.

[37] 张有瑜．安徽省繁殖鸟类分布格局和热点分析[J]．生物多样性，2008.

[38] 中国河湖大典编纂委员会．中国河湖大典(长江卷)[M]．北京：中国水利水电出版社.

[39] 中国河湖大典编纂委员会．中国河湖大典(淮河卷)[M]．北京：中国水利水电出版社.

[40] 中国湿地植被编辑委员会．中国湿地植被[M]．北京：科学出版社，1999，35～46.

[41] 周立志．安徽省鸟类分布新记录——震旦鸦雀[J]．安徽大学学报(自然科学版)，2010，34(4)：91～92.

[42] 周小春．安徽湿地植被类型及其利用、保护现状[J]．安徽师范大学学报：自然科学版．2001，24(3)：250～253.

[43] 朱文中，周立志．安庆沿江湖泊湿地生物多样性及其保护与管理[M]．合肥：合肥工业大学出版社，2010.

# 附　件

# 安徽湿地资源调查主要参与单位及人员

**安徽省湿地保护中心**

顾长明、周小春、张颖

**国家林业局中南林业调查规划设计院**

但新球、刘世好、吴照柏、吴后建、梁曾飞、汤光伟

**安徽省林业调查规划院**

卢萍、邓勇、许鹏、曹蕾、王洪斌、孙秀武、魏志刚、张伟光、郑瑞文、陈乐蓓、席庆、殷成武、涂友林、杜传奇、余浩然、万玉衡、肖琼、郭鑫、张俊亚

**安徽大学**

周立志、周忠泽、许仁鑫、耿德明、陈锦云、闵运江、张黎黎、罗子君、韩飞园、龙聪、刘雪花、宫蕾

**安徽师范大学**

吴孝兵、周守标、吴海龙、陈明林、刘坤、薛辉、李永民、唐成丰

**合肥市**

合肥市林业和园林局：张晋、张宏、罗法龙、李亚丽、王创

肥东县林业局：苏维尚、陈世友、陈汉奇

肥西县林业和园林局：张福权、宣言、赵家希、鹿伦跃、孔令武、王军、张志松、赵家金、赵宜群、卫斌、顾荣磊、孔令聪、董先军、陈红、商常林、杨虎、谈从方、许正标

长丰县林业局：程养园、丁贞保、赵林、胡玉、刘政红、葛晓童、曹群、叶奎、朱行芳、严太淑、韦章斌、王陶、胡宗芳、孙本龙、仇保玲、吴传文、王晓健

庐江县林业和园林局：谢富银、周毅、高社生、袁乃然、汪概翔、刘胜勇、张清、何林、张少明、曾仕权、余海生、凌桂森、朱绍辉、叶有信、彭朝俊

巢湖市林业局：鲍文斌、周春保、林宏来、许起海、刘家启、花荣美、江民保、汪良武、王树东、宋晓兵

蜀山区农林水务局：胡金山、陶元友

包河区农林水务局：陆在保、张明发、沈国良、阮怀静、黎得安、袁媛

瑶海区农林水务局：王启华、胡君

庐阳区市政和园林绿化办公室：刘春奕、宣婷婷

**淮北市**

淮北市林业局：陶土军、戚长林

杜集区：陈志学、刘法轮、郭荣侠

烈山区：董辉、黄文权、黄彪、周强、郑玉萍、杨正红

相山区：胡育芳、张学礼、周金岭、王前

濉溪县：蔡钊、王立忠、陈思宇、李翠玲、田书官、周浩、陈钦更、候铎、刘飞、马秀玲、牛心圣、赵宏宇

**亳州市**

亳州市林业局：陈进、孔峰

谯城区：崔利明、王震坤

利辛县：葛英、李振顶、陶颖、倪明、王启英、张利、张燕

蒙城县：于存中、刘宁、国敏、王新宇

涡阳县：高本坤、刘棋、张平、孙传辉、刘明、刘西峰、张洪涛、刘丙龙、孙杰、锁必龙、王玉亭、程修会、葛锋、栗广庭、潘永杰、王素丽、王玉侠、相祥、张业华、相运礼、燕飞、朱杰、厉从亮

**宿州市**

宿州市林业局：杨文华、许良刚

埇桥区：唐怀冲、张静文

砀山县：李玉林、穆海燕、黄旭杰、陈宝红

灵璧县：花建设、张长江

泗县：马道永、苌储、陈丽华、邓衍保、董立新、高厂、郭贤云、韩洪利、蒋大伟、苗家宇、石磊、吴先进、徐煦

萧县：朱广孝、宫荣宽

**蚌埠市**

蚌埠市农业林业委员会：朱仕新、赵庆木、李德成、赵明

淮上区：刘敬阳、刘敏、蔡训标

禹会区：徐廷杰、高勇民、吴琼

龙子湖区：尤明利、张茂峰、张磊

蚌山区：杭法班、唐斌、王丽

固镇县：王怀凤、陈昌义、路放、陈伟

怀远县：王友芳、邵建锦、宋家波、戴波波

五河县：王邦华、苏培培、张松强、张志明

**阜阳市**

阜阳市林业局：于强、黄小川、孙文光、赵伟

颍州区：刘杰、刘争春、王勇

颍东区：康康、吕东、汤恩、董中浩

颍泉区：史良、金珺、吕凤林、徐伟、杨明进

界首市：张洪军、于邦廷、褚小林、李治琳、邢政

阜南县：殷辉、李群、张子初、马超

临泉县：徐善平、代艳梅、张敬东、耿琼林、朱文朴、杨洪彦

太和县：王世全、范兆彦、程培性、刘标、刘晓飞、陈刚、王克来、王锐、董杰、李杰、陈万峰、徐邦贺

颍上县：王应明、李勇、刘少清、李磊、马进、王孝忠、徐胜利、马文雪

颍州西湖省级自然保护区管理局：聂超、袁浩、李杰、鲍君华、许庆敏、施培俊、吕茂全

**淮南市**

淮南市林业局：徐进、吴振华、王家耀

凤台县：刘波、刘萍、杨燕、詹俊青、王超、鲁晓洁、徐凯、许怀超、舒畅、胡学勇、童凡

田家庵区：任家选、张吉传、王炳计、樊传国、庞士坤、李景亮、鲁岩

潘集区：徐克顺、黄明艳、李美、柳海霞、胡云、潘文红、王勇、刘永立、李亮、罗璇、陈罡

八公山区：徐克振、杨倩、黄晓恩、何水、哈方坤

大通区：王秀平、常军、尹绍军、沈宏清、方书新、孙登清、孙军

谢家集区：侯继成、朱金源

毛集实验区：刘群、陈伟、董厚奎、曹佩玉、王廷放、李国锋、石娜、纪多鹏

**滁州市**

滁州市：汪海洋、张培、刘德保

天长市：黎仁武、陈忠诚、孙宏远、刘斌

来安县：刘正东、张睿、朱圣文、韩召云、谢金尚、徐开明、谭家伟、杨金富、刘发田、宋鹤富、宋长元、冯勇、周松柱、陈家兴、胡庆宝、李广龙、刘学仕、任金龙、孙世华、孙绪来、陶星云、叶怀、周济强

明光市：杜玉山、沈开兵、杜宏鹏、王荣国

凤阳县：孔祥贵、张有明、许烈奇

定远县：青平乐、王厚忠、陈传胜、衡德江、李波、王化明、杨升兵、陈自华、朱天宇、许孝洲、牟有兵、倪军、刘瑛、陈二红、孙运立、鲁良兵、高会胜、陈书文、方志良、孙家兵、张梅、施运江、高玢、高学东、陈志波

全椒县：何章谦、杜存文、蔡兴俊、曹仕波、王诚、章开银、余军、常青、王玉松、司宏俊、曹强、曹仁忠、万其发、胡林

南谯区：王懿君、朱玉龙、郑道瑞、孙亚军

琅琊区：梁义玲、管锦州

**六安市**

六安市林业局：罗伟、董慰、段萌萌

金寨县：蒲发光、龚桂军、黄遵辉、刘圣海、孙先锋

霍山县：叶晓东、汪洋、周昭林、陆再忠

舒城县：李国举、徐善传、许君、钟能存

霍邱县：徐基朴、王登远、付应辉、刘立澄、何德豹、王家新

寿县：洪文涛、王先义、倪克宝、周德萌、王永、范栋梁、王军

叶集区：吴建军、蔡先锋、武德福、张家斌

金安区：柴建源、张德明、龚余山

裕安区：徐本国、陈可明、刘华龙、王焱、李厚军

**马鞍山市**

马鞍山市林业局：苏元功

花山区：高道胜

金家庄区：邱犇

雨山区：胡文正、李小平、刘宗文、夏帮文

当涂县：刘毅、王森

含山县：童宜鸿、汪国锋

和县：任会平

**芜湖市**

芜湖市林业局：夏霖、周仁达

无为县林业局：周华、英更生

芜湖县林业局：承忠秀、曹邦华

繁昌县林业局：童朝掌、汪运忠

南陵县林业局：何保平、刘方伏

三山区林业局：李杰、孙茂龙

弋江区林业局：汪火金、陶良智

鸠江区农林局：王鸿宾、王玉龙

镜湖区农水局：黄大发、吴志刚

**宣城市**

宣城市林业局：王小平、宋之能

宣州区：唐良东、李红兵、杨志进、茆灵龙、施刚、赵国安、聂华、谭年进、王靖、唐先平、蔡玉胜、谢恩峰、杨群、冯清华、张雪亭、周军、汪振、黄寿百、冯华、汪新林、汪小慧、王三宝、陈启发、唐本月、黄东升

广德县：杜长才、陈友顺、陈常普、沈传益、胡再辉、王云、杨福松、雷厚汉、周德林、艾明清、张仁发、张继坤、甘恢斌、岳庆国

绩溪县：张金超、汪士杰、胡雅红、胡孝敏、凌必利、程德斌、王锋利、程宗清、方国富、汪向远、洪生田、邵小平、汪飞忠

泾县：余小和、李鸿年、郑国强、苏长明、陈跃、张绍峰、周元新、盛思恩

旌德县：汪开斌、戚新红、向南海、王可华、洪明明、章迎春、姜素芳、余宝凤、王晟、宋伟敏、刘俊(大)、王华、肖延辉、冯晓华、朱学忠、刘俊(小)、吴承英、鲍慧萍、王文铭

郎溪县：李明宝、沈绍勇、梁勇、潘均、刘克诚、汪安英、冯建华、牟爱荣、张华兵、虞宗贤、杨荣杰、方全本、郭元斌、刘勇进、胡启山、何俊、程国青、张军

宁国市：凌雪峰、朱敏、杨春明、韩莉、戴胜利、周金良、卫平文、程辉、胡云飞、马刘斌、石邵松、汪玉林、李健、黄照祥、刘平、李蓓、刘援非、张汉卫、陈永祥、舒家明、王慎宁、黄德文、黄奎武、程守国

**铜陵市**

铜陵市林业局：陆俊、汪波、蒋银莉

狮子山区：徐兵、吴四顺

铜官山区：鲁兴才

铜陵市郊区：周洪琴、张宏

铜陵县：许青林、朱巍

池州市

池州市林业局：王文联、汪文凯

升金湖国家级自然保护区管理局：徐文彬、赵放武、张剑

平天湖国家湿地公园：钱新胜、尹莉

石台县林业局：陈文豪、陈方明、方普高

贵池区林业局：程东升、汪勇、钱叶军、黄海明

东至县林业局：朱俊明、周伯忠、姚艾赋、吴长友、程长、危志汉

青阳县林业局：刘月松、刘兰草、徐朝明、张德春、李国根、钱小发

**安庆市**

安庆市林业局：孙叔全、朱文中、王康明、张宏、柏晶晶

大观区：倪英豪、杨建、张海清、朱柏生、王艾、程从新

迎江区：梁纯庆 、吴巍、江大兴、查天赐

宜秀区：郑彦生、何旭东、汪忠良、金怡虎、张浩志、方华锋、邓小青、程六寿、方彩霞

桐城市：吴福元、张忠东、李文俊

枞阳县：方正平、方友德、唐燕礼、江涛、吴静平(浮山)、吴静平(偶山)、周向阳

怀宁县：方卫国、冯有胜、王媛媛、程一龙、檀金长、董玉得、张华、关天宝、聂诗华、丁冬生、朱春宝、郑久春

潜山县：储永东、陈春江

太湖县：何家华、朱金贵、朱晓明、桂家友、曾德亮、冯夏男、陈佑、鲁平艳、汪越林、王家良、张珍凡、查达求、李颂光、王龙甲、何书渊

望江县：张华杰、吴晖、肖全胜、余胜中、檀大鹏、杨代中、方贤兵、汪军良、张善苗、陈九大、柯先雨

宿松县：姚发贻、张胜华、叶海学、徐芳水、杨小凤、汪森、石龚平、徐义平

岳西县：汪从旺、汪庆林、徐观名、张俊、程度武、储根印、何正仁、汪文胜、王胜春、杨龙飞、程勇、王军、余凌云、宋宁波、祝怡咏

**黄山市**

黄山市林业局：程军、李树林、金爱军

屯溪区林业局：方秀峰、章鹏、孙国胜

祁门县林业局：洪小平、桂正文、朱德云、谢则谷、胡少瑛、放双龙、程世芬、徐向前、谢力文

休宁县林业局：张银田、余洋、吴志红、钱红霞、程友松、汪桂民、徐志忠、朱朝秋、程杰

黄山区林业局：唐勇、邵可满、曹清平、林辉、孙苗喜、王富东、戴秀珍

徽州区林业局：汪利忠、唐昱、谢名曙、谢克锋、胡大荣、吴松柏、王志辉、王重九、方国华、谢新田、范建宏、陈铁牛

歙县林业局：汪益平、胡润兵、程永忠、唐毅辉、胡广治、王小红、吴学武

黟县林业局：陈龙飞、陈修平、陆国斌、许跃春

安徽扬子鳄国家级自然保护区管理局：余本付、吴月龙、孙四清、马晓燕

# 后　记

为掌握安徽省湿地资源现状和变化趋势，根据国家林业局的统一部署，安徽省于2011年组织开展了全省第二次湿地资源调查工作。省政府高度重视此次调查工作，建立了由省林业厅牵头，省财政厅、国土厅、环保厅、农委、水利厅等14个省直部门组成的“全省湿地资源调查与保护管理部门联席会议制度”。根据《全国湿地资源调查与监测技术规程》，安徽省林业厅组织编制了《安徽省湿地资源调查工作方案》和《安徽省湿地资源调查实施细则》，成立了湿地资源调查工作领导小组、领导小组办公室、专家技术委员会。此次调查范围包括面积为8公顷(含8公顷)以上的湖泊湿地、沼泽湿地、人工湿地，以及宽度10米以上、长度5公里以上的河流湿地。全省划为133个湿地区。其中，单独区划湿地区28个，零星湿地区105个，符合湿地调查的斑块有13156个。湿地面积调查采用遥感图片判读和现场校正等方法，湿地动植物资源调查采取样方法、样线法和直接计数法等形式进行。由安徽省林业调查规划院、安徽大学、安徽师范大学专业人员组建的8个省级调查队，负责全省37处重点湿地调查；全省105个县(市、区)也分别成立了县级调查队，负责辖区内一般湿地资源调查工作。此次调查于2011年5月全面启动，至2011年年底基本完成外业调查和成果报告编写工作。期间举办了省、市级调查技术培训班，多次召开进度调度会和专家研讨会，以确保掌握调查技术要领，加快推进和解决调查中存在的重点、难点问题。全省直接参加此次湿地资源调查的专业技术人员达800余人。

调查表明，安徽省湿地具有类型多、面积大、分布不均、水系发达、水质差别明显、生物物种丰富、生态地位高、形成方式多样等基本特点。全省湿地类型共分4类8型，包括永久性河流、洪泛平原湿地、永久性淡水湖泊、草本沼泽、灌丛沼泽、库塘、运河/输水河和水产养殖场湿地。全省湿地总面积104.18万公顷，占省国土面积的7.47%。其中自然湿地(包括湖泊湿地、河流湿地、沼泽湿地)面积71.36万公顷，占湿地总面积的68.49%；人工湿地面积32.82万公顷，占湿地总面积的31.51%。此外，安徽省有水稻田面积190.47万公顷(2010年)，含水稻田的全省湿地面积为294.55万公顷，占省国土面积的21.14%。安徽省湿地动植物资源极其丰富。现有湿地脊椎动物5纲41目111科520种。其中，鱼纲12目26科189种，两栖纲2目9科38种，爬行纲3目10科33种，鸟纲17目53科234种，哺乳纲7目13科26种。属国家重点保护的野生动物有46种。其中，国家Ⅰ级重点保护物种为12种，国家Ⅱ级重点保护物种为34种。现有湿地维管束植物96科302属676种(含种下单位)。其中，蕨类植物10科11属16种，裸子植物2科5属7种，被子植物84科286属653种。属国家重点保护的野生植物有7种，其中国家Ⅰ级重点保护物种2种，国家Ⅱ级重点保护物种5种。

通过调查，基本摸清了安徽省湿地资源的分布、类型、数量、生物多样性状况、主要生态特征、保护管理现状以及面临的主要威胁，为加强全省湿地资源保护、实施湿地保护工程、制定湿地保护政策、完善和建立湿地资源监测体系等，提供了准确、翔实的基础资料，为安徽省科学保护与合理利用湿地资源提供了重要的科学依据。

此次调查，得到国家林业局湿地保护管理中心、国家林业局中南林业调查规划设计院、国家林业局调查规划设计院、全省湿地资源调查与保护管理部门联席会议成员单位等给予技术指导和大力支持，安徽省湿地保护中心、安徽省林业调查规划院、安徽大学、安徽师范大学、各级林业行政主管部门、各相关自然保护区和湿地公园积极参与，专家技术委员会各位专家提出了许多宝贵的意见和建议，在此一并致谢！

《中国湿地资源·安徽卷》编写组

2015 年 12 月